高职高专“十三五”规划教材

化工单元操作技术

HUAGONG DANYUAN CAOZUO JISHU

姚小平　主　编

曹子英　王恩东　副主编

化学工业出版社

·北京·

本书共包括八个学习项目：流体输送技术、传热操作技术、非均相物系的分离、蒸发操作技术、干燥操作技术、精馏操作技术、吸收操作技术和萃取操作技术。内容涵盖了单元操作基本知识、操作设备结构及工作原理、设备选型、操作实训等相关知识和技能。

本书可作为化工技术类应用化工、精细化工、石油化工、化学制药等相关专业的高等职业教育教材，也可供生产一线技术人员阅读参考，同时还可作为企业职工的培训资料。

图书在版编目（CIP）数据

化工单元操作技术/姚小平主编. —北京：化学工业出版社，2020.2（2024.7 重印）
ISBN 978-7-122-35829-5

Ⅰ.①化… Ⅱ.①姚… Ⅲ.①化工单元操作-岗位培训-教材 Ⅳ.①TQ02

中国版本图书馆 CIP 数据核字（2019）第 275909 号

责任编辑：张双进　　装帧设计：王晓宇
责任校对：边　涛

出版发行：化学工业出版社（北京市东城区青年湖南街 13 号　邮政编码 100011）
印　　装：北京盛通数码印刷有限公司
787mm×1092mm　1/16　印张 15　字数 370 千字　2024 年 7 月北京第 1 版第 6 次印刷

购书咨询：010-64518888　　售后服务：010-64518899
网　　址：http://www.cip.com.cn
凡购买本书，如有缺损质量问题，本社销售中心负责调换。

定　　价：46.00 元

前言

为了落实化工生产技术专业高技能人才培养目标，深化“工学结合”人才培养模式，推进课程建设与改革，依靠行业技术专家和企业能工巧匠，分析企业生产经营活动、职业岗位群典型工作任务，根据相应的专业能力、方法能力及社会能力的要求，运用教学论的基本原理进行加工，将企业中实际工作任务转化为学习型工作任务。并依照职业成长和认知规律，以能力为本位，以工作过程为导向，进行典型工作任务到学习领域的配置转换，确定需要开设的课程门类（学习领域），以工作过程的展开顺序为主要依据，并兼顾教学规律，重构了“工学结合”专业核心课程体系。

本书内容选取的基本思路是以符合实际岗位能力需要的化工单元操作项目活动为载体，以工作过程为导向，把整个化工单元操作的理论与实践的教学内容，贯穿于实际化工生产的全过程。本书对传统教材的内容进行了整合，确定了以下八个学习项目：流体输送技术、传热操作技术、非均相物系的分离、蒸发操作技术、干燥操作技术、精馏操作技术、吸收操作技术和萃取操作技术。教材内容涵盖了单元操作基本知识、操作设备结构及工作原理、设备选型、操作实训等相关知识和技能。

本书的编排体系体现了高等职业教育特色，有利于“工学结合、校企合作”的人才培养模式的实施。本书主要具有以下特色：

（1）教材根据项目化教学要求，运用项目为导向、任务为驱动的教学方法和手段，着眼于以“能力为中心”的编写理念，强化了技能，淡化了理论课与实训课之间的界限，实现了理论与实践内容的一体化。

（2）教材内容突出对学生职业能力的训练，理论知识的选取紧紧围绕工作任务完成的需要来进行，同时又充分考虑了高等职业教育对理论知识学习的需要。这些内容融合了相关职业资格证书对知识、技能和态度的要求，对学生在学习过程中获得化学总控工等相关职业资格证书提供了帮助。

（3）在内容编排上，考虑到学生的认知水平，由浅入深地安排内容，实现能力的递进。因此，教材前半部分主要为流体输送与传热、非均相、蒸发的内容，后半部分主要为传质与分离，根据项目的需要，引入一些相关的实训的内容。

本书由重庆工贸职业技术学院姚小平任主编，曹子英、王恩东任副主编。参加编写的有咸阳职业技术学院王莹，重庆工业职业技术学院段益琴，重庆工贸职业技术学院王艳领。姚小平编写项目一、二、六、七，王莹编写项目三，段益琴编写项目四，王艳领编写项目五，王恩东、曹子英编写项目八。重庆工业学校殷利明老师对本书进行了认真细致的审稿，并提出了许多宝贵的意见和建议，重庆华锋化工有限公司、重庆常捷医药有限公司技术专家对本书的部分内容也给出了积极的评价和中肯的建议，在此表示真诚的感谢。

由于编者水平有限，书中难免存在不妥之处，恳请专家和读者批评指正。

编者

2019年10月

目录

绪论 …… 001

项目一 流体输送技术 …… 003

任务一 流体输送管路 …… 003
一、管路的分类 …… 003
二、管路的基本构成 …… 004
任务二 流体流动的基础知识 …… 007
一、连续性方程 …… 007
二、伯努利方程 …… 008
三、流体的流动形态 …… 011
四、流体在管内的流动阻力 …… 013
任务三 管子的选用与管路安装 …… 019
一、管子的选用 …… 019
二、管路的布置与安装原则 …… 020
任务四 液体输送机械 …… 021
一、离心泵的结构类型 …… 021
二、离心泵的工作原理 …… 023
三、离心泵的主要性能参数和特性曲线 …… 024
四、离心泵的选用 …… 025
五、离心泵的安装 …… 026
六、各种类型泵的比较 …… 027
七、离心泵的操作 …… 028
任务五 气体输送机械 …… 033
一、离心通风机 …… 033
二、离心压缩机 …… 035
技能训练 离心泵操作实训 …… 037
本章小结 …… 039
复习与思考 …… 039
计算题 …… 040

项目二 传热操作技术 …… 042

任务一 换热器的分类及结构型式 …… 042
一、换热器的分类 …… 042

二、间壁式换热器的结构型式 …… 043
任务二 换热器基础知识 …… 048
一、热传导 …… 048
二、对流传热 …… 050
任务三 列管式换热器的计算与选型 …… 053
一、传热基本方程 …… 054
二、换热器的热负荷 …… 054
三、传热平均温度差 …… 055
四、总传热系数 …… 060
五、列管式换热器的选型 …… 063
任务四 换热器的操作 …… 069
一、传热速率影响因素分析 …… 069
二、开停车操作 …… 070
三、异常现象及处理方法 …… 071
技能训练 换热器仿真实训 …… 072
本章小结 …… 075
复习与思考 …… 075
计算题 …… 075

项目三 非均相物系的分离 …… 077

任务一 非均相物系分离技术 …… 077
一、非均相物系分离的分类及应用 …… 077
二、重力沉降 …… 078
三、离心沉降 …… 080
四、过滤 …… 082
任务二 膜分离技术 …… 084
一、膜分离技术基础知识 …… 084
二、膜组件 …… 085
三、各种膜分离技术简介 …… 087
任务三 冷冻技术 …… 092
一、制冷的分类 …… 092
二、制冷基本原理 …… 093
三、制冷能力 …… 095
四、制冷剂与载冷体 …… 096
五、压缩蒸气制冷设备 …… 098
技能训练 压滤机操作实训 …… 099
本章小结 …… 101
复习与思考 …… 101
计算题 …… 102

项目四　蒸发操作技术 …… 103
任务一　蒸发基础知识 …… 103
一、蒸发在化工生产中的应用 …… 103
二、蒸发操作的特点 …… 103
三、蒸发操作的分类 …… 104
四、蒸发流程 …… 104
任务二　认知蒸发设备 …… 106
一、蒸发器的型式与结构 …… 106
二、蒸发器的选用 …… 109
任务三　获取蒸发知识 …… 110
一、蒸发水量的计算 …… 110
二、加热蒸汽消耗量的计算 …… 111
三、蒸发器传热面积的计算 …… 111
四、蒸发器生产强度的计算 …… 113
五、蒸发器的节能措施 …… 114
技能训练　蒸发器仿真操作训练 …… 115
本章小结 …… 118
复习与思考 …… 118
计算题 …… 119

项目五　干燥操作技术 …… 120
任务一　干燥器的结构及应用 …… 120
一、干燥器的分类 …… 120
二、固体物料的去湿方法 …… 122
任务二　干燥的基础知识 …… 123
一、对流干燥的方法 …… 123
二、空气的性质 …… 124
三、物料中所含水分的性质 …… 127
四、物料中含水量的表示方法 …… 128
任务三　干燥计算 …… 129
一、干燥过程的物料衡算 …… 129
二、干燥过程的热量衡算 …… 130
三、干燥速率和干燥时间 …… 133
任务四　干燥操作 …… 136
一、干燥操作条件的确定 …… 136
二、典型干燥器的操作 …… 137
技能训练　干燥操作实训 …… 138
本章小结 …… 140
复习与思考 …… 140

计算题 …………………………………………………………………… 140

项目六　精馏操作技术 …………………………………………………… 142

任务一　精馏塔的结构及应用 ………………………………………… 142
一、精馏塔的分类及工业应用 ……………………………………… 142
二、板式塔的结构类型及性能评价 ………………………………… 142
任务二　精馏基础知识 ……………………………………………… 146
一、蒸馏及精馏 ……………………………………………………… 146
二、双组分理想溶液的气液相平衡 ………………………………… 147
三、精馏原理 ………………………………………………………… 148
四、精馏操作流程 …………………………………………………… 150
任务三　精馏计算 …………………………………………………… 151
一、全塔物料衡算 …………………………………………………… 151
二、操作线方程 ……………………………………………………… 152
三、理论塔板数的求法 ……………………………………………… 156
四、塔板效率与实际塔板数 ………………………………………… 158
五、回流比的影响与选择 …………………………………………… 159
六、热量衡算 ………………………………………………………… 162
任务四　精馏塔操作的影响因素及操作特性 ………………………… 163
一、影响精馏操作的主要因素 ……………………………………… 163
二、板式塔的操作特性 ……………………………………………… 165
技能训练　精馏塔操作训练 ………………………………………… 167
本章小结 ……………………………………………………………… 169
复习与思考 …………………………………………………………… 170
计算题 ………………………………………………………………… 170

项目七　吸收操作技术 …………………………………………………… 171

任务一　吸收塔的结构及应用 ………………………………………… 171
一、工业吸收过程 …………………………………………………… 171
二、吸收在工业生产中的应用 ……………………………………… 172
三、填料塔的基础知识 ……………………………………………… 172
四、填料塔的流体力学性能 ………………………………………… 178
任务二　吸收基础知识 ……………………………………………… 179
一、气体吸收的分类 ………………………………………………… 179
二、吸收相平衡 ……………………………………………………… 180
三、吸收机理 ………………………………………………………… 181
四、吸收阻力的控制 ………………………………………………… 182
五、吸收剂的选择 …………………………………………………… 184
任务三　吸收计算 …………………………………………………… 185
一、物料衡算与操作线方程 ………………………………………… 185

二、吸收剂用量 …… 186
三、填料层高度的计算 …… 188
任务四　吸收塔的操作 …… 191
一、工艺操作指标的调节 …… 191
二、开停车操作 …… 192
技能训练　吸收操作训练 …… 192
本章小结 …… 194
复习与思考 …… 194
计算题 …… 194

项目八　萃取操作技术 …… 196

任务一　液-液萃取 …… 196
一、萃取操作原理 …… 196
二、液-液萃取在工业上的应用 …… 197
三、萃取操作的分类 …… 197
四、萃取操作的特点 …… 198
任务二　液-液相平衡关系 …… 198
一、液-液相平衡 …… 198
二、萃取操作原理 …… 203
三、萃取过程的计算 …… 205
任务三　液-液萃取设备 …… 206
一、混合-澄清槽 …… 207
二、塔式萃取设备 …… 208
三、离心萃取器 …… 211
四、萃取设备的选择 …… 212
技能训练　萃取塔操作实训 …… 213
本章小结 …… 215
复习与思考 …… 215
计算题 …… 215

附录 …… 217

附录一　法定计量单位及单位换算 …… 217
附录二　常用数据表 …… 220
附录三　常见气体、液体和固体的重要物理性质 …… 224
附录四　一些气体溶于水的亨利系数 …… 226
附录五　某些二元物系的气液平衡组成 …… 227
附录六　乙醇水溶液的一些性质 …… 229
附录七　常用管子的规格 …… 229

参考文献 …… 231

绪论

化学工业是将自然界的各种物质，经过化学和物理方法处理，制成生产资料（如燃料油、乙烯、合成橡胶、化肥、农药等）和生活资料（如合成纤维、医药和化妆品等）的工业，其产品在国民经济和日常生活中占有重要地位。从原料到成品的生产过程中，需要几个、十几个甚至几十个加工过程。其中除了化学反应过程外，还有大量的物理加工过程。

化学工业产品种类繁多，每种产品的生产过程都有各自的工艺特点，加工过程形态各异。如何去认识与掌握化工生产的基本原理和操作规律？下面对化工生产过程做一简略的分析与归纳。

石油气裂解制乙烯和丙烯，蜡油催化裂化燃料油，二氧化碳与氨制尿素等，这些产品的生产过程如图 0-1。

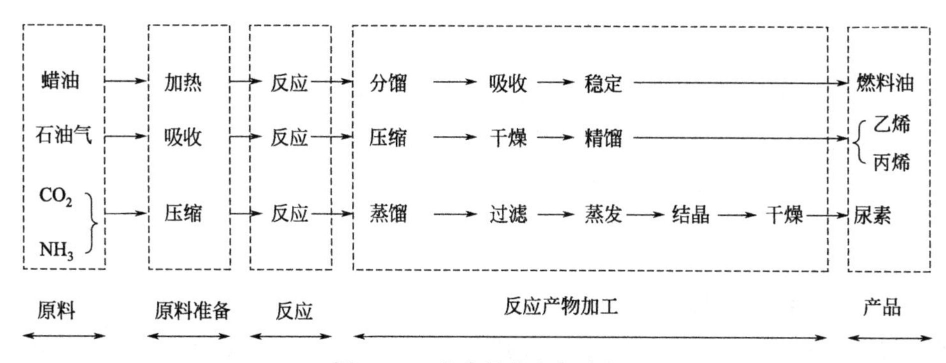

图 0-1　一些产品的生产过程

由图 0-1 可以看出，化工生产中，反应是化工生产的核心，离开反应就不能生产化工产品，原料在化学反应器中进行化学反应过程，如石油气的裂解，燃料油生产中的催化裂化，尿素生产中的合成等。

为了实现化工生产，在进行化学反应之前，须先对生产原料进行一系列的处理。为使化学反应过程得以经济有效地进行，反应器内必须保持某些适宜的或是较佳的条件，如适当的温度、压强及物料的组成等。原料必须经过一系列的预处理或称为原料的制备以达到必要的纯度、粒度、温度和压强，把反应之前对原料进行的一系列处理叫作原料预处理。例如，石油气的吸收是为了除掉其中的含硅杂质，以防碱化物腐蚀反应设备（反应器）。

在反应物发生化学反应之后，还要对反应产物做进一步的处理，反应产物需要经过分离、精制等各种处理过程，以获得符合质量标准的最终产品。如乙烯、丙烯生产中的压缩、干燥和精馏，燃料油生产中的分馏、吸收及稳定，尿素生产中的蒸馏、过滤、蒸发、结晶、干燥等。把这些在反应之后进行的一系列处理叫作反应产物的后处理或产品分离和加工。它的作用在于把化工产品精制成符合用户要求的规格。

一般情况下，化工生产过程大体上可分为三大基本组成部分，即原料的预处理、反应和产品分离及其加工。

生产过程中除化学反应过程外，原料和反应后产物的提纯、精制等前、后处理过程，多数为物理过程，都是化工生产所不可缺少的。在各种化工生产过程中，以物理为主的处理方法概括为具有共同物理变化特点的基本操作称为化工单元操作。

根据它们的操作原理，可以归纳为应用较广的若干个基本单元操作过程。单元操作可归纳为五类：

(1) 流体流动过程的操作，如流体的输送、搅拌、沉降、过滤等；

(2) 传热过程的操作，如热交换、蒸发和冷凝等；

(3) 传质过程的操作，如蒸馏、吸收、干燥、膜分离、萃取、结晶等；

(4) 热力过程的操作，如冷冻等；

(5) 机械过程的操作，如固体输送和粉碎等。

例如，合成氨、硝酸和硫酸的生产过程中，都是采用吸收操作分离气体混合物，而且都遵循亨利定律及相平衡原理，所以吸收是一个基本单元操作，且都是在吸收塔内进行的。又如尿素、聚氯乙烯的生产过程中，都采用干燥操作除去固体中的水分，所以干燥也是一个基本单元操作，且均是在干燥器内进行的。再如乙醇、乙烯及石油加工等生产过程中，都采用蒸馏操作分离液体混合物，达到提纯产品的目的，所以蒸馏也为一基本单元操作，其原理都遵循相平衡和两相间扩散传质规律，且都是在蒸馏设备中进行。

不同化工产品的生产过程中，有同类化工单元操作，如石油气制乙烯、丙烯的生产中有精馏操作，在尿素生产中也有精馏操作，在乙烯生产中有压缩操作，在尿素生产中也有压缩操作等，诸如此类。这些同类化工单元操作的基本原理是相同的。

本课程起到基础课程与专业课程间的桥梁作用，是一门极为重要的基础技术课程，直接服务和应用于化工生产第一线。

本课程的内容分为：单元操作设备、基本理论、工艺计算和操作训练。

研究相关单元操作的基本原理和规律，熟悉掌握实现这些操作的设备的结构、工作原理、操作调控方法、主要性能和有关技术问题，并掌握一定的运算、选型能力，能在工程实践中运用这些知识去分析和解决实际问题，学会单元操作过程的操作和调节，在操作发生故障时，能够查找故障原因，提出排除故障的措施，解决操作中的实际问题，使各项操作在最优化条件下进行。

项目一
流体输送技术

学习目标

●了解化工管路的组成及管路布置原则；了解流体输送机械的结构、原理及应用；理解稳定流动的基本概念、流动阻力产生的原因；掌握连续性方程式、伯努利方程式和流体流动阻力的计算。

●能正确选择流体输送机械和管子的直径；能拆装化工管路；会流体输送机械的操作和简单故障的分析、排除。

化工生产中所处理的物料，大多为流体（包括液体和气体）。为了满足工艺条件的要求，保证生产的连续进行，需要把流体从一个设备输送至另一个设备。实现这一过程要借助管路和输送机械。流体输送机械是给流体增加机械能以完成输送任务的机械。管路在化工生产中相当于人体的血管，流体输送机械相当于人的心脏。因此，了解管路的构成、确定输送管路的直径、了解输送机械的工作原理、选择合理的输送机械、学会合理布置和安装管路、正确使用输送机械非常重要。

任务一　流体输送管路

一、管路的分类

化工生产过程中的管路通常以是否分出支管来分类，见表 1-1。

表 1-1　管路的分类

类型		结构
简单管路	单一管路	直径不变、无分支的管路，如图 1-1(a)所示
	串联管路	虽无分支但管径多变的管路，如图 1-1(b)所示
复杂管路	分支管路	流体由总管分流到几个分支，各分支出口不同，如图 1-2(a)所示
	并联管路	并联管路中，分支最终又汇合到总管，如图 1-2(b)所示

对于重要管路系统，如全厂或大型车间的动力管线（包括蒸汽、煤气、上水及其他循环

管道等)，一般均应按并联管路铺设，以提高能量的综合利用，减少因局部故障所造成的影响。

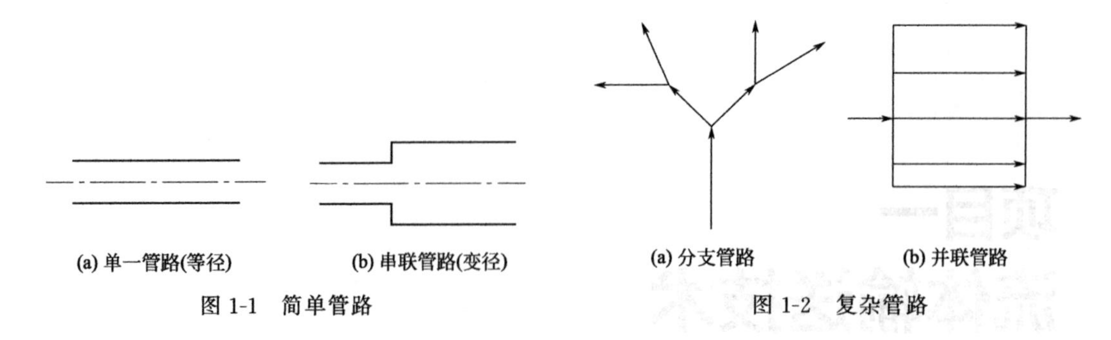

图 1-1　简单管路　　　　图 1-2　复杂管路

二、管路的基本构成

管路由管子、管件和阀门等按一定的排列方式构成，也包括一些附属于管路的管架、管卡、管撑等辅件。由于生产中输送的流体是各种各样的，输送条件与输送量也各不相同，因此，管路也必然是各不相同的。工程上为了避免混乱，方便制造与使用，实现了管路的标准化。书后附录摘录了部分管材的规格。

管子是管路的主体，由于生产系统中的物料和所处工艺条件各不相同，所以用于连接设备和输送物料的管子除需满足强度和通过能力的要求外，还必须满足耐温、耐压、耐腐蚀以及导热等性能的要求。根据所输送物料的性质（如腐蚀性、易燃性、易爆性等）和操作条件（如温度、压力等）来选择合适的管材，是化工生产中经常遇到的问题之一。

1. 化工管材

管材通常按制造管子所使用的材料来进行分类，可分为金属管、非金属管和复合管，其中以金属管占绝大部分。复合管指的是金属与非金属两种材料组成的管子。常见的化工管材见表 1-2。

表 1-2　常见的化工管材

种类及名称			结构特点	用途
金属管	钢管	有缝钢管	有缝钢管是用低碳钢焊接而成的钢管，又称焊接管。易于加工制造、价格低。主要有水管和煤气管，分镀锌管和黑铁管(不镀锌管)两种	目前主要用于输送水、蒸汽、煤气、腐蚀性弱的液体和压缩空气等。因为有焊缝而不适宜在0.8MPa(表压)以上的压力条件下使用
		无缝钢管	无缝钢管是用棒料钢材经穿孔热轧或冷拔制成的，它没有接缝。用于制造无缝钢管的材料主要有普通碳钢、优质碳钢、低合金钢、不锈钢和耐热铬钢等。无缝钢管的特点是质地均匀、强度高、管壁薄，少数特殊用途的无缝钢管的壁厚也可以很厚	用于在各种压力和温度下输送流体，广泛用于输送高压、有毒、易燃易爆和强腐蚀性流体等
	铸铁管		有普通铸铁管和硅铸铁管。铸铁管价廉而耐腐蚀，但强度低，气密性也差，不能用于输送有压力的蒸汽、爆炸性及有毒性气体等	一般作为埋在地下的给水总管、煤气管及污水管等，也可以用来输送碱液及浓硫酸等

续表

<table>
<tr><th colspan="3">种类及名称</th><th>结构特点</th><th>用途</th></tr>
<tr><td rowspan="3">金属管</td><td rowspan="3">有色金属管</td><td>铜管与黄铜管</td><td>由紫铜或黄铜制成。导热性好，延展性好，易于弯曲成型</td><td>适用于制造换热器的管子；用于油压系统、润滑系统来输送有压液体；铜管还适用于低温管路，黄铜管在海水管路中也广泛使用</td></tr>
<tr><td>铅管</td><td>铅管因抗腐蚀性好，能抗硫酸及10%以下的盐酸，其最高工作温度是413K。由于铅管机械强度差、性软而笨重、导热能力弱，目前正被合金管及塑料管所取代</td><td>主要用于硫酸及稀盐酸的输送，但不适用于浓盐酸、硝酸和乙酸的输送</td></tr>
<tr><td>铝管</td><td>铝管也有较好的耐酸性，其耐酸性主要由其纯度决定，但耐碱性差</td><td>铝管广泛用于输送浓硫酸、浓硝酸、甲酸和乙酸等。小直径铝管可以代替铜管来输送有压液体。当温度超过433K时，不宜在较高的压力下使用</td></tr>
<tr><td colspan="3">非金属管</td><td colspan="2">非金属管是用各种非金属材料制作而成的管子的总称，主要有陶瓷管、水泥管、玻璃管、塑料管和橡胶管等。塑料管的用途越来越广，很多原来用金属管的场合逐渐被塑料管所代替</td></tr>
</table>

2. 管件

管件是用来连接管子以延长管路、改变管路方向或直径、分支、合流或封闭管路的附件的总称。常用管件如图1-3所示，其用途有如下几种。

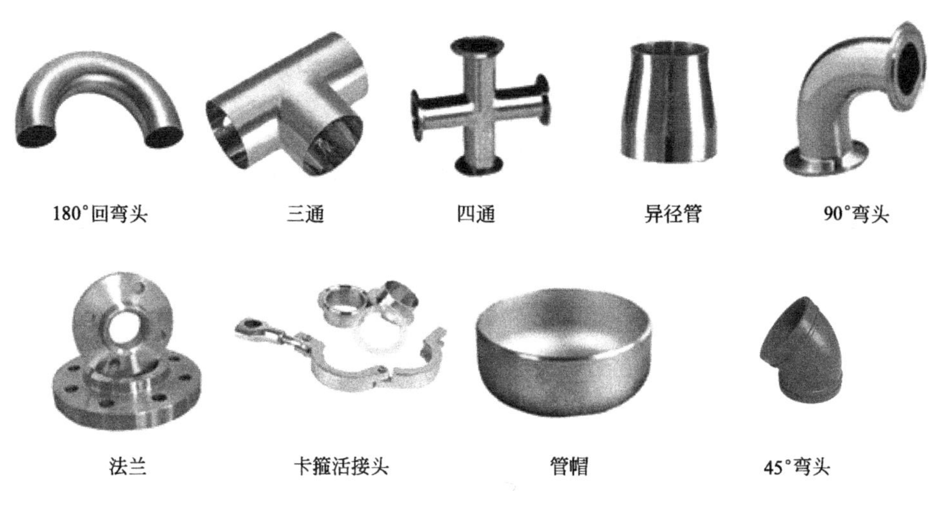

图1-3　常用管件

① 改变流向：90°弯头、45°弯头、180°回弯头等。

② 堵截管路：管帽、丝堵（堵头）、盲板等。

③ 连接支管：三通、四通，有时三通也用来改变流向，多余的一个通道接头用管帽或盲板封上，在需要时打开再连接一条分支管。

④ 改变管径：异径管、内外螺纹接头（补芯）等。

⑤ 延长管路：管箍（束节）、螺纹短节、活接头、法兰等。法兰多用于焊接连接管路，而活接头多用于螺纹连接管路。在闭合管路上必须设置活接头或法兰，尤其是在需要经常维修或更换的设备、阀门附近必须设置，因为它们可以就地拆开、就地连接。

3. 阀门

阀门是用来启闭和调节流量及控制安全的部件。通过阀门可以调节流量、系统压力及流动方向，从而确保工艺条件的实现与安全生产。化工生产中阀门种类繁多，常用的见表1-3。

表 1-3 常见阀门

名称	结构特点	用途
闸阀	主要部件为闸板，通过闸板的升降以启闭管路。这种阀门全开时流体阻力小，全闭时较严密，见图 1-4	多用于大直径管路上作启闭阀，在小直径管路中也有用作调节阀的。不宜用于含有固体颗粒或物料易于沉积的流体，以免引起密封面的磨损和影响闸板的闭合
截止阀	主要部件为阀盘与阀座，流体自下而上通过阀座，其构造比较复杂，流体阻力较大，但密闭性与调节性能较好，见图 1-5	不宜用于黏度大且含有易沉淀颗粒的介质
止回阀	是一种根据阀前、后的压力差自动启闭的阀门，其作用是使介质只做一定方向的流动，它分为升降式和旋启式两种。升降式止回阀密封性较好，但流动阻力大，旋启式止回阀用摇板来启闭。安装时应注意介质的流向与安装方向，见图 1-6	一般适用于清洁介质
球阀	阀芯呈球状，中间为一与管内径相近的连通孔，结构比闸阀和截止阀简单，启闭迅速，操作方便，体积小，质量轻，零部件少，流体阻力也小，见图 1-7	适用于低温、高压及黏度大的介质，但不宜用于调节流量
旋塞阀	其主要部分为一可转动的圆锥形旋塞，中间有孔，当旋塞旋转至 90°时，流动通道即全部封闭。需要较大的转动力矩，见图 1-8	温度变化大时容易卡死，不能用于高压
安全阀	是为了管道设备的安全保险而设置的截断装置，它能根据工作压力而自动启闭，从而将管道设备的压力控制在某一数值以下，从而保证其安全，见图 1-9	主要用在蒸汽锅炉及高压设备上

图 1-4 闸阀

图 1-5 截止阀

图 1-6 止回阀

图 1-7 球阀

图 1-8 旋塞阀

图 1-9 全启式安全阀

活动建议

进行现场教学，让学生到实训基地或工厂去观察化工管路、管件及阀门等实物，除了教材介绍的之外，如阀门还有隔膜阀、蝶阀、疏水阀及减压阀等，了解其构造与作用。

任务二　流体流动的基础知识

一、连续性方程

根据流体在管路系统中流动时各种参数的变化情况，可以将流体的流动分为稳定流动和不稳定流动。若流动系统中各物理量的大小仅随位置变化、不随时间变化，则称为稳定流动。若流动系统中各物理量的大小既随位置变化又随时间变化，则称为不稳定流动。

工业生产中的连续操作过程，如生产条件控制正常，则流体流动多属于稳定流动。连续操作的开车、停车过程及间歇操作过程属于不稳定流动。本项目所讨论的流体流动为稳定流动过程。

稳定流动系统如图 1-10 所示，流体充满管道，并连续不断地从截面 1—1′流入，从截面 2—2′流出。以管内壁、截面 1—1′与 2—2′为衡算范围，以单位时间为衡算基准，依质量守恒定律，进入截面 1—1′的流体质量流量与流出截面 2—2′的流体质量流量相等。

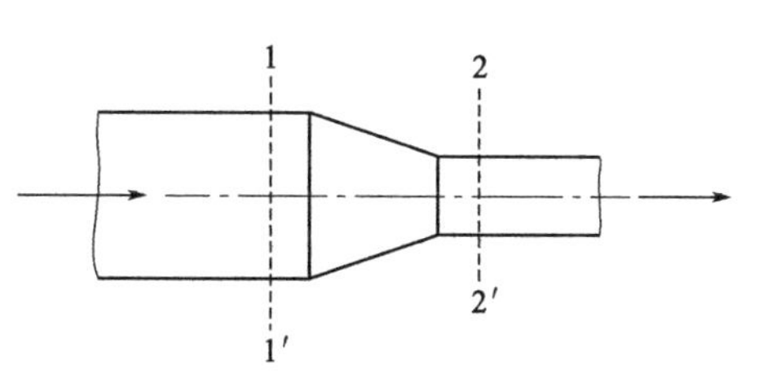

图 1-10　稳定流动系统

即

$$q_{m_1}=q_{m_2} \tag{1-1}$$

因为

$$q_m=uA\rho$$

式中　q_m——流体的质量流量，指单位时间内流经管道有效截面积的流体质量，kg/s；

u——流体在管道任一截面的平均流速，m/s；

A——管道的有效截面积，m^2；

ρ——流体的密度，kg/m^3。

故

$$q_m=u_1A_1\rho_1=u_2A_2\rho_2 \tag{1-2}$$

若将式(1-2) 推广到管路上任何一个截面，即

$$q_m=uA\rho=\text{常数} \tag{1-3}$$

式(1-3) 表示在稳定流动系统中，流体流经管道各截面的质量流量恒为常量，但各截面的流体流速则随管道截面积和流体密度的不同而变化。

若流体为不可压缩流体，即ρ为常数，则：

$$q_V=uA=\text{常数} \tag{1-4}$$

式中，q_V 为流体的体积流量，指单位时间内流经管道有效截面积的流体体积，m^3/s。

式(1-4) 说明不可压缩流体不仅流经各截面的质量流量相等，而且它们的体积流量也相等。而且管道截面积 A 与流体流速 u 成反比，截面积越小，流速越大。

若不可压缩流体在圆管内流动，因 $A=\frac{\pi}{4}d^2$，则

$$\frac{u_1}{u_2}=\frac{A_2}{A_1}=\left(\frac{d_2}{d_1}\right)^2 \tag{1-5}$$

式(1-5) 说明不可压缩流体在管道内的流速 u 与管道内径的平方 d^2 成反比。

式(1-1) ～式(1-5) 称为流体在管道中做稳定流动的连续性方程。连续性方程反映了在稳定流动系统中，流量一定时管路各截面上流速的变化规律，而此规律与管路的安排以及管路上是否装有管件、阀门或输送设备等无关。

【例 1-1】 如图 1-10 所示的变径管路中，已知小管规格为 $\phi 57\times 3$mm，大管规格为 $\phi 89\times 3.5$mm，均为无缝钢管，水在小管内的平均流速为 2.5m/s，水的密度可取为 1000kg/m^3。试求：(1) 水在大管中的流速；(2) 管路中水的体积流量和质量流量。

解：(1) 小管直径 $d_1=57-2\times 3=51$ (mm)，$u_1=2.5$m/s

大管直径 $d_2=89-2\times 3.5=82$ (mm)

$$u_2=u_1\times\frac{A_1}{A_2}=u_1\left(\frac{d_1}{d_2}\right)^2=2.5\times\left(\frac{51}{82}\right)^2=0.967\ (\text{m/s})$$

(2) $q_V=u_1A_1=u_1\times\frac{\pi}{4}d_1^2=2.5\times 0.785\times 0.051^2=0.0051\ (\text{m}^3/\text{s})$

$$q_m=q_V\rho=0.0051\times 1000=5.1\ (\text{kg/s})$$

二、伯努利方程

在化工生产中，解决流体输送问题的基本依据是伯努利方程，因此伯努利方程及其应用极为重要。根据对稳定流动系统的能量衡算，即可得到伯努利方程。

(一) 流动系统的能量

流动系统中涉及的能量有多种形式，包括内能、机械能、功、热、损失能量，若系统不涉及温度变化及热量交换，内能为常数，则系统中所涉及的能量只有机械能、功、损失能量。能量根据其属性分为流体自身所具有的能量及系统与外部交换的能量。

1. 流体所具有的能量——机械能

(1) 位能　位能是流体处于重力场中而具有的能量。若质量为 m (kg) 的流体与基准水平面的垂直距离为 z (m)，则位能为 mgz (J)，单位质量流体的位能则为 gz (J/kg)。

位能是相对值，计算需规定一个基准水平面。

(2) 动能　动能是流体具有一定流动速度而具有的能量。质量为 m (kg) 的流体，当其流速为 u (m/s) 时具有的动能为 $\frac{1}{2}mu^2$ (J)，单位质量流体的动能为 $\frac{1}{2}u^2$ (J/kg)。

(3) 静压能　静压能是由于流体具有一定的压力而具有的能量。流体内部任一点都有一定的压力，如果在有液体流动的管壁上开一小孔并接上一个垂直的细玻璃管，液体就会在玻璃管内升起一定的高度，此液柱高度即表示管内流体在该截面处的静压力值。

管路系统中，某截面处流体压力为 p，流体要流过该截面，则必须克服此压力做功，于是流体带着与此功相当的能量进入系统，流体的这种能量称为静压能。质量为 m (kg) 的流体的静压能为 pV (J)，单位质量流体的静压能为 $\frac{p}{\rho}$ (J/kg)。

2. 压力的表示方法

以绝对真空为基准测得的压力称为绝对压力。以大气压力为基准测得的压力称为表压力或真空度。若系统压力高于大气压，则超出的部分称为表压力，所用的测压仪表称为压力表；若系统压力低于大气压，则低于大气压的部分称为真空度，所用的测压仪表称为真空表。相当于它们之间的关系为：

$$p_{表}=p_{绝}-p_{大} \qquad p_{真}=p_{大}-p_{绝}$$

显然，真空度为表压的负值，并且设备内流体的真空度越高，它的绝对压力就越低。绝对压力、表压力与真空度之间的关系可用图 1-11 表示。

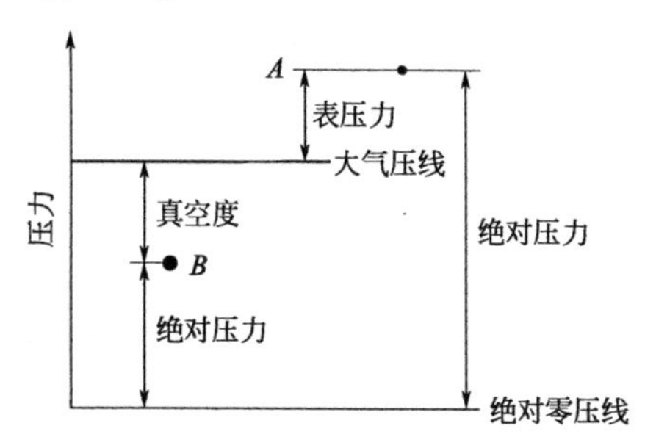

图 1-11　绝压、表压、真空度之间的关系

注意：

① 为了避免相互混淆，当压力以表压或真空度表示时，应用括号注明，如未注明，则视为绝对压力；

② 压力计算时基准要一致；

③ 大气压力以当时、当地气压表的读数为准。

3. 系统与外界交换的能量

实际生产中的流动系统，系统与外界交换的能量主要有外加功和损失能量。

(1) 外加功　当系统中安装有流体输送机械时，它将对系统做功，即将外部的能量转化为流体的机械能。单位质量流体从输送机械中所获得的能量称为外加功，用 W_e 表示，单位为 J/kg。

外加功 W_e 是选择流体输送设备的重要数据，可用来确定输送设备的有效功率 P_e，即

$$P_e=W_e q_m \tag{1-6}$$

(2) 损失能量　由于流体具有黏性，在流动过程中要克服各种阻力，所以流动中有能量损失。单位质量流体流动时为克服阻力而损失的能量，用 $\sum h_f$ 表示，单位为 J/kg。

(二) 伯努利方程式

如图 1-12 所示，不可压缩流体在系统中做稳定流动，流体从截面 1—1′经泵输送到截面 2—2′。根据稳定流动系统的能量守恒，输入系统的能量应等于输出系统的能量。

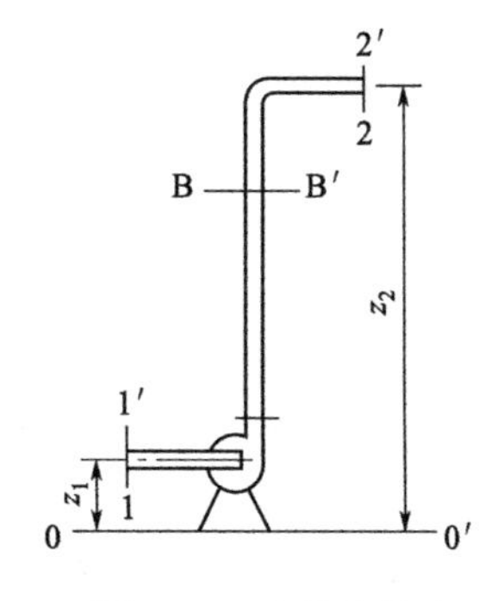

图 1-12　流体的管路输送系统

输入系统的能量包括由截面 1—1′进入系统时带入的自身能量，以及由输送机械中得到的能量。输出系统的能量包括由截面 2—2′离开系统时带出的自身能量，以及流体在系统中流动时因克服阻力而损失的能量。

若以 0—0′截面为基准水平面，两个截面距基准水平面的垂直距离分别为 z_1、z_2，两截面处的流速分别为 u_1、u_2，两截面处的压力分别为 p_1、p_2，流体在两截面处的密度为 ρ，单位质量流体从泵所获得的外加功为 W_e，从截面 1—1′流到截面 2—2′的全部能量损失为 $\sum h_f$。

则根据能量守恒定律

$$gz_1+\frac{p_1}{\rho}+\frac{1}{2}u_1^2+W_e=gz_2+\frac{p_2}{\rho}+\frac{1}{2}u_2^2+\sum h_f \tag{1-7}$$

式中　gz_1，$\frac{1}{2}u_1^2$，$\frac{p_1}{\rho}$——分别为流体在截面 1—1′上的位能、动能、静压能，J/kg；

gz_2，$\frac{1}{2}u_2^2$，$\frac{p_2}{\rho}$——分别为流体在截面 2—2′上的位能、动能、静压能，J/kg。

式(1-7) 称为实际流体的伯努利方程，是以单位质量流体为计算基准，式中各项单位均为 J/kg。它反映流体流动过程中各种能量的转化和守恒规律，在流体输送中具有重要意义。

通常将无黏性、无压缩性，流动时无流动阻力的流体称为理想流体。当流动系统中无外功加入时（即 $W_e=0$），则：

$$gz_1+\frac{1}{2}u_1^2+\frac{p_1}{\rho}=gz_2+\frac{1}{2}u_2^2+\frac{p_2}{\rho} \tag{1-8}$$

式(1-8) 为理想流体的伯努利方程，说明理想流体稳定流动时，各截面上所具有的总机械能相等，总机械能为常数，但每一种形式的机械能不一定相等，各种形式的机械能可以相互转换。

将以单位质量流体为基准的伯努利方程中的各项除以 g，则可得：

$$z_1+\frac{p_1}{\rho g}+\frac{u_1^2}{2g}+\frac{W_e}{g}=z_2+\frac{p_2}{\rho g}+\frac{u_2^2}{2g}+\frac{\sum h_f}{g}$$

令

$$H_e=\frac{W_e}{g} \qquad H_f=\frac{\sum h_f}{g}$$

则

$$z_1+\frac{p_1}{\rho g}+\frac{u_1^2}{2g}+H_e=z_2+\frac{p_2}{\rho g}+\frac{u_2^2}{2g}+H_f \tag{1-9}$$

式中 z，$\frac{u^2}{2g}$，$\frac{p}{\rho g}$——分别称为位压头、动压头、静压头，单位重量（1N）流体所具有的机械能，m；

H_e——有效压头，单位重量流体在截面 1—1′与截面 2—2′间所获得的外加功，m；

H_f——压头损失，单位重量流体从截面 1—1′流到截面 2—2′的能量损失，m。

式(1-9) 为以单位重量流体为计算基准的伯努利方程，式中各项均表示单位重量流体所具有的能量，单位为 J/N（m）。m 的物理意义是：单位重量流体所具有的机械能，把自身从基准水平面升举的高度。适用于稳定、连续的不可压缩系统。在流动过程中两截面间流量不变，满足连续性方程。

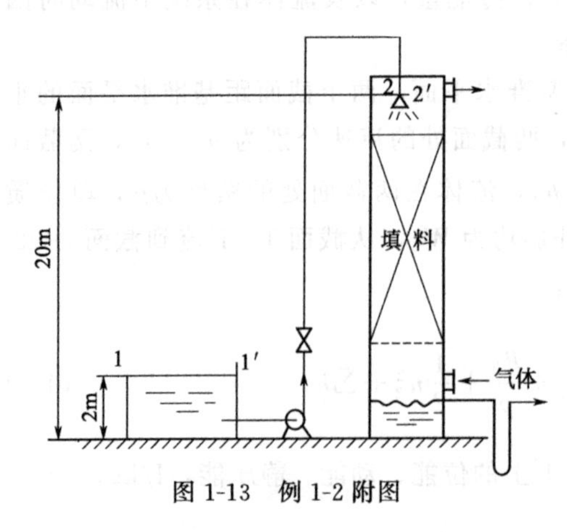

图 1-13 例 1-2 附图

【例 1-2】 如图 1-13 所示，有一用水吸收混合气中氨的常压逆流吸收塔，水由水池用离心泵送至塔顶经喷头喷出。泵入口管为 ϕ108mm×4mm 无缝钢管，管中流体的流量为 40m³/h，出口管为 ϕ89mm×3.5mm 的无缝钢管。池内水深为 2m，池底至塔顶喷头入口处的垂直距离为 20m。管路的总阻力损失为 40J/kg，喷头入口处的压力为 120kPa（表压）。试求泵所需的有效功率为多少（kW）?

解：取水池液面为截面1—1′，喷头入口处为截面2—2′，并取截面1—1′为基准水平面。在截面1—1′和截面2—2′间列伯努利方程，即

$$gz_1+\frac{p_1}{\rho}+\frac{1}{2}u_1^2+W_e=gz_2+\frac{p_2}{\rho}+\frac{1}{2}u_2^2+\sum h_f$$

其中 $z_1=0$；$z_2=20-2=18$（m）；$u_1\approx 0$；$d_1=108-2\times 4=100$（mm）；$d_2=89-2\times 3.5=82$（mm）；$\sum h_f=40\text{J/kg}$；$p_1=0$（表压），$p_2=120\text{kPa}$（表压）；

$$u_2=\frac{q_V}{\frac{\pi}{4}d_2^2}=\frac{40/3600}{0.785\times 0.082^2}=2.11\ (\text{m/s})$$

代入伯努利方程得

$$W_e=g(z_2-z_1)+\frac{p_2-p_1}{\rho}+\frac{u_2^2-u_1^2}{2}+\sum h_f$$

$$=9.81\times 18+\frac{120\times 10^3}{1000}+\frac{2.11^2}{2}+40=338.75\ (\text{J/kg})$$

质量流量　$q_m=A_2u_2\rho=\frac{\pi}{4}d_2^2u_2\rho=0.785\times 0.082^2\times 2.11\times 1000=11.14\ (\text{kg/s})$

有效功率　$P_e=W_eq_m=338.75\times 11.14=3774\ (\text{W})=3.77\text{kW}$

三、流体的流动形态

在化工生产中，流体输送、传热、传质过程及操作等都与流体的流动状态有密切关系，因此有必要了解流体的流动形态及在圆管内的速率分布。

1. 流动类型的划分

流体流动时，依不同的流动条件可以出现两种截然不同的流动形态，即层流和湍流，见表1-4。

表1-4　雷诺实验和两种流动形态

流动形态	实验现象	质点运动特点	速率分布	举例
层流	实验装置见图1-14，设贮水槽中液位保持恒定，当管内水的流速较小时，着色水在管内沿轴线方向成一条清晰的细直线，如图1-15(a)所示	流体质点沿管轴方向做直线运动，分层流动，又称滞流	层流时其速率分布曲线呈抛物线形。如图1-16所示。管壁处速度为零，管中心处速度最大。平均流速 $u=0.5u_{max}$	管内流体的低速流动、高黏度液体的流动、毛细管和多孔介质中的流体流动等
过渡状态	开大调节阀，水流速度逐渐增至某一定值时，可以观察到着色细流开始呈现波浪形，但仍保持较清晰的轮廓，如图1-15(b)所示	过渡状态不是一种独立的流动形态，介于层流与湍流之间。可以看成是不完全的湍流，或不稳定的层流，或者是两者交替出现，随外界条件而定，受流体流动干扰的控制		
湍流	再继续开大阀门，可以观察到着色细流与水流混合，当水的流速再增大到某值以后，着色水一进入玻璃管即与水完全混合，如图1-15(c)所示	流体质点除沿轴线方向做主体流动外，还在各个方向有剧烈的随机运动，又称紊流	湍流时其速率分布曲线呈不严格抛物线形。管中心附近速度分布较均匀，如图1-17所示，平均流速 $u=0.82u_{max}$	工程上遇到的管内流体的流动大多为湍流

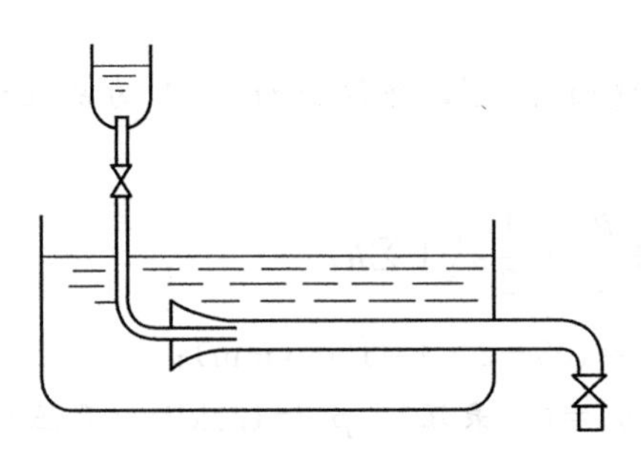

图 1-14 雷诺实验装置示意图

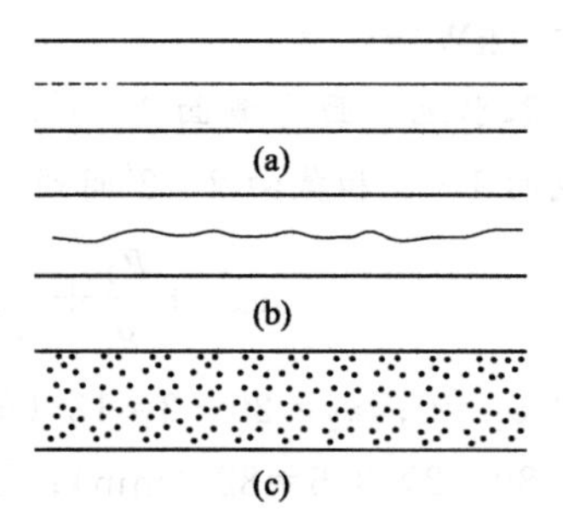

图 1-15 雷诺实验结果比较

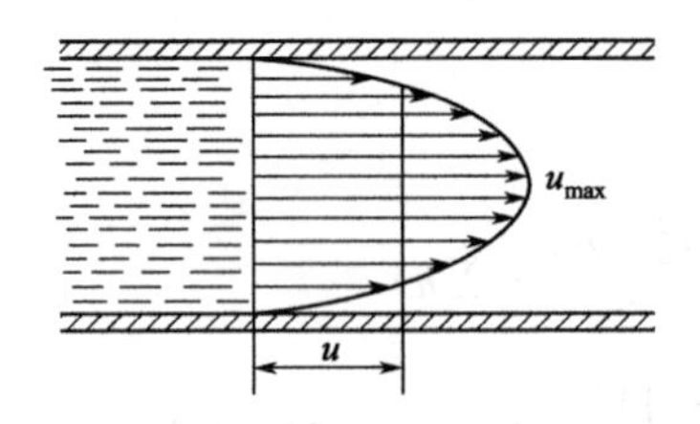

图 1-16 层流时圆管内的速率分布

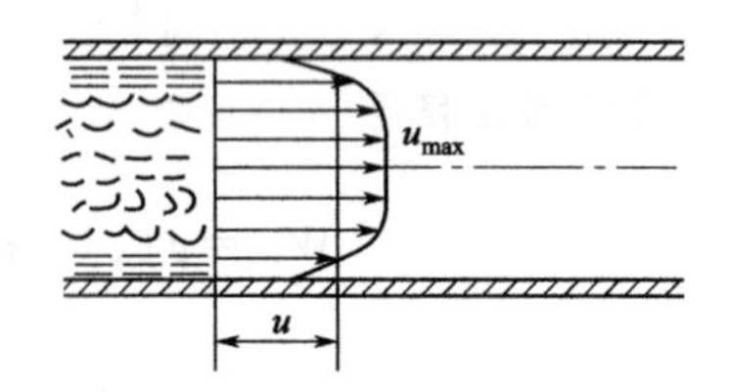

图 1-17 湍流时圆管内的速率分布

2. 流体流动形态的判定

(1) 雷诺数 为了确定流体的流动形态，雷诺通过改变实验介质、管材及管径、流速等实验条件，做了大量的实验，并对实验结果进行了归纳总结。流体的流动形态主要与流体的密度ρ、黏度μ、流速 u 和管内径 d 等因素有关，并可以用这些物理量组成一个数群，称为雷诺数（Re），用来判定流动形态。

$$Re=\frac{du\rho}{\mu} \tag{1-10}$$

雷诺数量纲为 1。Re 大小反映了流体的湍动程度，Re 越大，流体流动湍动性越强。计算时只要采用同一单位制下的单位，计算结果都相同。

(2) 判据 一般情况下，流体在管内流动时，若 $Re<2000$ 时，流体的流动形态为层流；若 $Re>4000$ 时，流动为湍流；而 Re 在 2000～4000 范围内，为一种过渡状态，可能是层流也可能是湍流。在过渡区域，流动形态受外界条件的干扰而变化，如管道形状的变化、外来的轻微震动等都易促成湍流的发生，在一般工程计算中，$Re>2000$ 可做湍流处理。

【例 1-3】 在 20℃条件下，油的密度为 830kg/m³，黏度为 3cP，在圆形直管内流动，其流量为 10m³/h，管子规格为 ϕ89mm×3.5mm，试判断其流动形态。

解： 已知$\rho=830\text{kg/m}^3$，$\mu=3\text{cP}=3\times10^{-3}\text{Pa}\cdot\text{s}$

$$d=89-2\times3.5=82\ (\text{mm})=0.082\text{m}$$

则

$$u=\frac{q_V}{\frac{\pi}{4}d^2}=\frac{10/3600}{0.785\times0.082^2}=0.526(\text{m/s})$$

$$Re=\frac{du\rho}{\mu}=\frac{0.082\times0.526\times830}{3\times10^{-3}}=1.193\times10^4$$

因为 $Re>4000$，所以该流动形态为湍流。

3. 湍流流体中的层流内层

当管内流体做湍流流动时，管壁处的流速也为零，靠近管壁处的流体薄层速度很低，仍然保持层流流动，这个薄层称为层流内层。层流内层的厚度随雷诺数 Re 的增大而减薄，但不会消失。层流内层的存在，对传热与传质过程都有很大的影响。

湍流时，自层流内层向管中心推移，速率渐增，存在一个流动形态即非层流亦非湍流区域，这个区域称为过渡层或缓冲层。再往管中心推移才是湍流主体。可见，流体在管内做湍流流动时，横截面上沿径向分为层流内层、过渡层和湍流主体三部分。

四、流体在管内的流动阻力

流体在管路中流动时的阻力分为直管阻力和局部阻力两种。直管阻力是流体流经一定管径的直管时，由于流体的内摩擦而产生的阻力。局部阻力是流体流经管路中的管件、阀门及截面的突然扩大和突然缩小等局部地方所引起的阻力。总阻力等于直管阻力和局部阻力的总和。

（一）流体的黏度

1. 黏性

流体流动时，流体质点间存在相互吸引力，流通截面上各点的流速并不相等，即其内部存在相对运动，当某质点以一定的速度向前运动时，与之相邻的质点则会对其产生一个约束力阻碍其运动，将这种流体质点间的相互约束力称为内摩擦力。流体流动时为克服这种内摩擦力需消耗能量。流体流动时产生内摩擦力的性质称为流体的黏性。黏性大的流体流动性差，黏性小的流体流动性好。

黏性是流体的固有属性，流体无论是静止还是流动，都具有黏性。

如图 1-18 所示，有上下两块平行放置且面积很大而相距很近的平板，板间充满某种液体。若将下板固定，而对上板施加一个恒定的外力 F，上板就以恒定速度 u 沿 x 方向运动。此时，两板间的液体就会分成无数平行的薄层而运动，黏附在上板底面的一薄层液体也以速度 u 随上板运动，其下各层液体的速率依次降低，黏附在下板表面的液层速率为零，流体相邻层间的内摩擦力即为 F。实验证明，F 与上下两板间沿 y 方向的速度变化率 $\Delta u/\Delta y$ 成正比，与接触面积 A 成正比。流体在圆管内流动时，u 与 y 的关系是曲线关系，上述变化率应写成 du/dy，称为速度梯度，即：

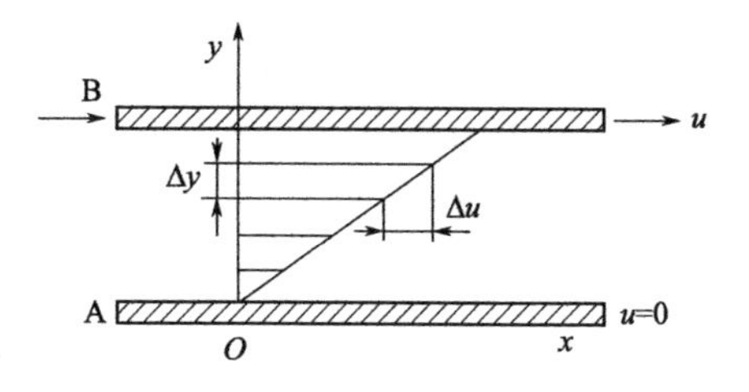

图 1-18　平板间液体速度变化

$$F=\mu\times\frac{du}{dy}A$$

若单位流层面积上的内摩擦力称为剪应力 τ，则：

$$\tau=\frac{F}{A}=\mu\times\frac{du}{dy} \quad (1\text{-}11)$$

式(1-11) 称为牛顿黏性定律，即流体层间的剪应力与速度梯度成正比。式中比例系数 μ，称为动力黏度或绝对黏度，简称黏度。

2. 黏度

黏度是表征流体黏性大小的物理量，是流体的重要物理性质之一，流体的黏性越大，μ 值越大。其值由实验测定。

流体的黏度随流体的种类及状态而变化，液体的黏度随温度升高而减小，气体的黏度随温度升高而增大。压力变化时，液体的黏度基本不变，气体的黏度随压力增加而增加得很少，一般工程计算中可以忽略。某些常用流体的黏度，可以从有关手册和本书附录中查得。

黏度的法定计量单位是Pa·s；但在工程手册中黏度的单位常用物理单位制，用泊（P）或厘泊（cP）表示。它们之间的关系是：

$$1\text{Pa}\cdot\text{s}=10\text{P}=1000\text{cP}$$

流体的黏性还可用黏度μ与密度ρ的比值来表示，称为运动黏度，以ν表示：

$$\nu=\frac{\mu}{\rho} \tag{1-12}$$

运动黏度的法定计量单位为m^2/s；在物理单位制中，运动黏度的单位为cm^2/s，称为斯托克斯（St）。

（二）直管阻力

1. 范宁公式

直管阻力，也叫沿程阻力。直管阻力通常由范宁公式计算，其表达式为：

$$h_\text{f}=\lambda\times\frac{l}{d}\times\frac{u^2}{2} \tag{1-13}$$

式中　h_f——直管阻力，J/kg；

λ——摩擦系数，也称摩擦因数，无量纲；

l——直管的长度，m；

d——直管的内径，m；

u——流体在管内的流速，m/s。

范宁公式中的摩擦因数是确定直管阻力损失的重要参数。λ的值与反映流体湍动程度的Re及管内壁粗糙程度的ε大小有关。

2. 管壁粗糙程度

工业生产上所使用的管道，按其材料的性质和加工情况，大致可分为光滑管与粗糙管。通常把玻璃管、铜管和塑料管等列为光滑管，把钢管和铸铁管等列为粗糙管。实际上，即使是同一种材质的管子，由于使用时间的长短与腐蚀结垢的程度不同，管壁的粗糙度也会发生很大的变化。

（1）绝对粗糙度　绝对粗糙度是指管壁突出部分的平均高度，以ε表示，如图1-19所示。表1-5中列出了某些工业管道的绝对粗糙度数值。

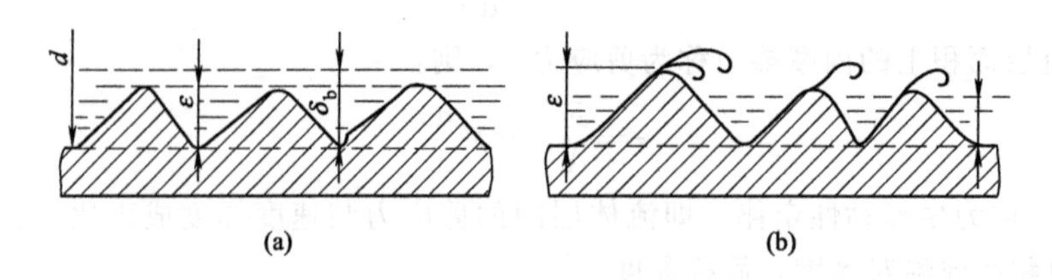

图1-19　管壁粗糙程度对流体流动的影响

（2）相对粗糙度　相对粗糙度是指绝对粗糙度与管道内径的比值，即ε/d。管壁粗糙度对摩擦系数λ的影响程度与管径的大小有关，所以在流动阻力的计算中，要考虑相对粗糙度的大小。

表 1-5　某些工业管道的绝对粗糙度

管道类别	绝对粗糙度 ε/mm
无缝黄铜管、铜管及铝管	0.01～0.05
新的无缝钢管或镀锌铁管	0.1～0.2
新的铸铁管	0.3
具有轻度腐蚀的无缝钢管	0.2～0.3
具有重度腐蚀的无缝钢管	0.5 以上
旧的铸铁管	0.85 以上
干净玻璃管	0.0015～0.01
很好整平的水泥管	0.33

3. 摩擦系数

(1) 层流时摩擦系数　流体做层流流动时，管壁上凹凸不平的地方都被有规则的流体层所覆盖，λ 与 ε/d 无关，摩擦系数 λ 只是雷诺数的函数。

$$\lambda=\frac{64}{Re} \tag{1-14}$$

将 $\lambda=\frac{64}{Re}$代入范宁公式，则：

$$h_{\mathrm{f}}=32\frac{\mu ul}{\rho d^2} \tag{1-15}$$

式(1-15) 为哈根-伯稷叶方程，是流体在圆直管内做层流流动时的阻力计算式。

(2) 湍流时摩擦系数　由于湍流时流体质点运动情况比较复杂，目前还不能完全用理论分析方法求算湍流时摩擦系数 λ 的公式，而是通过实验测定，获得经验的计算式。

为了计算方便，通常将摩擦系数 λ 对 Re 与 ε/d 的关系曲线标绘在双对数坐标上，如图 1-20 所示，该图称为莫狄（Moody）图。这样就可以方便地根据 Re 与 ε/d 值从图中查得各种情况下的 λ 值。

根据雷诺数的不同，可在图中分出四个不同的区域：

① 层流区。当 $Re<2000$ 时，λ 与 Re 为直线关系，与相对粗糙度无关。

② 过渡区。当 $Re=2000\sim4000$ 时，管内流动类型随外界条件影响而变化，λ 也随之波动。工程上一般按湍流处理，λ 可从相应的湍流时的曲线延伸查取。

③ 湍流区。当 $Re>4000$ 且在图中虚线以下区域时，$\lambda=f(Re,\ \varepsilon/d)$。对于一定的 ε/d，随 Re 数值的增大而减小。

④ 完全湍流区。即图中虚线以上的区域，λ 与 Re 的数值无关，只取决于 ε/d。λ-Re 曲线几乎成水平线，当管子的 ε/d 一定时，λ 为定值。在这个区域内，阻力损失与 u^2 成正比，故又称阻力平方区。由图可见，ε/d 值越大，达到阻力平方区的 Re 值越低。

【例 1-4】 20℃的水，以 1m/s 速度在钢管中流动，钢管规格为 ϕ60mm×3.5mm，试求水通过 100m 长的直管时，阻力损失为多少？

解： 从本书附录中查得水在 20℃时的 $\rho=998.2\mathrm{kg/m^3}$，$\mu=1.005\times10^{-3}\mathrm{Pa\cdot s}$

$$d=60-3.5\times2=53\ (\mathrm{mm}),\ l=100\mathrm{m},\ u=1\mathrm{m/s}$$

$$Re=\frac{du\rho}{\mu}=\frac{0.053\times1\times998.2}{1.005\times10^{-3}}=5.26\times10^4$$

取钢管的管壁绝对粗糙度 $\varepsilon=0.2$mm，则

$$\frac{\varepsilon}{d}=\frac{0.2}{53}=0.004$$

据 Re 与 ε/d 值，可以从图 1-20 上查出摩擦系数 $\lambda=0.03$

则 $$h_f=\lambda\times\frac{l}{d}\times\frac{u^2}{2}=0.03\times\frac{100}{0.053}\times\frac{1^2}{2}=28.3\ (\text{J/kg})$$

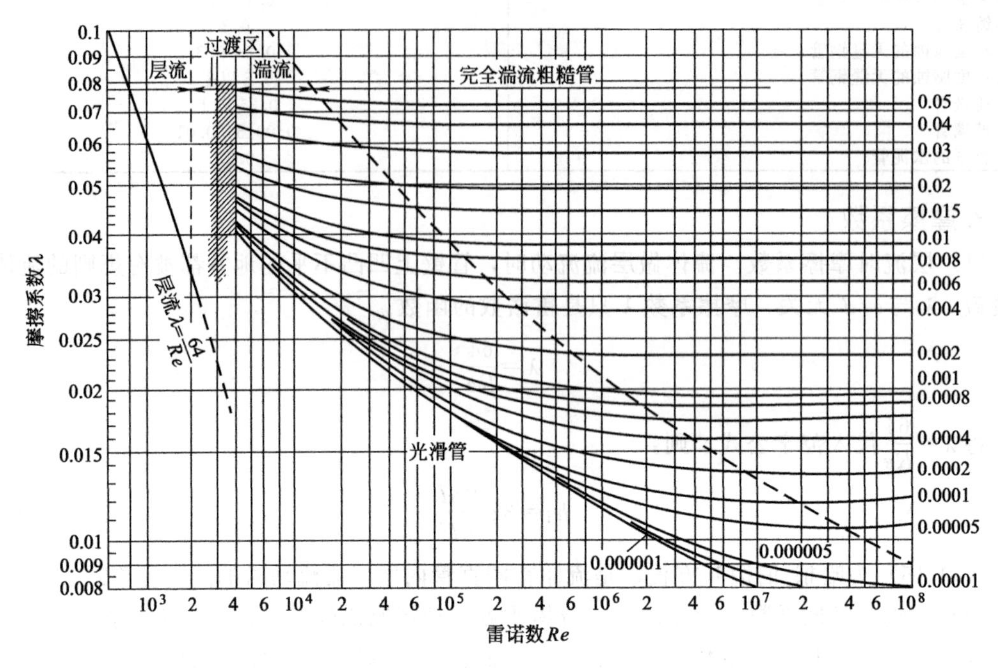

图 1-20　λ 与 Re、ε/d 的关系

（三）局部阻力

局部阻力是流体流经管路中的管件、阀门及截面的突然扩大和突然缩小等局部地方所产生的阻力。

流体在管路的进口、出口、弯头、阀门、突然扩大、突然缩小或流量计等局部流过时，必然发生流体的流速和流动方向的突然变化，流动受到干扰、冲击，产生漩涡并加剧湍动，使流动阻力显著增加，见图 1-21。局部阻力一般有两种计算方法，即当量长度法和阻力系数法。

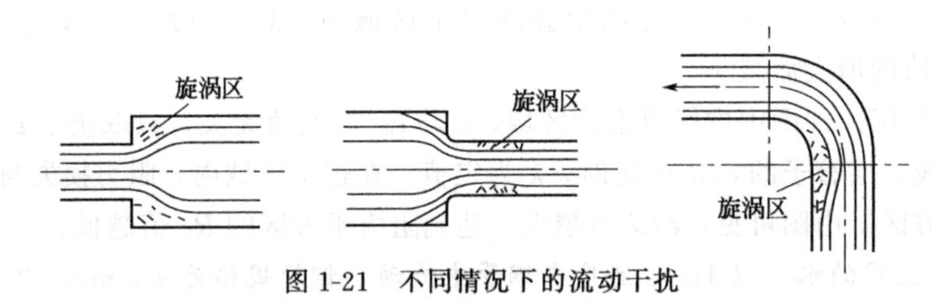

图 1-21　不同情况下的流动干扰

1. 当量长度法

当量长度法是将流体通过局部障碍时的局部阻力计算转化为直管阻力损失的计算方法，可按式(1-16) 计算。所谓当量长度是与某局部障碍具有相同能量损失的同直径直管长度，用 l_e 表示，单位为 m。

$$h_f'=\lambda\times\frac{l_e}{d}\times\frac{u^2}{2}\tag{1-16}$$

式中　h_f'——直管阻力，J/kg；

λ——摩擦系数，无量纲；

d——直管的内径，m；

u——管内流体的平均流速，m/s；

l_e——当量长度，m。

当局部流通截面发生变化时，u 应该采用较小截面处的流体流速。l_e 数值由实验测定，在湍流情况下，某些管件与阀门的当量长度也可以从图 1-22 查得。

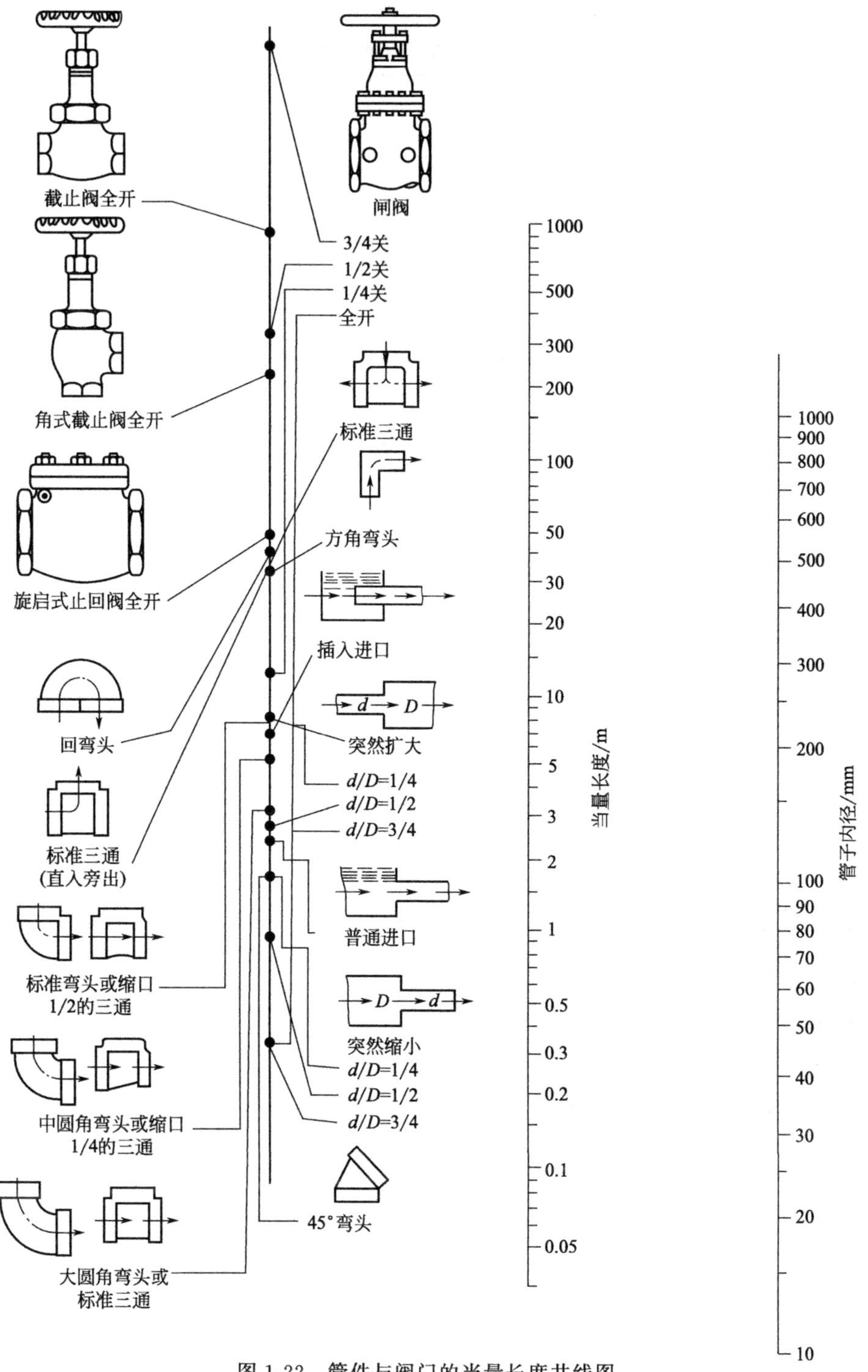

图 1-22　管件与阀门的当量长度共线图

2. 阻力系数法

将局部阻力表示为动能的一个倍数，则：

$$h_f' = \zeta \times \frac{u^2}{2} \tag{1-17}$$

式中，ζ 为局部阻力系数，无量纲，其值由实验测定。

常见的局部阻力系数见表 1-6。

表 1-6　常见局部障碍的阻力系数

管件和阀门名称	ζ值										
标准弯头	45°　$\zeta=0.35$					90°　$\zeta=0.75$					
90°方形弯头	1.3										
180°回弯头	1.5										
活接管	0.4										
弯管	R/d \ ϕ	30°	45°	60°	75°	90°	105°	120°			
	1.5	0.08	0.11	0.14	0.16	0.175	0.19	0.20			
	2.0	0.07	0.10	0.12	0.14	0.15	0.16	0.17			
突然扩大	A_1/A_2	0	0.1	0.2	0.3	0.4	0.5	0.6	0.7	0.8	0.9	1
	ζ	1	0.81	0.64	0.49	0.36	0.25	0.16	0.09	0.04	0.01	1
突然缩小	A_1/A_2	0	0.1	0.2	0.3	0.4	0.5	0.6	0.7	0.8	0.9	1
	ζ	0.5	0.47	0.45	0.38	0.34	0.3	0.25	0.20	0.15	0.09	0
闸　阀	全开	3/4 开	1/2 开	1/4 开							
	0.17	0.9	4.5	24							
截止阀(球心阀)	全开　$\zeta=6.4$					1/2 开　$\zeta=9.5$					
蝶阀	a	5°	10°	20°	30°	40°	45°	50°	60°	70°	
	ζ	0.24	0.52	1.54	3.91	10.8	18.7	30.6	118	751	
旋塞	θ	5°	10°	20°	40°	60°					
	ζ	0.24	0.52	1.56	17.3	206					
单向阀	摇板式 $\zeta=2$					球形式 $\zeta=70$					

(四) 总阻力

管路系统的总阻力等于通过所有直管的阻力和所有局部阻力之和。

1. 当量长度法

当用当量长度法计算局部阻力时，其总阻力$\sum h_f$ 计算式为：

$$\sum h_f = \lambda \times \frac{l + \sum l_e}{d} \times \frac{u^2}{2} \tag{1-18}$$

式中，$\sum l_e$ 为管路全部管件与阀门等的当量长度之和，m。

2. 阻力系数法

当用阻力系数法计算局部阻力时，其总阻力计算式为：

$$\sum h_f = \left(\lambda \times \frac{l}{d} + \sum \zeta\right) \times \frac{u^2}{2} \tag{1-19}$$

式中，$\sum\zeta$ 为管路全部的局部阻力系数之和。

应当注意，当管路由若干直径不同的管段组成时，管路的总能量损失应分段计算，然后再求和。

总阻力的表示方法除了以能量形式表示外，还可以用压头损失 H_f（1N 流体的流动阻力，m）及压力降 Δp_f（$1m^3$ 流体流动时的流动阻力，m）表示。它们之间的关系为

$$h_f = H_f g \tag{1-20}$$

$$\Delta p_f = \rho h_f = \rho H_f g \tag{1-21}$$

【例 1-5】 20℃的水以 $16m^3/h$ 的流量流过某一管路，管规格为 $\phi57mm \times 3.5mm$。管路上装有 90°的标准弯头两个、闸阀（1/2 开）一个，直管段长度为 30m。试计算流体流经该管路的总阻力损失。

解： 查得 20℃下水的密度为 $998.2kg/m^3$，黏度为 $1.005mPa \cdot s$。

管子内径为 $d = 57 - 2 \times 3.5 = 50\ (mm) = 0.05m$

水在管内的流速为

$$u = \frac{q_V}{A} = \frac{q_V}{0.785d^2} = \frac{16/3600}{0.785 \times 0.05^2} = 2.26\ (m/s)$$

流体在管内流动时的雷诺数为 $Re = \dfrac{du\rho}{\mu} = \dfrac{0.05 \times 2.26 \times 998.2}{1.005 \times 10^{-3}} = 1.12 \times 10^5$

查表取管壁的绝对粗糙度 $\varepsilon = 0.2mm$，则 $\varepsilon/d = 0.2/50 = 0.004$，由 Re 值及 ε/d 值查图 1-20 得 $\lambda = 0.0285$。

（1）用阻力系数法计算

查表 1-6 得：90°标准弯头，$\zeta = 0.75$；闸阀（1/2 开度），$\zeta = 4.5$。

所以

$$\sum h_f = \left(\lambda \times \frac{l}{d} + \sum\zeta\right) \times \frac{u^2}{2} = \left[0.0285 \times \frac{30}{0.05} + (0.75 \times 2 + 4.5)\right] \times \frac{2.26^2}{2} = 59.0\ (J/kg)$$

（2）用当量长度法计算

查图 1-22 得：90°标准弯头，$l/d = 30$；闸阀（1/2 开度），$l/d = 200$。

$$\sum h_f = \lambda \times \frac{l + \sum l_e}{d} \times \frac{u^2}{2} = 0.0285 \times \frac{30 + (30 \times 2 + 200) \times 0.05}{0.05} \times \frac{2.26^2}{2} = 62.6\ (J/kg)$$

从以上计算可以看出，用两种局部阻力计算方法的计算结果差别不大，在工程计算中是允许的。

任务三　管子的选用与管路安装

确定输送管路的直径，合理布置和安装管路，对确保生产正常进行、降低设备费用和操作费用具有十分重要的意义。

一、管子的选用

管道的内径计算式为：

$$d=\sqrt{\frac{4q_V}{\pi u}} \tag{1-22}$$

式中 q_V——流体的体积流量，m^3/s；

d——管道的内径，m；

u——适宜流速，m/s，通过经济衡算，选择合理的流速。

流量一般为生产任务所决定，所以关键在于选择合适的流速。若流速选择过大，管径虽然可以减小，但流体流过管道的阻力增大，动力消耗高，操作费用随之增加。反之，流速选择过小，操作费用虽然可以相应减小，但管径增大，管路的设备费用随之增加。所以需根据具体情况通过经济权衡来确定适宜的流速。某些流体在管路中的常用流速范围列于表 1-7中。

表 1-7 某些流体在管道中的常用流速范围

流体的类别及情况	流速范围/(m/s)
水及低黏度液体(0.1～1.0MPa)	1.5～3.0
工业供水(0.8MPa 以下)	1.5～3.0
锅炉供水(0.8MPa 以下)	>3.0
饱和蒸汽	20～40
一般气体(常压)	10～20
离心泵排出管(水一类液体)	2.5～3.0
液体自流速度(冷凝水等)	0.5
真空操作下气体流速	<10

应用式(1-22) 算出管径后，还需根据管子规格选用标准管径。选用标准管径后，再核算流体在管内的实际流速。

【例 1-6】 某厂精馏塔进料量为 36000kg/h，该料液的性质与水相近，其密度为 $960kg/m^3$，试选择进料管的管径。

解：

$$q_V=\frac{q_m}{\rho}=\frac{36000/3600}{960}=0.0104(m^3/s)$$

因料液的性质与水相近，参考表 1-7，选取 $u=1.8m/s$。

得

$$d=\sqrt{\frac{4q_V}{\pi u}}=\sqrt{\frac{4\times0.0104}{3.14\times1.8}}=0.086(m)$$

根据本书附录的管子规格表，选用 $\phi89\times3.5mm$ 的无缝钢管，其内径为

$$d=89-3.5\times2=82\ (mm)$$

则实际流速为

$$u=\frac{q_V}{A}=\frac{q_V}{\frac{\pi}{4}d^2}=\frac{0.0104}{0.785\times0.082^2}=1.97(m/s)$$

流体在管内的实际流速为 1.97m/s，仍在适宜流速范围内，因此所选管子可用。

二、管路的布置与安装原则

工业上的管路布置既要考虑到工艺要求，又要考虑到经济要求，还要考虑到操作方便与

安全，在可能的情况下还要尽可能美观。因此，布置管路时应遵守以下原则。

① 在工艺条件允许的前提下，应使管路尽可能短，管件和阀门应尽可能少，以减少投资，使流体阻力减到最低。

② 应合理安排管路，管路与墙壁、柱子或其他管路之间应有适当的距离，以便于安装、操作、巡查与检修。如管路最突出的部分距墙壁或柱边的净空不小于100mm，距管架支柱也不应小于100mm，两管路的最突出部分间距净空，中压保持40～60mm，高压保持70～90mm，并排管路上安装手轮操作阀门时，手轮间距约100mm。

③ 管路排列时，通常使热的在上，冷的在下；无腐蚀的在上，有腐蚀的在下；输气的在上，输液的在下；不经常检修的在上，经常检修的在下；高压的在上，低压的在下；保温的在上，不保温的在下；金属的在上，非金属的在下；在水平方向上，通常使常温管路、大管路、振动大的管路及不经常检修的管路靠近墙或柱子。

④ 管子、管件与阀门应尽量采用标准件，以便于安装与维修。

⑤ 对于温度变化较大的管路需采取热补偿措施，有凝液的管路要安排凝液排出装置，有气体积聚的管路要设置气体排放装置。

⑥ 管路通过人行道时高度不得低于2m，通过公路时不得小于4.5m，与铁轨不得小于6m，通过工厂主要交通干线一般为5m。

⑦ 一般情况下，管路采用明线安装，但上下水管及废水管采用埋地铺设，埋地安装深度应当在当地冰冻线以下。

在布置管路时，应参阅有关资料，依据上述原则制订方案，确保管路的布置科学、经济、合理、安全。

任务四　液体输送机械

一般来说，流体输送机械可分为液体输送机械（通称为泵）和气体输送机械（如风机、压缩机、真空泵等）。按照工作原理不同又可分为离心式、往复式、旋转式和流体作用式，其中以离心式最为常见。

一、离心泵的结构类型

离心泵具有结构简单、性能稳定、检修方便、操作容易和适应性强等特点，在化工生产中应用十分广泛。

1. 离心泵的结构

图1-23为安装于管路中的一台卧式单级单吸离心泵。

(1) 叶轮　叶轮的作用是将原动机的机械能直接传给液体，以增加液体的静压能和动能（主要增加静压能）。

叶轮一般有6～12片后弯叶片。叶轮有开式、半闭式和闭式三种，如图1-24所示。

开式叶轮在叶片两侧无盖板，制造简单、清洗方便，适用于输送含有较大量悬浮物的物料，效率较低，输送的液体压力不高；半闭式叶轮在吸入口一侧无盖板，而在另一侧有盖板，适用于输送易沉淀或含有颗粒的物料，效率也较低；闭式叶轮在叶片两侧有前后盖板，效率高，适用于输送不含杂质的清洁液体，一般的离心泵叶轮多为此类。

后盖板上的平衡孔以消除轴向推力。离开叶轮周边的液体压力已经较高，有一部分会渗到叶轮后盖板后侧，而叶轮前侧液体入口处为低压，因而产生了将叶轮推向泵入口一侧的轴向推力。这容易引起叶轮与泵壳接触处的磨损，严重时还会产生振动。平衡孔使一部分高压液体泄漏到低压区，减小叶轮前后的压力差。但由此也会引起泵效率的降低。

叶轮有单吸和双吸两种吸液方式，如图 1-25 所示。

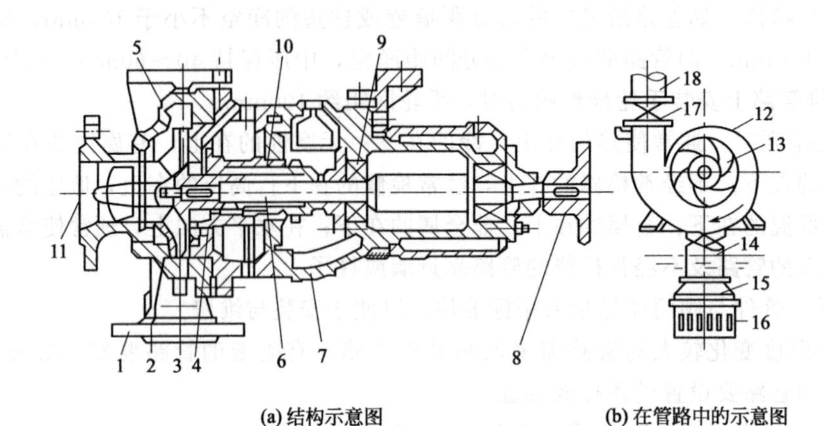

(a) 结构示意图　　(b) 在管路中的示意图

图 1-23　单级单吸离心泵的结构

1—泵体；2—叶轮；3—密封环；4—轴套；5—泵盖；6—泵轴；7—托架；8—联轴器；9—轴承；10—轴封装置；11—吸入口；12—蜗形泵壳；13—叶片；14—吸入管；15—底阀；16—滤网；17—调节阀；18—排出管

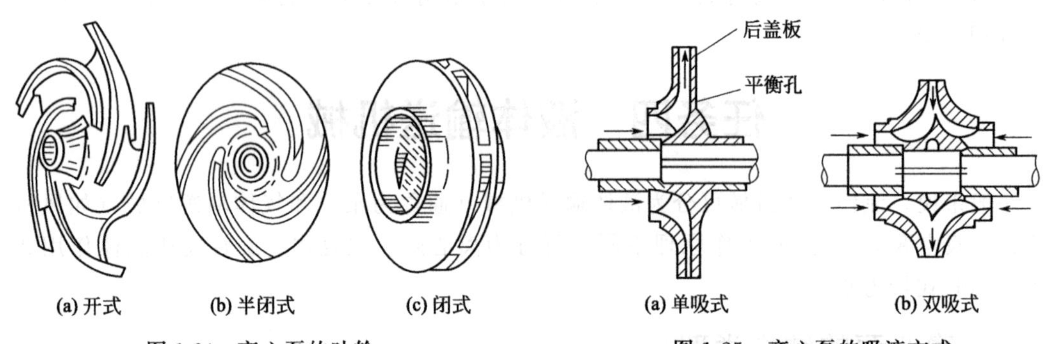

(a) 开式　　(b) 半闭式　　(c) 闭式

图 1-24　离心泵的叶轮

(a) 单吸式　　(b) 双吸式

图 1-25　离心泵的吸液方式

(2) 泵壳　作用是将叶轮封闭在一定的空间，以便由叶轮的作用吸入和压出液体。泵壳多做成蜗壳形，故又称蜗壳。由于流道截面积逐渐扩大，故从叶轮四周甩出的高速液体逐渐降低流速，使部分动能有效地转换为静压能。泵壳不仅汇集由叶轮甩出的液体，同时又是一个能量转换装置。

为使泵内液体能量转换效率增高，叶轮外周安装导轮。导轮是位于叶轮外周的固定的带叶片的环。这些叶片的弯曲方向与叶轮叶片的弯曲方向相反，其弯曲角度正好与液体从叶轮流出的方向相适应，引导液体在泵壳通道内平稳地改变方向，将使能量损耗减至最小，提高动能转换为静压能的效率。

(3) 轴封装置　作用是防止泵壳内液体沿轴漏出或外界空气漏入泵壳内。

常用轴封装置有填料密封和机械密封两种。

填料一般用浸油或涂有石墨的石棉绳。机械密封主要是靠装在轴上的动环与固定在泵壳上的静环之间端面做相对运动而达到密封的目的。

2. 离心泵的类型

离心泵种类繁多，相应的分类方法也多种多样，例如，按液体的性质可分为水泵、耐腐蚀泵、油泵、杂质泵、屏蔽泵、液下泵和低温泵等。各种类型的离心泵按其结构特点各自成为一个系列，并以一个或几个汉语拼音字母作为系列代号，在每一系列中，由于有各种不同的规格，因而附以不同的字母和数字来区别。以下仅对化工厂中常用离心泵的类型做简单说明，见表 1-8。

表 1-8 离心泵的类型

类型		结构特点	用途
清水泵	IS 型	单级单吸式。泵体和泵盖都用铸铁制成。特点是泵体和泵盖为后开门结构型式，优点是检修方便，不用拆卸泵体、管路和电机	是应用最广的离心泵，用来输送清水以及物理、化学性质类似于水的清洁液体
	D 型	多级泵，可达到较高的压头，如图 1-26 所示	适用于要求的压头较高而流量并不太大的场合
	SH 型	双吸式离心泵，叶轮有两个入口，故输送液体流量较大，如图 1-27 所示	适用于输送液体的流量较大而所需的压头不高的场合
耐腐蚀泵（F 型）		特点是与液体接触的部件用耐腐蚀材料制成，密封要求高，常采用机械密封装置。 FH 型（灰口铸铁）、FG 型（高硅铸铁）、FB 型（铬镍合金钢）、FM 型（铬镍钼钛合金钢）、FS 型（聚三氟氯乙烯塑料）	输送酸、碱等腐蚀性液体
油泵（Y 型）		有良好的密封性能。热油泵的轴密封装置和轴承都装有冷却水夹套	输送石油产品
杂质泵（P 型）		叶轮流道宽，叶片数目少，常采用半敞式或敞式叶轮。有些泵壳内衬以耐磨的铸钢护板。不易堵塞，容易拆卸，耐磨 PW 型（污水泵）、PS 型（砂泵）、PN 型（泥浆泵）	输送悬浮液及黏稠的浆液等
屏蔽泵		无泄漏泵，叶轮和电机联为一个整体并密封在同一泵壳内，不需要轴封装置。缺点是效率较低，为 26%～50%	常输送易燃、易爆、剧毒及具有放射性的液体
液下泵（EY 型）		液下泵经常安装在液体贮槽内，对轴封要求不高，既节省空间又改善操作环境。其缺点是效率不高	适用于输送化工过程中各种腐蚀性液体和高凝固点液体

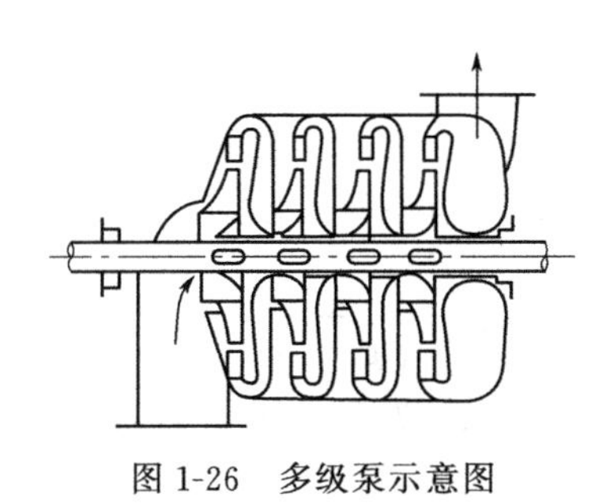

图 1-26 多级泵示意图

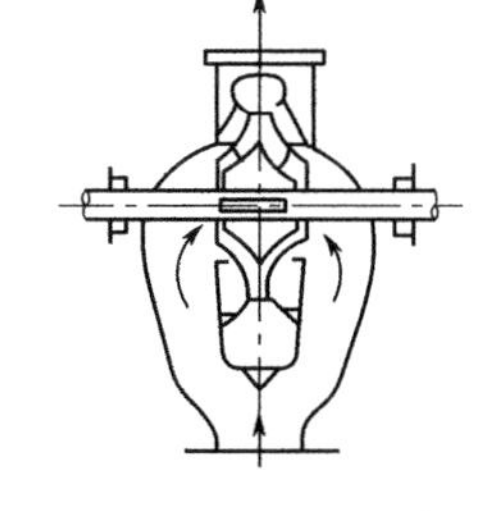

图 1-27 双吸泵示意图

二、离心泵的工作原理

离心泵的叶轮安装在泵壳内，并紧固在泵轴上，泵轴由电机直接带动。液体经底阀和吸入管进入泵内，由压出管排出。

在泵启动前，泵壳内灌满被输送的液体；启动后，叶轮由轴带动高速转动，叶片间的液体也必须随着转动。在离心力的作用下，液体从叶轮中心被抛向外缘并获得能量，高速离开叶轮外缘进入蜗形泵壳。在蜗壳中，液体由于流道的逐渐扩大而减速，又将部分动能转变为静压能，最后以较高的压力流入排出管道，送至需要场所。液体由叶轮中心流向外缘时，在叶轮中心形成了一定的真空，由于贮槽液面上方的压力大于泵入口处的压力，液体便被连续压入叶轮中。可见，只要叶轮不断地转动，液体便会不断地被吸入和排出。

三、离心泵的主要性能参数和特性曲线

1. 离心泵的主要性能参数

离心泵的性能参数是用以描述离心泵性能的物理量，见表 1-9。

表 1-9　离心泵的主要性能参数

性能参数	单位	定义	影响因素
流量 q_V	m^3/h m^3/s	离心泵在单位时间内排入管路系统内液体的体积	泵的结构尺寸(如叶轮的直径与叶片的宽度)和叶轮的转速。离心泵的实际流量还与管路特性有关
扬程 H	m	离心泵向单位质量液体提供的机械能	离心泵的扬程取决于泵的结构(如叶轮的直径、叶片的弯曲情况等)、叶轮的转速和离心泵的流量。在指定的转速下，压头与流量之间具有确定的关系。其值由实验测得
轴功率 P	W kW	指泵轴所需的功率 $P=\frac{P_e}{\eta}\times 100\%$ $P_e=q_V H \rho g$	随设备的尺寸、流体的黏度、流量等的增大而增大
效率 η	无量纲	指离心泵的有效功率与轴功率之比，反映离心泵能量损失的大小	离心泵的效率与泵的大小、类型、制造精密程度和所输送液体的性质、流量有关，一般小型泵的效率为 50%～70%，大型泵可达到 90%左右，此值由实验测得

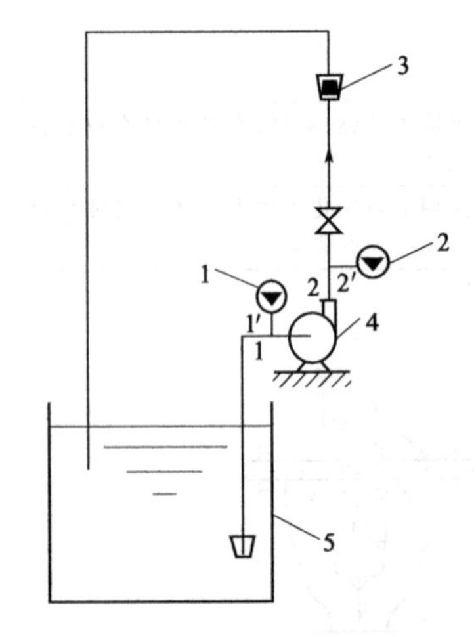

图 1-28　例 1-7 附图

1—压力表；2—真空表；3—流量计；4—泵；5—贮槽

【例 1-7】 采用图 1-28 的实验装置来测定离心泵的性能。泵的吸入管与排出管具有相同的直径，两测压口间垂直距离为 0.5m。泵的转速为 2900r/min。以 20℃清水为介质测得以下数据：流量为 $54m^3/h$，泵出口处表压为 255kPa，入口处真空表读数为 26.7kPa，功率表测得所消耗功率为 6.2kW，泵由电动机直接带动，电动机的效率为 93%，试求该泵在输送条件下的扬程、轴功率、效率。

解：(1) 泵的扬程　在压力表和真空表所处位置的截面分别以 1—1′和 2—2′表示，列伯努利方程式，即

$$z_1+\frac{p_1}{\rho g}+\frac{u_1^2}{2g}+H=z_2+\frac{p_2}{\rho g}+\frac{u_2^2}{2g}+\sum H_{f,1\text{-}2}$$

其中 $z_2-z_1=0.5m$，$p_1=-26.7kPa$（表压），$p_2=255kPa$（表压），$u_1=u_2$

因两测口的管路很短，其间流动阻力可忽略不计，即 $\sum H_{f,1\text{-}2}=0$，所以

$$H=0.5+\frac{255\times 10^3+26.7\times 10^3}{1000\times 9.81}=29.2\ (m)$$

(2) 泵的轴功率　功率表测得的功率为电动机的消耗功率，由于泵由电动机直接带动，传动效率可视为 100%，所以电动机的输出功率等于泵的轴功率。因电动机本身消耗部分功率，其效率为 93%，于是电动机输出功率为

电动机消耗功率×电动机效率$=6.2\times 0.93=5.77$（kW）

泵的轴功率为 $P=5.77\text{kW}$

（3）泵的效率

$$\eta=\frac{P_e}{P}\times100\%=\frac{q_V H\rho g}{P}\times100\%=\frac{54\times29.2\times1000\times9.81}{3600\times5.77\times1000}\times100\%=74.4\%$$

2. 离心泵的特性曲线

理论及实验均表明，离心泵的扬程、功率及效率等主要性能均与流量有关。为了便于使用者更好地了解和利用离心泵的性能，常把它们与流量之间的关系用图表示出来，就是离心泵的特性曲线。

离心泵的特性曲线一般由离心泵的生产厂家提供，标绘于泵的产品说明书中，其测定条件一般是20℃清水，转速也固定。典型的离心泵性能曲线如图1-29所示。

（1）H-q_V 曲线　表示泵的扬程与流量的关系。离心泵的扬程随流量的增大而下降（在流量极小时有例外）。

（2）P_e-q_V 曲线　表示泵的轴功率与流量的关系。离心泵的轴功率随流量的增大而上升，流量为零时轴功率最小。故离心泵启动时，应关闭泵的出口阀门，使电机的启动电流减少，以保护电机。

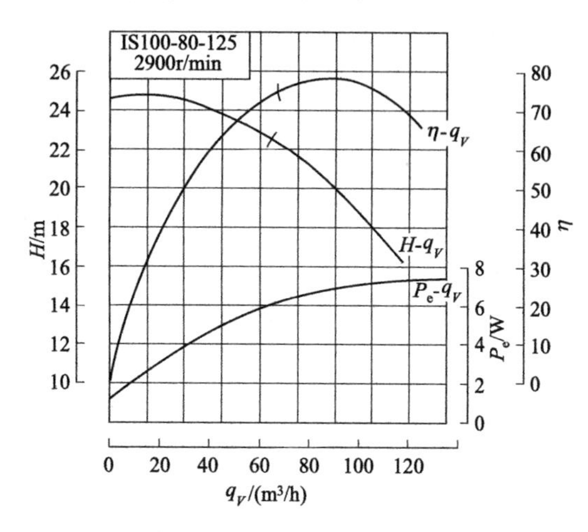

图1-29　离心泵性能曲线示意图

（3）η-q_V 曲线　表示泵的效率与流量的关系。当 $q_V=0$ 时 $\eta=0$；随着流量的增大，效率随之而上升达到一个最大值；而后随流量再增大时，效率便下降。说明离心泵在一定转速下有一最高效率点，称为设计点。泵在与最高效率相对应的流量及扬程下工作最为经济，所以与最高效率点对应的 q_V、H、P_e 值称为最佳工况参数。离心泵的铭牌上标出的性能参数就是指该泵在最高效率点运行时的工况参数。根据输送条件的要求，离心泵往往不可能正好在最佳工况下运转，因此一般只能规定一个工作范围，称为泵的高效率区，通常为最高效率的92%左右。选用离心泵时，应尽可能使泵在此范围内工作。

四、离心泵的选用

离心泵的选用，通常可按下列原则进行：

1. 确定离心泵的类型

根据被输送液体的性质和操作条件确定离心泵的类型，如液体的温度、压力、黏度、腐蚀性、固体粒子含量以及是否易燃易爆等。

2. 确定输送系统的流量和扬程

输送液体的流量一般为生产任务所规定，如果流量是变化的，应按最大流量考虑。根据管路条件及伯努利方程，确定最大流量下所需要的压头。

3. 确定离心泵的型号

根据管路要求的流量 q_V 和扬程 H 来选定合适的离心泵型号。在选用时，应考虑到操作条件的变化并留有一定的余量。选用时要使所选泵的流量与扬程比任务需要的稍大一些。如果用系列特性曲线来选，要使（q_V，H）点落在泵的 q_V-H 线以下，并处在高效区。

若有几种型号的泵同时满足管路的具体要求，则应选效率较高的，同时也要考虑泵的价格。

4. 校核轴功率

当液体密度大于水的密度时，必须校核轴功率。

5. 列性能

列出泵在设计点处的性能，供使用时参考。

五、离心泵的安装

1. 离心泵的汽蚀现象

（1）汽蚀　离心泵的吸液是靠吸入液面与吸入口间的压差完成的。吸入管路越高，吸上高度越大，则吸入口处的压力将越小。当吸入口处压力小于操作条件下被输送液体的饱和蒸气压时，液体将会汽化产生气泡，含有气泡的液体进入泵体后，在旋转叶轮的作用下，进入高压区，气泡在高压的作用下，又会凝结为液体，由于原气泡位置的空出造成局部真空，使周围液体在高压的作用下迅速填补原气泡所占空间。这种高速冲击频率很高，可以达到每秒几千次，冲击压强可以达到数百个大气压甚至更高，这种高强度高频率的冲击，轻的能造成叶轮的疲劳，重的则可以将叶轮与泵壳破坏，甚至能把叶轮打成蜂窝状。这种由于被输送液体在泵体内汽化再凝结对叶轮产生剥蚀的现象叫离心泵的汽蚀现象。

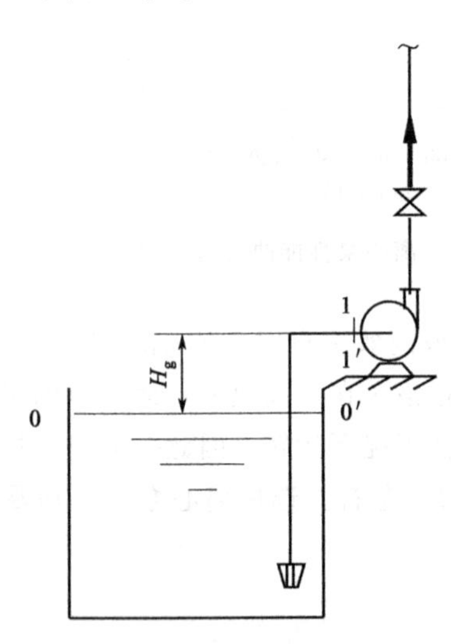

图 1-30　离心泵的允许安装高度

（2）汽蚀的危害　汽蚀现象发生时，会产生噪声和引起振动，流量、扬程及效率均会迅速下降，严重时不能吸液。工程上规定，当泵的扬程下降 3% 时，进入了汽蚀状态。

2. 离心泵的安装高度

工程上从根本上避免汽蚀现象的方法是限制泵的安装高度。避免离心泵汽蚀现象发生的最大安装高度，称为离心泵的允许安装高度，也叫允许吸上高度，是指泵的吸入口 1—1′与吸入贮槽液面 0—0′间可允许达到的最大垂直距离，以符号 H_g 表示，见图 1-30。假定泵在可允许的最高位置上操作，以液面为基准面，列贮槽液面 0—0′与泵的吸入口 1—1′两截面间的伯努利方程式，可得：

$$H_g=\frac{p_0-p_1}{\rho g}-\frac{u_1^2}{2g}-\sum H_{f,0\text{-}1} \tag{1-23}$$

式中　H_g——允许安装高度，m；

p_0——吸入液面压力，Pa；

p_1——吸入口允许的最低压力，Pa；

u_1——吸入口处的流速，m/s；

ρ——被输送液体的密度，kg/m^3；

$\sum H_{f,0-1}$——流体流经吸入管的阻力，m。

3. 离心泵的安装高度计算

工业生产中，计算离心泵的允许安装高度常用允许汽蚀余量法。离心泵的抗汽蚀性能参数也用允许汽蚀余量来表示。允许汽蚀余量是指离心泵在保证不发生汽蚀的前提下，泵吸入口处动压头与静压头之和比被输送液体的饱和蒸气压头高出的最小值，用 Δh 表示，即：

$$\Delta h=\frac{p_1}{\rho g}+\frac{u_1^2}{2g}-\frac{p_v}{\rho g} \tag{1-24}$$

将式(1-24) 代入(1-23) 得：

$$H_g=\frac{p_0}{\rho g}-\frac{p_v}{\rho g}-\Delta h-\sum H_{f,0-1} \tag{1-25}$$

式中　Δh——允许汽蚀余量，m，由泵的性能表查得；

p_v——操作温度下液体的饱和蒸气压，Pa。

Δh 随流量增大而增大，因此，在确定允许安装高度时应取最大流量下的 Δh。

当允许安装高度为负值时，离心泵的吸入口低于贮槽液面。

为安全起见，泵的实际安装高度通常比允许安装高度低 0.5～1m。

【例 1-8】 型号为 IS65-40-200 的离心泵，转速为 2900r/min，流量为 $25m^3/h$，扬程为 50m，(NPSH) r 为 2.0m，此泵用来将敞口水池中 50℃的水送出。已知吸入管路的总阻力损失为 2m 水柱，当地大气压强为 100kPa，求泵的安装高度。

解： 查附录得 50℃水的饱和蒸气压为 12.34kPa，水的密度为 $988.1kg/m^3$，已知 p_0= 100kPa，Δh=2.0m，$\sum h_{f,1-2}$=2m

$$H_g=\frac{p_0}{\rho g}-\frac{p_v}{\rho g}-\Delta h-\sum H_{f,0-1}=\frac{100\times1000-12.34\times1000}{988.1\times9.81}-2.0-2=5.04\ (m)$$

因此，泵的安装高度不应高于 5.04m。

六、各种类型泵的比较

各种类型泵的比较见表 1-10。

表 1-10　各种类型泵的比较

类型	离心泵	往复泵	旋转泵	旋涡泵	流体作用泵
流量	1. 均匀 2. 量大 3. 流量随管路情况而变化	1. 不均匀 2. 量不大 3. 流量恒定,几乎不因压头变化而变化	1. 比较均匀 2. 量小 3. 流量恒定,几乎不因压头变化而变化	1. 均匀 2. 量小 3. 流量随管路情况变化而变化	1. 量小 2. 间断排送
扬程	1. 一般不高 2. 对一定的流量只有一定的扬程	1. 较高 2. 对一定的流量可有不同的扬程,由管路系统确定	1. 较高 2. 对一定的流量可有不同的扬程,由管路系统确定	1. 较高 2. 对一定的流量只有一定的扬程	扬程不宜高,越高效率越低

续表

类型	离心泵	往复泵	旋转泵	旋涡泵	流体作用泵
效率	1. 最高为70%左右 2. 在设计点最高，偏离越远，效率越低	1. 在80%左右 2. 对于不同的扬程，效率仍保持较大值	1. 在60%～90% 2. 扬程高时泄漏大使效率降低	在25%～50%	一般仅为15%～20%
结构	1. 简易、价廉、安装容易 2. 高速旋转，可直接与电动机相连 3. 同一流量体积小 4. 轴封装置要求高，不能漏气	1. 零件多，结构复杂 2. 震动甚大，不可快速，安装较难 3. 体积大占地多 4. 需吸入排出活门 5. 输送腐蚀性液体时，结构更复杂	1. 没有活门 2. 可与电动机直接连接 3. 零件较少，但制造精度要求较高	1. 结构简单，紧凑，具有较高的吸入高度 2. 高速旋转，可直接与电动机相连 3. 叶轮和泵壳之间要求间隙很小 4. 轴封装置要求高，不漏气	1. 无活动部分 2. 简单
操作	1. 有气缚现象开车前要充液，运转中不能漏气 2. 维护、操作方便 3. 可用阀很方便地调节流量 4. 不因管路堵塞而发生损坏现象	1. 零件多，易出故障，检修麻烦 2. 不能用出口阀而只能用支路阀调节流量 3. 扬程、流量改变时能保持高效率	1. 检修比离心泵复杂，比往复泵容易 2. 调节流量不能用出口阀，而只能用支路阀调节	1. 功率随流量的减小而增大，开车时应将出口阀打开 2. 只能用支路阀调节流量	1. 有的是间歇操作 2. 流量难调节
适用范围	输送腐蚀性或悬浮液，对黏度大的流体不适用，一般流量大而扬程小	高扬程、小流量的清洁液体	高扬程、小流量，特别适于输送油类等黏性液体	特别适用于流量小而扬程较高的液体，但不能输送污秽的液体	间歇地输送腐蚀性液体

七、离心泵的操作

1. 流量调节

在泵的叶轮转速一定时，一台泵在具体操作条件下所提供的液体流量和扬程可用 $H\text{-}q_V$ 特性曲线上的一点来表示。至于这一点的具体位置，应视泵前后的管路情况而定。讨论泵的工作情况，不应脱离管路的具体情况。泵的工作特性由泵本身的特性和管路的特性共同决定。

（1）管路特性曲线　由伯努利方程导出外加压头计算式

$$H_e=\Delta z+\frac{\Delta p}{\rho g}+\frac{\Delta u^2}{2g}+\sum H_f \tag{1-26}$$

q_V 越大，则 $\sum H_f$ 越大，则流动系统所需要的外加压头 H_e 越大。将通过某一特定管路的流量与其所需外加压头之间的关系，称为管路的特性。

上式中的压头损失：

$$\sum H_f=\lambda\frac{l+l_e}{d}\times\frac{u^2}{2g}=\frac{8\lambda}{\pi^2 g}\times\frac{l+l_e}{d^5}q_V^2 \tag{1-27}$$

若忽略上、下游截面的动压头差，则：

$$H_e=\Delta z+\frac{\Delta p}{\rho g}+\frac{8\lambda}{\pi^2 g}\times\frac{l+l_e}{d^5}q_V^2 \tag{1-28}$$

令 $A=\Delta z+\dfrac{\Delta p}{\rho g}$，若把 λ 看成常数，则：

$$H_e = A + Bq_V^2 \tag{1-29}$$

上式称为管路的特性方程，表达了管路所需要的外加压头与管路流量之间的关系。在 H-q_V 坐标中对应的曲线称为管路特性曲线，如图 1-31 所示。

管路特性曲线反映了特定管路在给定操作条件下流量与压头的关系。此曲线的形状只与管路的铺设情况及操作条件有关，而与泵的特性无关。

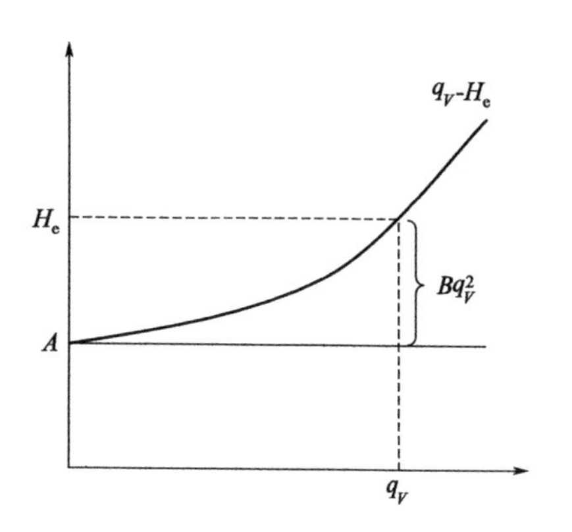

图 1-31　管路特性曲线

(2) 离心泵的工作点　将泵的 H-q_V 曲线与管路的 H-q_V 曲线绘在同一坐标系中，两曲线的交点 M 点称为泵的工作点，如图 1-32 所示。

① 泵的工作点由泵的特性和管路的特性共同决定，可通过联立求解泵的特性方程和管路的特性方程得到。

② 安装在管路中的泵，其输液量即为管路的流量；在该流量下泵提供的扬程也就是管路所需要的外加压头。因此，泵的工作点对应的泵压头既是泵提供的，也是管路需要的。

③ 指定泵安装在特定管路中，只能有一个稳定的工作点 M。

(3) 离心泵的流量调节　由于生产任务的变化，管路需要的流量有时是需要改变的，这实际上就是要改变泵的工作点。由于泵的工作点由管路特性和泵的特性共同决定，因此改变泵的特性和管路特性均能改变工作点，从而达到调节流量的目的。

改变出口阀的开度，改变管路系统中的阀门开度可以改变 B 值，从而改变管路特性曲线的位置，使工作点也随之改变，如图 1-33 所示。生产中主要采取改变泵出口阀门的开度的调节方法。

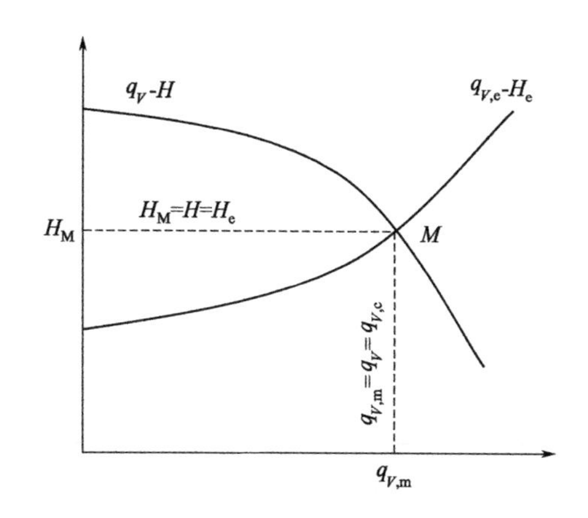

图 1-32　离心泵的工作点

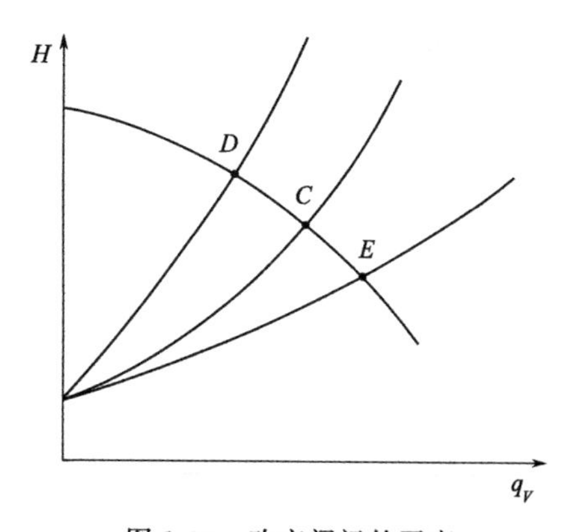

图 1-33　改变阀门的开度

由于用阀门调节简单方便，且流量可连续变化，因此工业生产中主要采用此方法。

【例 1-9】　确定泵是否满足输送要求。将浓度为 95%的硝酸自常压罐输送至常压设备中去，要求输送量为 $36m^3/h$，液体的升扬高度为 7m。输送管路由内径为 80mm 的钢化玻璃管构成，总长为 160m（包括所有局部阻力的当量长度）。现采用某种型号的耐酸泵，其性能列于本题附表中。问：(1) 该泵是否合用？(2) 实际的输送量、压头、效率及功率消耗各为多少？

表 1-11 例 1-9 附表 1

q_V/(L/s)	0	3	6	9	12	15
H/m	19.5	19	17.9	16.5	14.4	12
η/%	0	17	30	42	46	44

已知：酸液在输送温度下黏度为 1.15×10^{-3}Pa·s，密度为 1545kg/m³，摩擦系数可取为 0.015。

解：(1) 对于本题，管路所需要压头通过在贮槽液面 1—1′和常压设备液面 2—2′之间列伯努利方程求得：

$$\frac{u_1^2}{2g}+z_1+\frac{p_1}{\rho g}+H_e=\frac{u_2^2}{2g}+z_2+\frac{p_2}{\rho g}+\sum H_{f,1\text{-}2}$$

式中 $z_1=0$，$z_2=7\text{m}$，$p_1=p_2=0$（表压），$u_1=u_2\approx0$

管内流速：$u=\dfrac{q_V}{\dfrac{\pi}{4}d^2}=\dfrac{36}{3600\times0.785\times0.080^2}=1.99$ (m/s)

管路压头损失：$\sum H_f=\lambda\times\dfrac{l+\sum l_e}{d}\times\dfrac{u^2}{2g}=0.015\times\dfrac{160}{0.08}\times\dfrac{1.99^2}{2\times9.81}=6.06$ (m)

管路所需要的压头：$H_e=(z_2-z_1)+\sum H_f=7+6.06=13.06$(m)

以 (L/s) 计的管路所需流量：$q_V=\dfrac{36\times1000}{3600}=10$ (L/s)

由附表可以看出，该泵在流量为 12L/s 时所提供的压头即达到了 14.4m，当流量为管路所需要的 10L/s，它所提供的压头将会更高于管路所需要的 13.06m。因此该泵对于完成题给输送任务是可用的。

由附表可以看出，该泵的最高效率为 46%；流量为 10L/s 时该泵的效率大约为 43%。因此该泵是在高效区工作的。

(2) 实际的输送量、功率消耗和效率取决于泵的工作点，而工作点由管路特性和泵的特性共同决定。

由伯努利方程可得管路的特性方程为：$H_e=7+0.006058q_V^2$（其中流量单位为 L/s），据此可以计算出各流量下管路所需要的压头，如表 1-12 所示。

表 1-12 例 1-9 附表 2

q_V/(L/s)	0	3	6	9	12	15
H/m	7	7.545	9.181	11.91	15.72	20.63

由上可以作出管路的特性曲线和泵的特性曲线，如图 1-34 所示。两曲线的交点为工作点，其对应的压头为 14.8m，流量为 11.4L/s，效率为 45%，轴功率可计算如下：

$$P=\frac{Hq_V\rho g}{\eta}=\frac{14.8\times11.4\times10^{-3}\times1545\times9.81}{1000\times0.45}=5.68(\text{kW})$$

2. 离心泵的开停车操作

(1) 开车前的准备工作

① 要详细了解被输送物料的物理化学性质，如有无腐蚀性、有无悬浮物、黏度大小、凝固点、汽化温度及饱和蒸气压等。

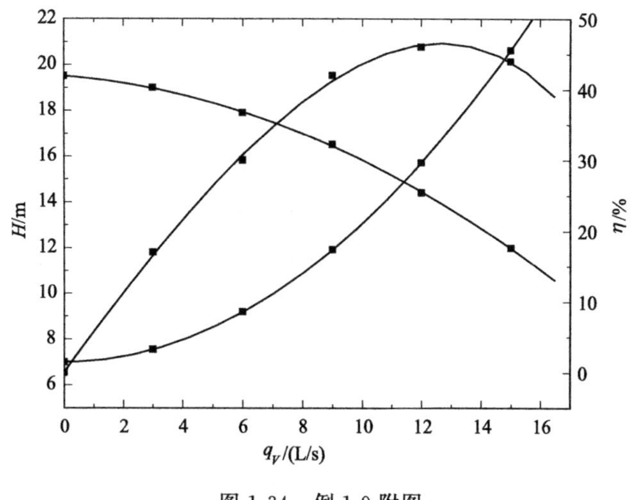

图 1-34　例 1-9 附图

② 详细了解被输送物料的工况，如输送温度、压力、流量、输送高度、吸入高度、负荷变动范围等。

③ 综合上述两方面的因素，参阅离心泵的特性曲线，从而选出最适合生产实际使用的离心泵。

④ 对一些要求较高的离心泵，应在设计中考虑在进口管安装过滤器，在出口阀后安装止逆阀，同时应在操作室及现场设置两套监控装置，以应付突发事故的发生。

⑤ 安装完毕后要进行试运转，在试运转中各项性能指标均符合要求的泵，才能投入生产。

(2) 开车程序

① 开泵前应先打开泵的入口阀及密封液阀，检查泵体内是否已充满液体。

② 在确认泵体内已充满液体且密封液流动正常时，通知接料岗位，启动离心泵。

③ 慢慢打开泵的出口阀，通过流量及压力指示，将出口阀调节至需要流量。

(3) 停车程序

① 与接料岗位取得联系后，慢慢关离心泵的出口阀。

② 按电动机按钮，停止运转。

③ 关闭离心泵进口阀及密封液阀。

(4) 两泵切换　在生产过程中经常遇到两台泵切换的操作，应先启动备用泵，慢慢打开其出口阀，然后缓慢关闭原运行泵的出口阀，在这过程中要保持与中央控制室的联系，维持离心泵输出流量的稳定，避免因流量波动造成系统停车。

3. 日常运行与维护

(1) 运行过程中的检查

① 检查被抽出液罐的液面，防止物料抽空。

② 检查泵的出口压力或流量指示是否稳定。

③ 检查端面密封液的流量是否正常。

④ 检查泵体有无泄漏。

⑤ 检查泵体及轴承系统有无异常声及振动。

⑥ 检查泵轴的润滑油是否充满完好。

（2）离心泵的维护

① 检查泵进口阀前的过滤器，看滤网是否破损，如有破损应及时更换，以免焊渣等颗粒进入泵体；定时清洗滤网。

② 泵壳及叶轮进行解体、清洗重新组装。调整好叶轮与泵壳的间隙。叶轮有损坏及腐蚀情况的应分析原因并及时进行处理。

③ 清洗轴封、轴套系统。更换润滑油，以保持良好的润滑状态。

④ 及时更换填料密封的填料，并调节至合适的松紧度；采用机械密封的应及时更换动环和密封液。

⑤ 检查电动机。长期停车后，再开车前应将电动机进行干燥处理。

⑥ 检查现场及遥控的一、二次仪表的指示是否正确及灵活好用，对失灵的仪表及部件进行维修或更换。

⑦ 检查泵的进、出口阀的阀体，是否有因磨损而发生内漏等情况，如有内漏应及时更换阀门。

4. 事故处理

离心泵设备故障及处理措施与操作事故及防范措施见表 1-13、表 1-14。

表 1-13 离心泵设备故障及处理措施

设备故障	原因分析	处理措施
打坏叶轮	1. 离心泵在运转中产生汽蚀现象，液体剧烈地冲击叶片和转轴，造成整个泵体颤动，毁坏叶轮 2. 检修后没有很好地清理现场，致使杂物进入泵体，启动后打坏叶轮片	1. 修改吸入管路的尺寸，使安装高度等合理，泵入口处有足够的有效汽蚀余量 2. 严格管理制度，保证检修后清理工作的质量，必要时在入口阀前加装过滤器
烧坏电动机	1. 泵壳与叶轮之间间隙过小并有异物 2. 填料压得太紧，开泵前未进行盘车	1. 调整间隙，清除异物 2. 调整填料松紧度，盘车检查 3. 电动机线路安装熔断器，保护电动机
进出口阀门芯子脱落	1. 阀门的制造质量问题 2. 操作不当，用力过猛	1. 更换新阀门 2. 更换新阀门
烧坏填料函或机械密封动环	1. 填料函压得过紧，致使摩擦生热而烧坏填料，造成泄漏 2. 机械密封的动、静环接触面过紧，不平行	1. 更换新填料，并调节至合适的松紧度 2. 更换动环，调节接触面找正找平 3. 调节好密封液
转轴颤动	1. 安装时不对中，找平未达标 2. 润滑状况不好，造成转轴磨损	1. 重新安装，严格检查对中及找平 2. 补充油脂或更换新油脂

表 1-14 离心泵操作事故及防范措施

操作事故	原因分析	防止措施
启动后不上料	1. 开泵前泵体内未充满液体 2. 开泵时出口阀全开，致使压头下降而低于输送高度 3. 压力表失灵，指示为零，误以为打不上料 4. 电动机相线接反 5. 叶轮和泵壳之间的间隙过大	1. 停泵，排气充液后重新启动 2. 关闭出口阀，重新启动泵 3. 更换压力泵 4. 重接电动机相线，使电动机正转 5. 调整叶轮和泵壳之间的间隙至符合要求
贮液罐抽空	开泵运转后未及时检查液面使贮液罐抽空，泵体内进空气，使泵打不上料	停泵，充液并排尽空气，待泵体充满液体时重新启动离心泵
轴封泄漏	1. 填料未压紧或填料发硬失去弹性 2. 机械密封动静环接触面安装时找平未达标	1. 调节填料松紧度或更换新填料 2. 更换动环，重新安装，严格找平

续表

操作事故	原因分析	防止措施
烧坏填料及动环	1. 填料压得太紧，开泵前未进行盘车 2. 密封液阀未开或量太小	1. 更换填料，进行盘车，调节填料松紧度 2. 调节好密封液
高位槽满料	1. 上下岗位之间联系不够，开车前未及时通知后续岗位 2. 高位槽溢流管太细或泵的出口流量开得太大	1. 开停泵时要加强岗位间的联系 2. 更换溢流管至合适的管径 3. 泵的出口阀应慢慢开启，勿过快过大

任务五　气体输送机械

气体输送机械在化工生产中具有广泛的应用。气体输送机械的结构和原理与液体输送机械大体相同，也有离心式、旋转式、往复式及流体作用式等类型。但气体具有可压缩性和比液体小得多的密度（为液体密度的 1/1000 左右），从而使气体输送具有某些不同于液体输送的特点，通常，按终压或压缩比（出口压力与进口压力之比）可以将气体输送机械分为四类，见表 1-15。

表 1-15　气体输送机械的分类

类型	终压/kPa(表压)	压缩比	用途
通风机	＜15	1～1.15	用于换气通风
鼓风机	15～300	1.15～4	用于送气
压缩机	＞300	＞4	造成高压
真空泵	当地大气压	由真空度决定	用于减压操作

一、离心通风机

工业上常用的通风机主要有离心通风机和轴流通风机两种型式。轴流通风机所产生的风压很小，一般只用于通风换气。用于气体输送的，多为离心通风机。

1. 离心通风机的工作原理与结构

离心通风机的工作原理和离心泵一样，在蜗壳中有一高速旋转的叶轮，借叶轮旋转时所产生的离心力将气体压力增大而排出。离心通风机的结构与单级离心泵也大同小异。图 1-35为一离心通风机。它的机壳也是蜗壳形，壳内逐渐扩大的气体通道及其出口的截面则有方形和圆形两种，一般中、低压通风机多为方形，高压的多为圆形。通风机叶轮上叶片数目较多且长度较短，叶片有平直的，有后弯的，亦有前弯的。图 1-36 为一低压通风机所用的平叶片叶轮。中、高压通风机的叶片是弯曲的，因此，高压通风机的外形与结构更象单级离心泵。根据所生产的压头大小，可将离心通风机分为：

低压离心通风机：出口风压低于 0.9807×10^{3} Pa（表压）；

中压离心通风机：出口风压为 $0.9807\times10^{3}\sim2.942\times10^{3}$ Pa（表压）；

高压离心通风机：出口风压为 $2.942\times10^{3}\sim14.7\times10^{3}$ Pa（表压）。

2. 离心通风机的主要性能参数

离心通风机的主要性能参数有风量、风压、轴功率和效率，见表 1-16。

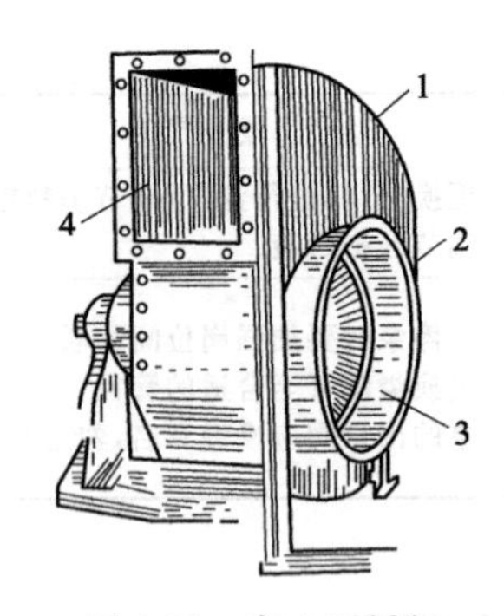

图 1-35　离心通风机

1—机壳；2—叶轮；3—吸入口；4—排出口

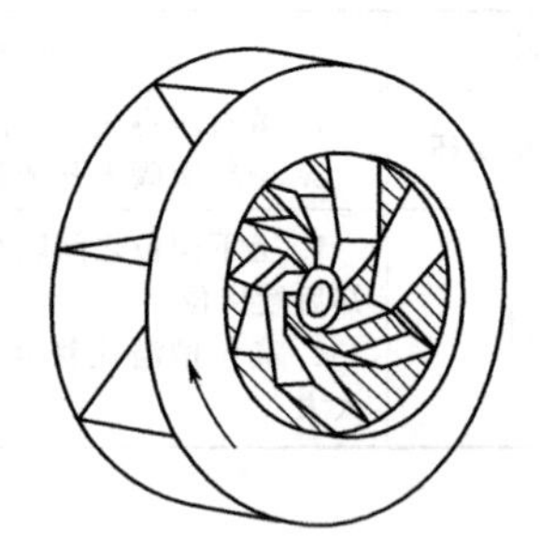

图 1-36　低压通风机的叶轮

表 1-16　离心通风机的主要性能参数

性能参数	单位	定义
风量 q_V	m^3/h m^3/s	气体通过进风口的体积流量
风压 H_T	N/m^2	单位体积的气体经过风机时所获得的能量。 $H_T=(p_2-p_1)+\frac{\rho u_2^2}{2}=H_p+H_k$，其中$(p_2-p_1)$称为静风压 H_p；$\rho u_2^2/2$ 称为动风压 H_k，1 表示风机入口，2 表示出口
轴功率 P 全压效率 η	kW 无单位	$P=\frac{H_T q_V}{1000\ \eta}$

3. 离心通风机的选用

离心通风机的选用和离心泵的情况相类似，其选择步骤如下。

① 计算输送系统所需的操作条件下的风压 H'_T并将 H'_T换算成实验条件下的风压 H_T。

离心通风机特性曲线实验介质是压强为 1.0133×10^5Pa、温度为 20℃的空气，该条件下空气的密度$\rho=1.2kg/m^3$。由于风压与密度有关，故若实际操作条件与上述实验条件不同时，应按式(1-30) 将操作条件下的风压 H'_T换算为实验条件下的风压 H_T，然后以 H_T 的数值来选用风机。

$$H_T=H'_T\times\frac{\rho}{\rho'}=H'_T\times\frac{1.2}{\rho} \tag{1-30}$$

式中　ρ——操作条件下气体的密度，kg/m^3；

H_T——操作条件下气体的风压，N/m^2。

② 根据所输送气体的性质（如清洁空气，易燃、易爆或腐蚀性气体以及含尘气体等）与风压范围，确定风机类型。若输送的是清洁空气，或与空气性质相近的气体，可选用一般类型的离心通风机。

③ 根据实际风量 q_V（以风机进口状态计）与实验条件下的风压 H_T，从风机样本或产品目录中的特性曲线或性能表选择合适的机号，选择的原则与离心泵相同。

④ 计算轴功率。风机的轴功率与被输送气体的密度有关，风机性能表上所列出的轴功率均为实验条件下即空气的密度为 $1.2kg/m^3$ 时的数值，若所输送的气体密度与此不同，可按式(1-31) 进行换算，即：

$$P'=P\times\frac{\rho'}{1.2} \tag{1-31}$$

式中　P'——气体密度为ρ'时的轴功率，kW；

P——气体密度为 1.2kg/m^3 时的轴功率，kW。

二、离心压缩机

1. 离心压缩机的工作原理、主要构造和型号

离心压缩机又称透平压缩机，其结构、工作原理与离心通风机鼓风机相似，但由于单级压缩机不可能产生很高的风压，故离心压缩机都是多级的，叶轮的级数多，通常在 10 级以上。叶轮转速高，一般在 5000r/min 以上，因此可以产生很高的出口压强。由于气体的体积变化较大，温度升高也较显著，故离心压缩机常分成几段，每段包括若干级，叶轮直径逐段缩小，叶轮宽度也逐级有所缩小。段与段间设有中间冷却器将气体冷却，避免气体终温过高。离心压缩机结构图如图 1-37 所示。

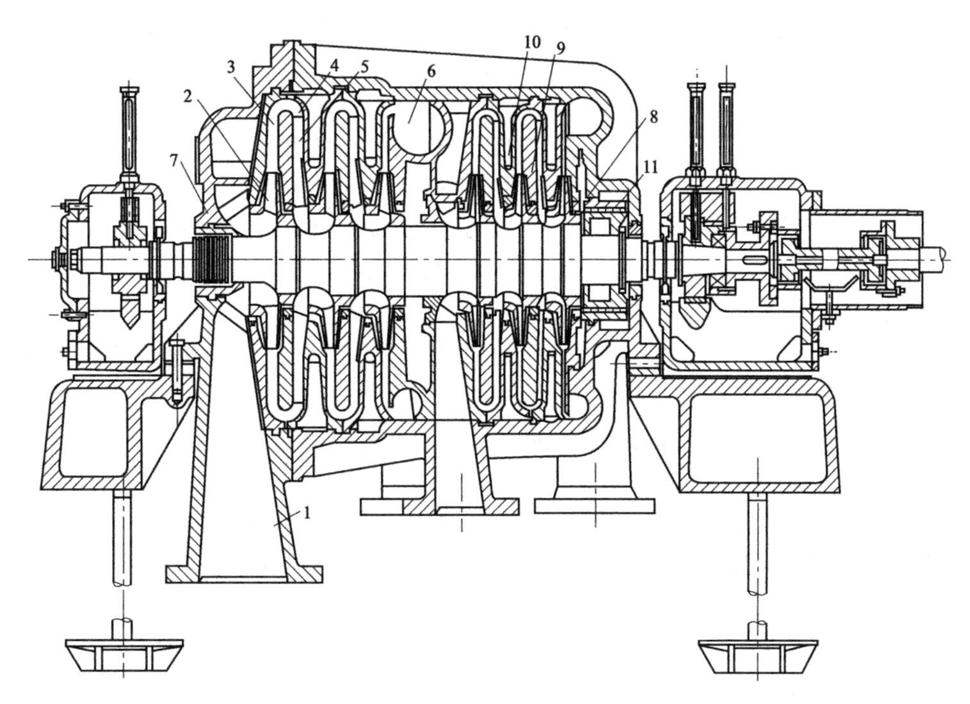

图 1-37　离心压缩机典型结构图

1—吸入室；2—叶轮；3—扩压器；4—弯道；5—回流器；
6—蜗室；7,8—轴端密封；9—隔板密封；
10—轮盖密封；11—平衡盘

离心压缩机的主要优点：体积小，重量轻，运转平稳，排气量大而均匀，占地面积小，操作可靠，调节性能好，备件需要量少，维修方便，压缩绝对无油，非常适宜处理那些不宜与油接触的气体。

主要缺点：当实际流量偏离设计点时效率下降，制造精度要求高，不易加工。

近年来在化工生产中，除了要求终压特别高的情况外，离心压缩机的应用已日趋广泛。

国产离心压缩机的型号代号的编制方法有许多种。有一种与离心鼓风机型号的编制方法相似，例如，DA350-61 型离心压缩机为单侧吸入，流量为 350m^3/min，有 6 级叶轮，第 1 次设计的产品。另一种型号代号编制法，以所压缩的气体名称的头一个拼音字母来命名。例

如，LT185-13-1，为石油裂解气离心压缩机，流量为185m^3/min，有13级叶轮，第1次设计的产品。离心压缩机作为冷冻机使用时，型号代号表示其冷冻能力。还有其他型号代号编制法，可参看其使用说明书。

2. 离心压缩机的性能曲线与调节

图1-38为实验测得的典型的离心压缩机性能曲线，它与离心泵的特性曲线很相像，但其最小流量q_V不等于零，而等于某一定值。离心压缩机也有一个设计点，实际流量等于设计流量时，效率η最高；流量与设计流量偏离越大，则效率越低；一般流量越大，压缩比ε越小，即进气压强一定时，流量越大，出口压强越小。

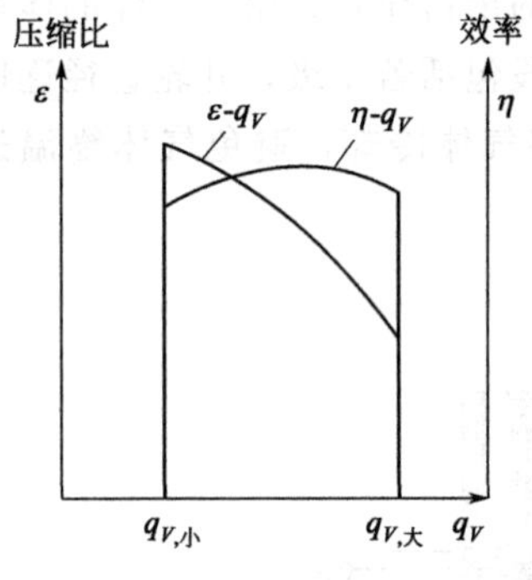

图1-38　离心压缩机性能曲线

当实际流量小于性能曲线所表明的最小流量时，离心压缩机就会出现一种不稳定工作状态，称为喘振。喘振现象开始时，由于压缩机的出口压强突然下降，不能送气，出口管内压强较高的气体就会倒流入压缩机。发生气体倒流后，使压缩机内的气量增大，至气量超过最小流量时，压缩机又按性能曲线所示的规律正常工作，重新把倒流进来的气体压送出去。压缩机恢复送气后，机内气量减少，至气量小于最小流量时，压强又突然下降，压缩机出口处压强较高的气体又重新倒流入压缩机内，重复出现上述现象。这样，周而复始地进行气体的倒流与排出。在这个过程中，压缩机和排气管系统产生一种低频率高振幅的压强脉动，使叶轮的应力增加，噪声加重，整个机器强烈振动，无法工作。由于离心压缩机有可能发生喘振现象，它的流量操作范围受到相当严格的限制，不能小于稳定工作范围的最小流量。一般最小流量为设计流量的70%～85%。压缩机的最小流量随叶轮转速的减小而降低，也随气体进口压强的降低而降低。

离心压缩机的调节方法有：

① 调整出口阀的开度。方法很简便，但使压缩比增大，消耗较多的额外功率，不经济。

② 调整入口阀的开度。方法很简便，实质上是保持压缩比降低出口压强，消耗额外功率较①少，使最小流量降低，稳定工作范围增大。这是常用的调节方法。

③ 改变叶轮的转速。这是最经济的方法，有调速装置或用蒸汽机为动力时应用方便。

3. 离心压缩机的操作

(1) 开车前的准备工作

① 检查电器开关、声光信号、联锁装置、轴位计、防喘装置、安全阀以及报警装置等是否灵敏、准确、可靠。

② 检查油箱内有无积水和杂质，油位不低于油箱高度的2/3；油泵和过滤器是否正常；油路系统阀门开关是否灵活好用。

③ 检查冷却水系统是否畅通，有无渗漏现象。

④ 检查进气系统有无堵塞现象和积水存液，排气系统阀门、安全阀、止回阀是否动作灵敏可靠。

(2) 运行

① 启动主机前，先开油泵使各润滑部位充分有油，检查油压、油量是否正常；检查轴位计是否处于零位和进出阀门是否打开。

② 启动后空车运行15min以上，未发现异常，逐渐关闭放空阀进行升压，同时打开送

气阀门向外送气。

③ 经常注意气体压强、轴承温度、蒸气压强或电流大小、气体流量、主机转速等，发现问题及时调整。

④ 经常检查压缩机运行声音和振动情况，有异常及时处理。

⑤ 经常查看和调节各段的排气温度和压强，防止过高或过低。

⑥ 严防压缩机抽空和倒转现象发生，以免损坏设备。

(3) 停车

停车时要同时关闭进排气阀门。先停主机，再停油泵和冷却水，如果汽缸和转子温度高时，应每隔 15 分钟将转子转 180°，直到温度降至 30℃为止，以防转子弯曲。

(4) 遇到下列情况时，应做紧急停车处理：

① 断电、断油、断蒸气时；

② 油压迅速下降，超过规定极限而联锁装置不工作时；

③ 轴承温度超过报警值仍继续上升时；

④ 电机冒烟有火花时；

⑤ 轴位计指示超过指标，保安装置不工作时；

⑥ 压缩机发生剧烈振动或异常声响时。

技能训练　离心泵操作实训

●实训目标

(1) 了解离心泵的结构与特性，学会离心泵的操作。

(2) 测定恒定转速条件下离心泵的有效扬程 H、轴功率 P_e 以及总效率 η 与有效流量 q_V 之间的曲线关系。

●实训准备

(1) 了解离心泵的结构与特性及基本原理。

(2) 了解离心泵在恒定转速条件下的特性曲线。

(3) 了解离心泵流量调节的工作原理和使用方法。

(4) 装置图如图 1-39。

●实训步骤

(1) 对水泵进行灌水；灌好水后关闭泵的出口阀与灌水阀门。

(2) 启动离心泵，启动离心泵后把出水阀开到最大，开始进行离心泵实验。

(3) 流量调节

① 手动调节：通过泵出口阀调节流量；

② 自动调节：通过流量自动调节仪表来调节电动调节阀的开度，以实现流量的自动控制。

(4) 手动调节实验方法　调节出口阀阀开度，使阀门全开。等流量稳定时，在电动机天平上添加砝码使平衡臂与准星对准读取砝码质量 p。在仪表台上读出电机转速 n、流量 q_V、水温 t、真空表读数 p_1 和出口压力表读数 p_2 并记录；关小阀门减小流量，重复以上操作，

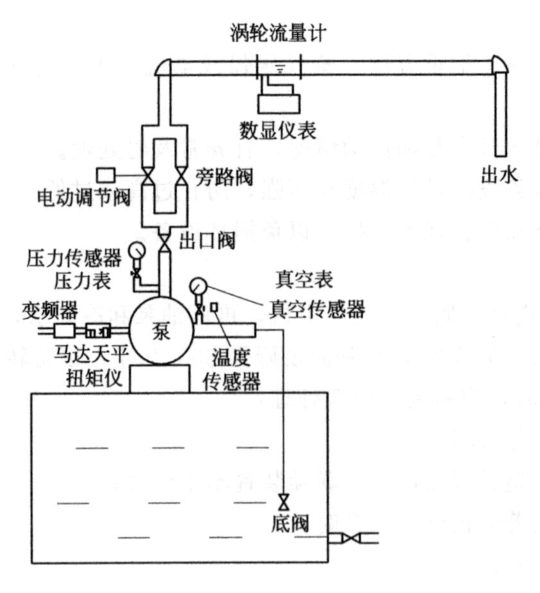

图 1-39 离心泵装置图

测得另一流量下对应的各个数据，一般重复 8～9 个点为宜。

自动调节实验做法：关闭流量手动调节阀门，打开电动调节阀前面的阀门，打开电动调节阀电源开关，给电动调节阀上电。

流量自动调节仪的使用：

① 仪表手动调节。在仪表手动状态下按向上键（∧）增大输出到最大，使调节阀开到最大。然后等流量稳定时，把扭矩传感器的挂钩挂在电机力臂上，旋转下面的圆盘，使平衡臂对准准星。等数据稳定后，按下软件的“数据采集”按钮采集数据。采集完数据，把扭矩传感器的挂钩卸下。用向下键（∨）减小流量，在不同流量下分别按下“数据采集”按钮采集数据。

② 仪表自动调节。在软件界面中单击“手动调节中”按钮，则进入自动调节状态（“自动调节中”），单击“设置输出”按钮，输入 100，把调节阀开到最大。等流量稳定后，把扭矩传感器的挂钩挂在电机平衡臂上，旋转下面的圆盘，使平衡臂对准准星。等数据稳定后，按下软件的“数据采集”按钮采集数据。采集完数据，把扭矩传感器的挂钩取下。改变设置输出的大小，改变不同的流量，采集不同流量下的数据。

(5) 关闭以前打开的所有设备电源。

●思考与分析

(1) 启动离心泵之前为什么要引水灌泵？如果灌泵后依然启动不起来，你认为可能的原因是什么？

(2) 为什么用泵的出口阀调节流量？这种方法有什么优缺点？

(3) 泵启动后，出口阀如果打不开，压力表读数是否会逐渐上升？为什么？

(4) 正常工作的离心泵，在其进口管路上安装阀门是否合理？为什么？

(5) 试分析，用清水泵输送密度为 1200kg/m 的盐水（忽略黏度的影响），在相同流量下你认为泵的压力是否变化？轴功率是否变化？

本章小结

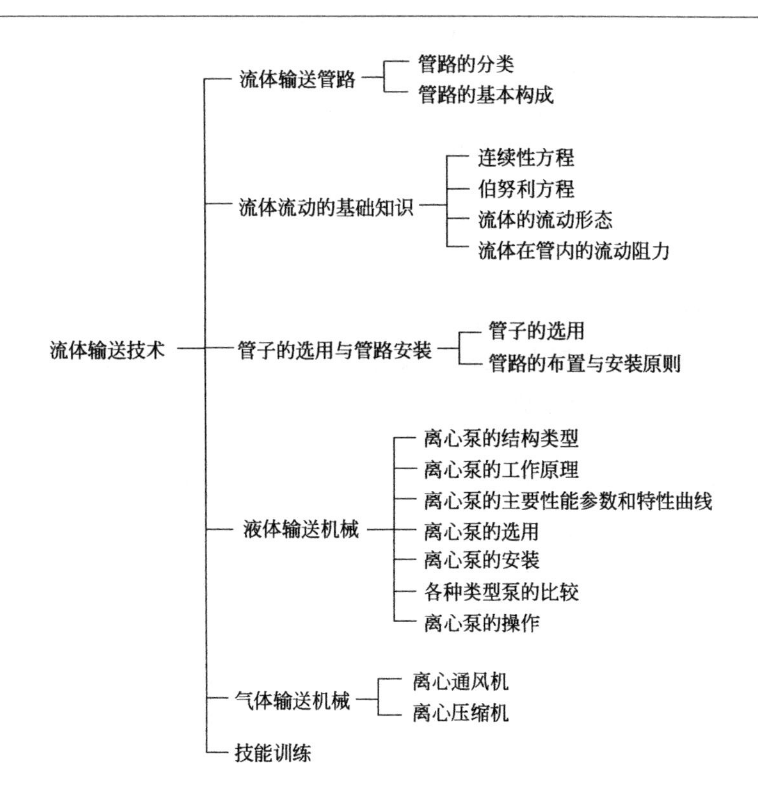

复习与思考

1. 何谓绝对压力、表压和真空度？进行压力计算时应注意的问题是什么？

2. 什么是流体的黏性？如何度量？

3. 什么是稳定流动系统和不稳定流动系统？试举例说明。

4. 应用伯努利方程时，应注意哪些问题？如何选取基准面和截面？

5. 已知水在水平管路中由 A→B 流动，问 A、B 两截面上：

① $\frac{p_A}{\rho g}$和$\frac{p_B}{\rho g}$哪个大？为什么？

② 体积流量 $q_{V,A}$、$q_{V,B}$哪个大？为什么？

③ u_A、u_B 哪个大？为什么？

6. 流体的流动类型有哪几种？如何判断？什么是层流内层？层流内层的厚度与什么因素有关？

7. 产生流动阻力的原因是什么？流动阻力由哪几部分构成？

8. 在圆、直管内做层流流动的流体，若管径减小一倍，问流速、雷诺数、压力降如何变化？

9. 减少流动阻力的途径是什么？

10. 为什么流体在管内要选择适宜的流速？如何选择？

11. 试述管路的布置与安装原则。

12. 简述离心泵的主要结构部件、工作原理。

13. 什么叫汽蚀现象？汽蚀现象有什么破坏作用？如何防止汽蚀现象的发生？

14. 简述离心泵流量调节的方法，以及用出口阀调节流量的基本原理及优点。

15. 什么是离心式压缩机的喘振？如何防止喘振？

16. 一台离心泵在正常运行一段时间后，流量开始下降，可能由哪些原因导致？

计算题

1. 容器 A 中气体的表压力为 60kPa，容器 B 中气体的真空度为 1.2×10^4Pa。试分别求出 A、B 两容器中气体的绝对压力（Pa）。该处环境大气压等于标准大气压。

2. 某设备进、出口的表压分别为－12kPa 和 157kPa，当地大气压为 101.3kPa，试求此设备进、出口的压力（Pa）。

3. 为了排出煤气管中的少量积水，用图 1-40 所示水封设备，水由煤气管道上的垂直支管排出，已知煤气压力为 10kPa（表压）。问水封管插入液面下的深度 h 最小应为若干？

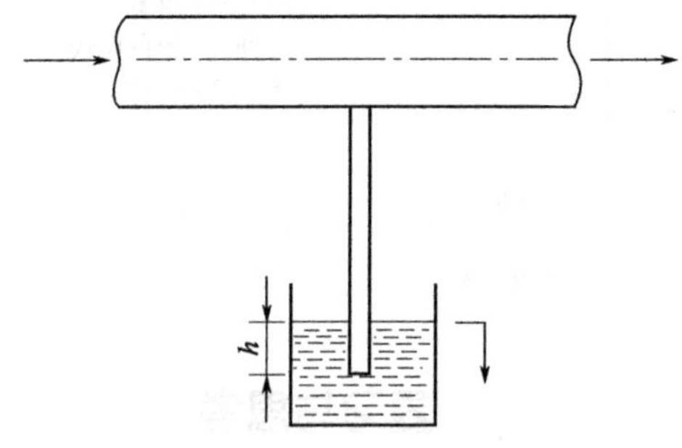

图 1-40　题 1-3 附图

4. 某一套管换热器见图 1-41，其内管为 ϕ33.5mm × 3.25mm，外管为 ϕ60mm × 3.5mm。内管流过密度为 1150kg/m^3，流量为 5000kg/h 的冷冻盐水。管隙间流着压力（绝压）为 0.5MPa、平均温度为 0℃、流量为 160kg/h 的气体。标准状态下气体密度为 1.2kg/m^3，试求气体和液体的流速（m/s）？

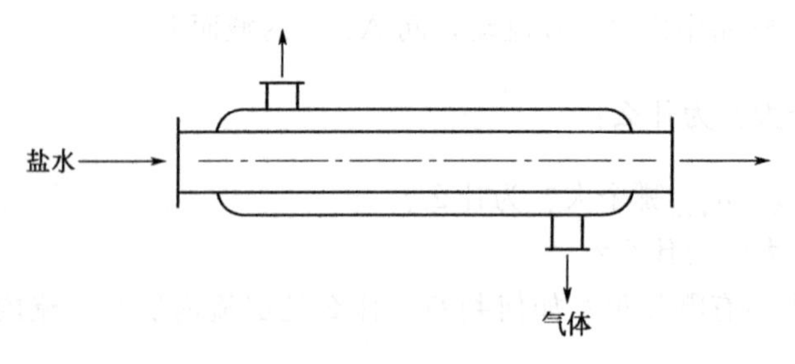

图 1-41　题 1-4 附图

5. 25℃水在内径为 50mm 的管内流动，流速为 2m/s。试求雷诺准数。

6.（1）设流量为 4L/s，水温 20℃，管径为 ϕ57mm × 3.5mm，试判断流动类型。（2）条件与上相同，但管中流过的是某种油类，油的运动黏度为 4.4cm^2/s，试判断流动类型。

7. 密度为 1800kg/m^3 的某液体经一内径为 60mm 的管道输送到某处，若其流速为 0.8m/s，求该液体的体积流量（m^3/h）、质量流量（kg/s）和质量流速 [kg/(m^2 · s)]。

8. 有一输水管路见图 1-42，20℃的水从主管向两支管流动，主管内水的流速为 1.06m/s，支管 1 与支管 2 的水流量分别为 20×10^3kg/h 与 10×10^3kg/h。支管为 ϕ89mm×3.5mm。试求：(1) 主管的内径；(2) 支管 1 内水的流速。

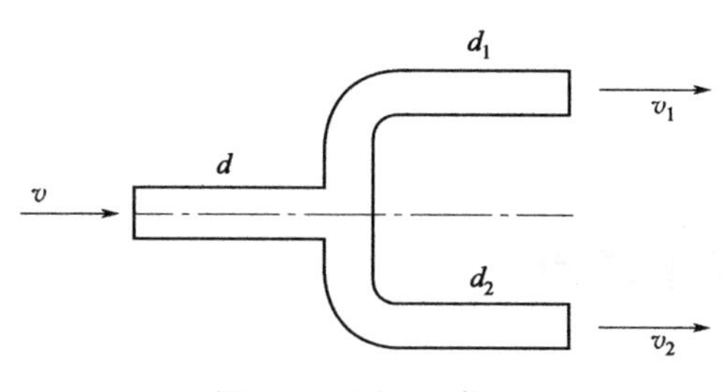

图 1-42　题 1-8 附图

9. 已知水在管中流动，见图 1-43。在截面 1 处的流速为 0.5m/s。管内径为 0.2m，由于水的压力产生水柱高为 1m；在截面 2 处管内径为 0.1m。试计算在截面 1、2 处产生水柱高度差 h（忽略水由 1 到 2 处的能量损失）。

10. 图 1-44 所示吸液装置中，吸入管尺寸为 ϕ32mm×2.5mm，管的下端位于水面下 2m，并装有底阀及拦污网，该处的局部压头损失为 $8\times\frac{u^2}{2g}$。若截面 2—2′处的真空度为 39.2kPa，由 1—1′截面至 2—2′截面的压头损失为 $\frac{1}{2}\times\frac{u^2}{2g}$。求：(1) 吸入管中水的流量（m^3/h）；(2) 吸入口 1—1′处的表压。

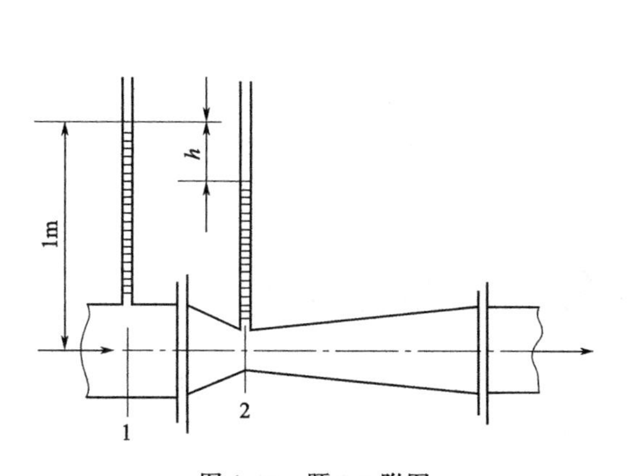

图 1-43　题 1-9 附图

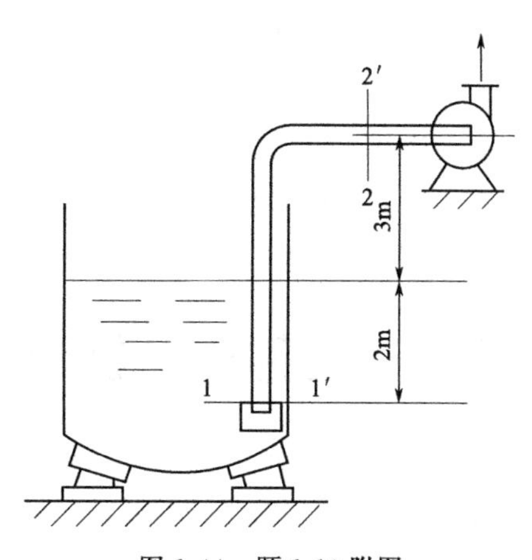

图 1-44　题 1-10 附图

项目二
传热操作技术

学习目标

- 了解各类型换热器的结构、特点及应用；理解传热的基本方式、机理、特点及影响因素。
- 掌握间壁式换热器的传热计算。
- 能操作换热器；能进行列管式换热器的选型计算。

在化工生产中，通常需对原料进行加热或冷却，在化学反应中，对于放热或吸热反应，为了保持最佳反应温度，又必须及时移出或补充热量；对某些单元操作，如蒸发、结晶、蒸馏和干燥等，也需要输入或输出热量，才能保证操作的正常进行；此外，设备和管道的保温，生产过程中热量的综合利用及余热回收等都涉及传热问题。因此，传热设备不仅在化工厂的设备投资中占有很大的比例，而且它们所消耗的能量也是相当可观的。

化工生产过程中对传热的要求可分为两种情况：一是强化传热，如各种换热设备中的传热；二是削弱传热，如设备和管道的保温。

任务一　换热器的分类及结构型式

在化工生产过程中，传热通常是在两种流体间进行的，故称换热。要实现热量的交换，必须要采用特定的设备，通常把这种用于交换热量的设备称为换热器。

一、换热器的分类

由于物料的性质和传热的要求各不相同，因此，换热器种类繁多，结构形式多样。换热器可按多种方式进行分类。

1. 按用途分类

见表 2-1。

2. 按作用原理分类

见表 2-2。

表 2-1　按用途分类

名称	应用
加热器	用于把流体加热到所需的温度，被加热流体在加热过程中不发生相变
预热器	用于流体的预热，以提高整套工艺装置的效率
过热器	用于加热饱和蒸汽，使其达到过热状态
蒸发器	用于加热液体，使之蒸发汽化
再沸器	是蒸馏过程的专用设备，用于加热塔底液体，使之受热汽化
冷却器	用于冷却流体，使之达到所需的温度
冷凝器	用于冷凝饱和蒸汽，使之放出潜热而凝结液化

表 2-2　按作用原理分类

名称	特点	应用
间壁式换热器	两流体被固体壁面分开，互不接触，热量由热流体通过壁面传给冷流体	适用于两流体在换热过程中不允许混合的场合。应用最广，形式多样
混合式换热器	两流体直接接触，相互混合进行换热。结构简单，设备及操作费用均较低，传热效率高	适用于两流体允许混合的场合，常见的设备有凉水塔、洗涤塔、文氏管及喷射冷凝器等
蓄热式换热器	借助蓄热体将热量由热流体传给冷流体。结构简单，可耐高温，其缺点是设备体积庞大，传热效率低且不能完全避免两流体的混合	煤制气过程的气化炉、回转式空气预热器
中间载热体式换热器	将两个间壁式换热器由在其中循环的载热体（又称热媒）连接起来，载热体在高温流体换热器中从热流体吸收热量后，带至低温流体换热器传给冷流体	多用于核能工业、冷冻技术及余热利用中。热管式换热器即属此类

3. 按传热面形状和结构分类

（1）管式换热器　管式换热器通过管子壁面进行传热，按传热管的结构不同，可分为列管式换热器、套管式换热器、蛇管式换热器和翅片管式换热器等几种。管式换热器应用最广。

（2）板式换热器　通过板面进行传热，按传热板的结构形式，可分为平板式换热器、螺旋板式换热器、板翅式换热器和热板式换热器等几种。

（3）特殊型式换热器　这类换热器是指根据工艺特殊要求而设计的具有特殊结构的换热器，如回转式换热器、热管式换热器、回流式换热器等。

二、间壁式换热器的结构型式

1. 列管换热器

列管换热器又称管壳式换热器，是一种通用的标准换热设备。它具有结构简单、坚固耐用、用材广泛、清洗方便、适用性强等优点，在生产中得到广泛应用，在换热设备中占主导地位。列管换热器根据结构特点分为以下几种，见表 2-3。

表 2-3　列管换热器的分类

名称	结构	特点	应用
固定管板式换热器	由壳体、封头、管束、管板等部件构成，管束两端固定在两管板上。如图 2-1 所示	优点是结构简单、紧凑、管内便于清洗；缺点是壳程不能进行机械清洗，且当壳体与换热管的温差较大（大于 50℃）时产生的温差应力（又叫热应力）具有破坏性，需在壳体上设置膨胀节，因而壳程压力受膨胀节强度限制不能太高	适用于壳程流体清洁且不结垢、两流体温差不大或温差较大但壳程压力不高的场合

续表

名称	结构	特点	应用
浮头式换热器	结构如图 2-2 所示，其结构特点是一端管板不与壳体固定连接，可以在壳体内沿轴向自由伸缩，该端称为浮头	优点是当换热管与壳体有温差存在，壳体或换热管膨胀时，互不约束，消除了热应力；管束可以从管内抽出，便于管内和管间的清洗。其缺点是结构复杂，用材量大，造价高	应用十分广泛，适用于壳体与管束温差较大或壳程流体容易结垢的场合
U 形管式换热器	结构如图 2-3 所示。其结构特点是只有一个管板，管子呈 U 形，管子两端固定在同一管板上。管束可以自由伸缩，解决了热补偿问题	优点是结构简单，运行可靠，造价低；管间清洗较方便。其缺点是管内清洗较困难；管板利用率低	适用于管、壳程温差较大或壳程流体易结垢而管程流体不易结垢的场合
填料函式换热器	结构如图 2-4 所示。其结构特点是管板只有一端与壳体固定，另一端采用填料函密封。管束可以自由伸缩，不会产生热应力	优点是结构较浮头式换热器简单，造价低；管束可以从壳体内抽出，管、壳程均能进行清洗，维修方便。其缺点是填料函耐压不高，一般小于 4.0MPa；壳程介质可能通过填料函外漏	适用于管、壳程温差较大或流体易结垢需要经常清洗且壳程压力不高的场合
釜式换热器	结构如图 2-5 所示。其结构特点是在壳体上部设置蒸发空间。管束可以为固定管板式、浮头式或 U 形管式	清洗方便，并能承受高温、高压	适用于液-气式换热（其中液体沸腾汽化），可作为简单的废热锅炉

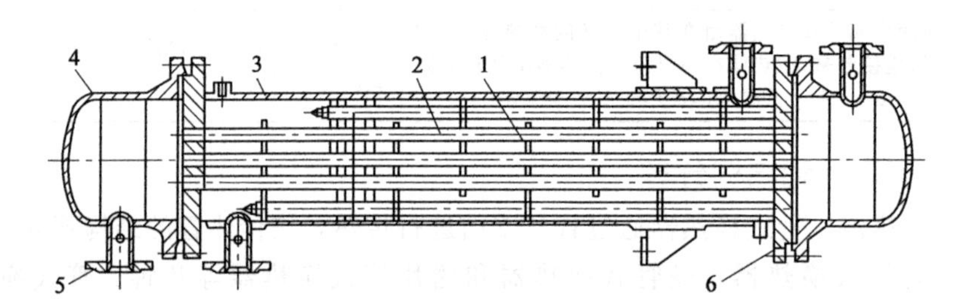

图 2-1　固定管板式换热器

1—折流挡板；2—管束；3—壳体；4—封头；5—接管；6—管板

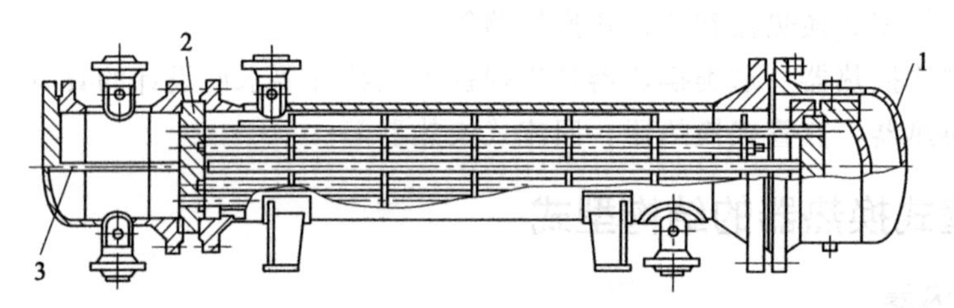

图 2-2　浮头式换热器

1—管程隔板；2—壳程隔板；3—浮头

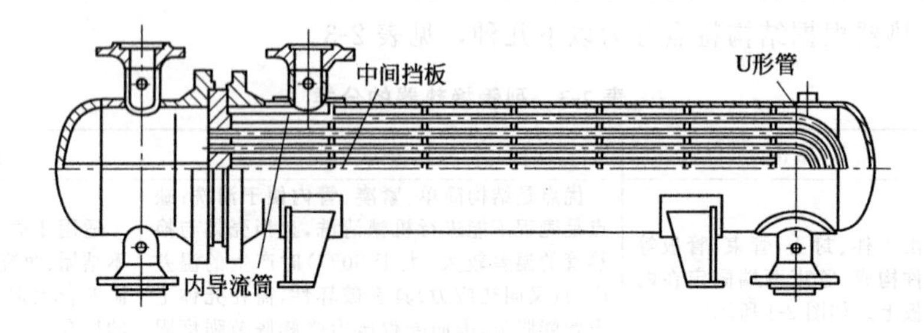

图 2-3　U 形管式换热器

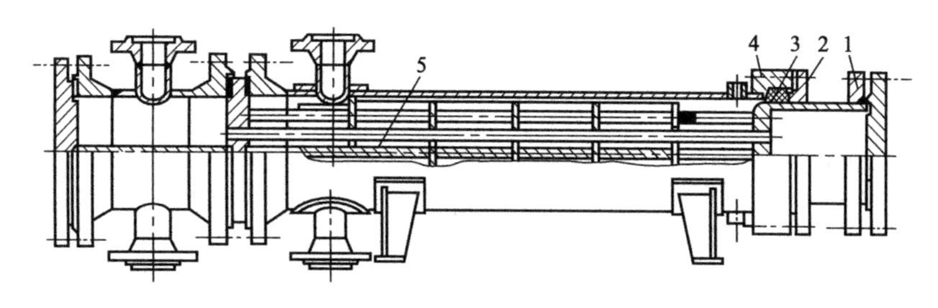

图 2-4　填料函式换热器

1—活动管板；2—填料压盖；3—填料；4—填料函；5—纵向隔板

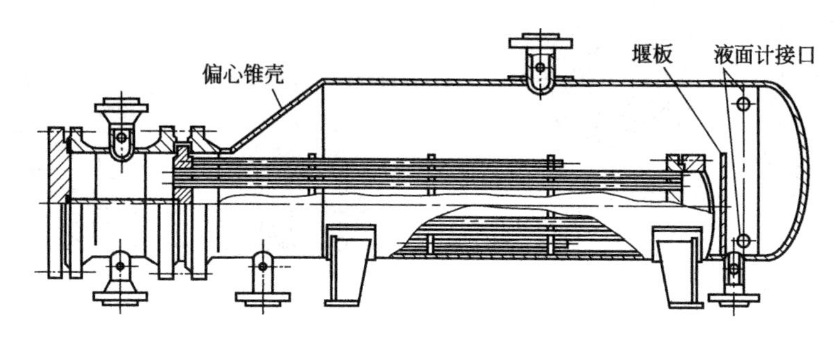

图 2-5　釜式换热器

为改善换热器的传热，工程上常用多程换热器。若流体在管束内来回流过多次，则称为多管程，一般除单管程外，管程数为偶数，有二、四、六、八程等，但随着管程数的增加，流动阻力迅速增大，因此管程数不宜过多，一般为二、四管程。在壳体内，也可在与管束轴线平行方向设置纵向隔板使壳程分为多程，但是由于制造、安装及维修上的困难，工程上较少使用，通常采用折流挡板，以改善壳程传热。

2. 套管换热器

套管换热器是由两种直径不同的直管套在一起组成同心套管，然后将若干段这样的套管连接而成，其结构如图 2-6 所示。每一段套管称为一程，程数可根据所需传热面积的多少而增减。换热时一种流体走内管，另一种流体走环隙，传热面为内管壁。

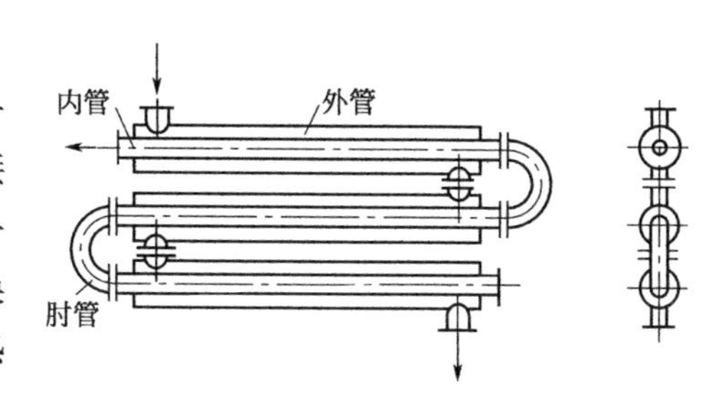

图 2-6　套管换热器

套管换热器的优点是结构简单，能耐高压，传热面积可根据需要增减。其缺点是单位传热面积的金属耗量大，管子接头多，检修清洗不方便。此类换热器适用于高温、高压及流量较小的场合。

3. 蛇管换热器

蛇管换热器根据操作方式不同，分为沉浸式和喷淋式两类，见表 2-4。

表 2-4　蛇管换热器

名称	结构	特点	应用
沉浸式蛇管换热器	以金属管弯绕而成，制成适应容器的形状，沉浸在容器内的液体中。管内流体与容器内液体隔着管壁进行换热。几种常用的蛇管形状如图 2-7 所示	结构简单、造价低廉、便于防腐、能承受高压。为提高传热效果，常需加搅拌装置	

续表

名称	结构	特点	应用
喷淋式蛇管换热器	各排蛇管均垂直地固定在支架上，结构如图 2-8 所示，冷却水由蛇管上方的喷淋装置均匀地喷洒在各排蛇管上，并沿着管外表面淋下	优点是检修清洗方便、传热效果好，蛇管的排数根据所需传热面积定。缺点是体积庞大，占地面积多；冷却水耗用量较大，喷淋不均匀	置于室外通风处，常用于冷却管内热流体

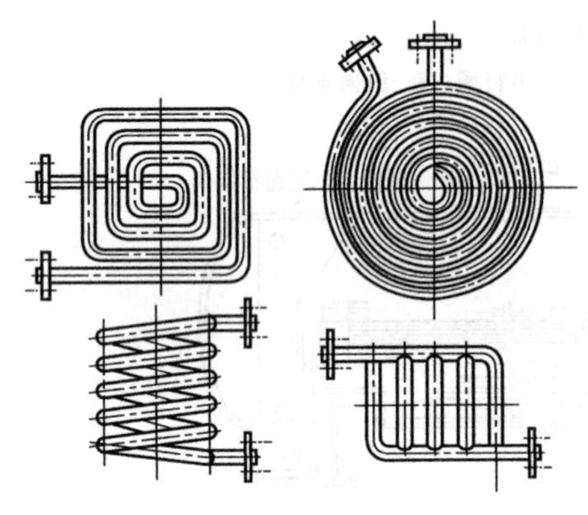

图 2-7 沉浸式蛇管的形状

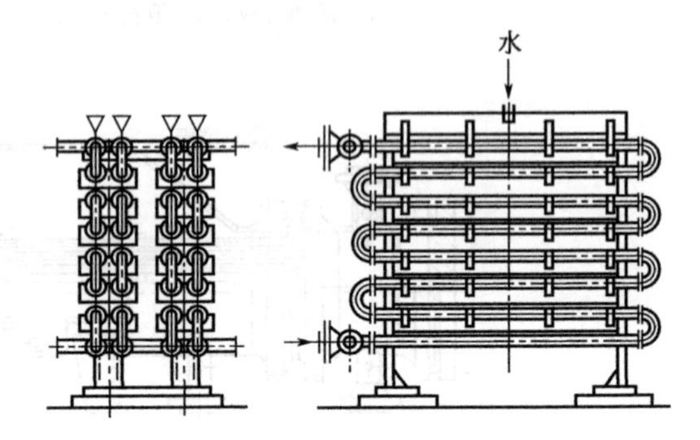

图 2-8 喷淋式蛇管换热器

4. 夹套换热器

夹套换热器的结构如图 2-9 所示，主要用于反应器的加热或冷却。它由一个装在容器外部的夹套构成，与反应器或容器构成一个整体，器壁就是换热器的传热面。其优点是结构简单、容易制造。其缺点是传热面积小，器内流体处于自然对流状态，传热效率低；夹套内部清洗困难。夹套内的加热剂和冷却剂一般只能使用不易结垢的水蒸气、冷却水和氨等。夹套内通水蒸气时，应从上部入，冷凝水从底部排出；夹套内通液体载热体时，应从底部进入，从上部流出。

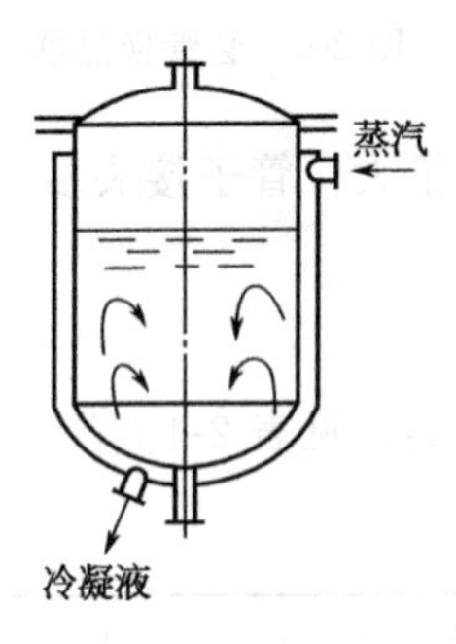

图 2-9 夹套换热器

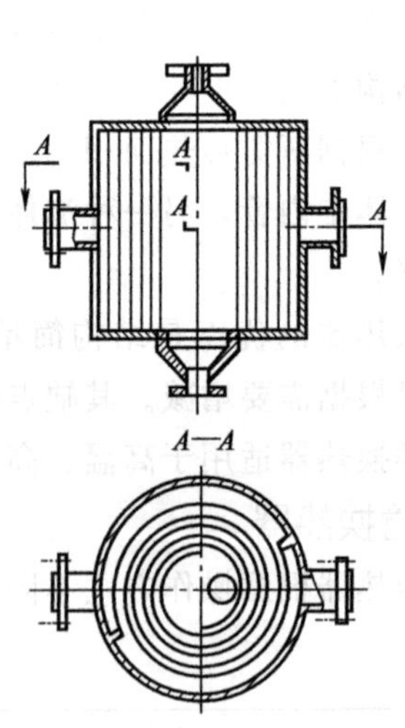

图 2-10 螺旋板式换热器

5. 其他类型换热器

见表 2-5。

表 2-5　其他类型换热器

名称	结构	特点及应用
螺旋板式换热器	结构如图 2-10 所示，由焊在中心隔板上的两块金属薄板卷制而成，两薄板之间形成螺旋形通道，两板之间焊有定距柱以维持通道间距，螺旋板的两端焊有盖板。两流体分别在两通道内流动，通过螺旋板进行换热	优点是结构紧凑；单位体积传热面积大；流体在换热器内做严格的逆流流动，可在较小的温差下操作，能充分利用低温能源；由于流向不断改变，且允许选用较高流速，故传热效果好；又由于流速较高，同时有惯性离心力的作用，污垢不易沉积。其缺点是制造和检修都比较困难；流动阻力较大；操作压力和温度不能太高，一般压力在 2MPa 以下，温度则不超过 400℃
翅片式换热器	在换热管的外表面或内表面或同时装有许多翅片，常用翅片有纵向和横向两类，如图 2-11 所示	气体的加热或冷却，当换热的另一方为液体或发生相变时，在气体一侧设置翅片，既可增大传热面积，又可增加气体的湍动程度，提高传热效率
平板式换热器	结构如图 2-12 所示。它是由若干块长方形薄金属板叠加排列，夹紧组装于支架上构成。两相邻板的边缘衬有垫片，压紧后板间形成流体通道。板片是板式换热器的核心部件，常将板面冲压成各种凹凸的波纹状	优点是结构紧凑，单位体积传热面积大；组装灵活方便；有较高的传热效率，可随时增减板数，有利于清洗和维修。其缺点是处理量小；受垫片材料性能的限制，操作压力和温度不能过高。适用于需要经常清洗、工作环境要求十分紧凑、操作压力在 2.5MPa 以下、温度在 −35～200℃ 的场合
板翅式换热器	基本单元体由翅片、隔板及封条组成，如图 2-13(a)所示。翅片上下放置隔板，两侧边缘由封条密封，即组成一个单元体。将一定数量的单元体组合起来，并进行适当排列，然后焊在带有进出口的集流箱上，如图 2-13(b)～(d)所示。一般用铝合金制造	是一种轻巧、紧凑、高效的换热装置，优点是单位体积传热面积大，传热效果好；操作温度范围较广，适用于低温或超低温场合；允许操作压力较高，可达 5MPa。其缺点是易堵塞，流动阻力大；清洗检修困难，故要求流体洁净。其应用领域已从航空、航天、电子等少数部门逐渐发展到石油化工、天然气液化、气体分离等更多的工业部门

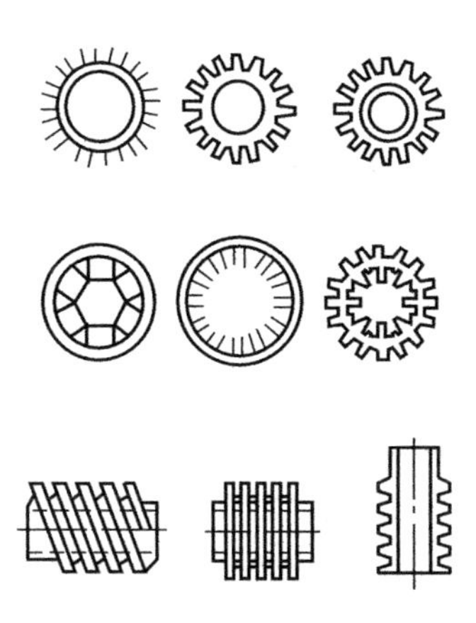

图 2-11　常用翅片的类型

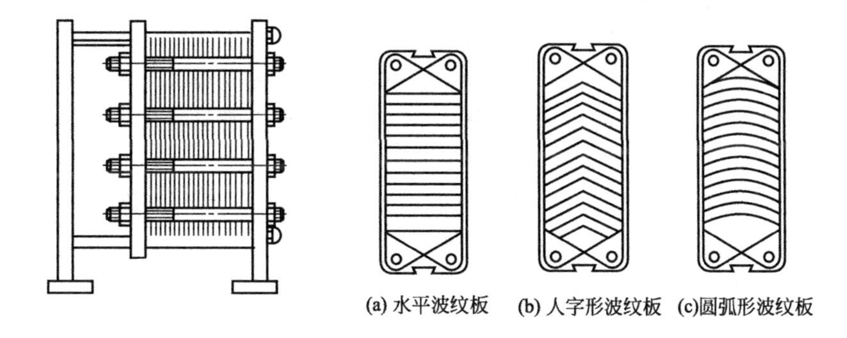

图 2-12　平板式换热器及常见板片的形状

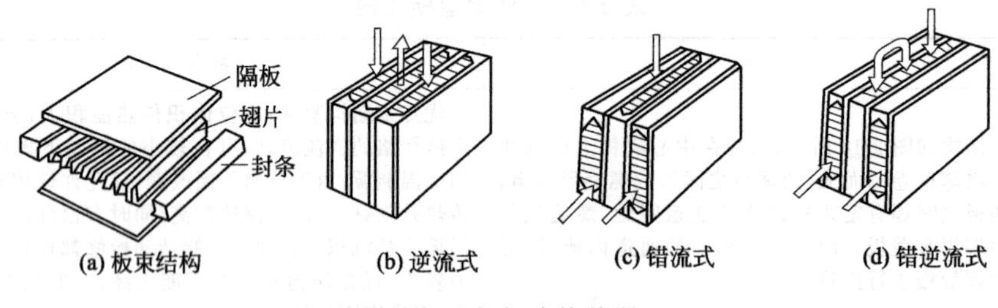

图 2-13　板翅式换热器

任务二　换热器基础知识

在化工生产中，传热过程是通过换热器实现的，而以间壁式换热器应用最为广泛，冷热两种流体经过间壁传热过程，在传热方向上热量传递过程包括三个步骤：热流体将热量传递到间壁的一侧；热量自间壁一侧传递至另一侧；热量由壁面向冷流体传递。

总之热量传递总是自高温处至低温处传递。间壁式换热器内热量传递有两种基本方式：热传导、对流传热。

一、热传导

热传导又称导热，借助物质的分子、原子或自由电子的运动将热量从物体温度较高的部位传递到温度较低的部位的过程。热传导可发生在物体内部或直接接触的物体之间。在热传导过程中，没有物质的宏观位移。

1. 傅里叶定律

傅里叶定律是导热的基本定律，表达式为：

$$Q=-\lambda A\times\frac{\mathrm{d}t}{\mathrm{d}x} \tag{2-1}$$

式中　Q——导热速率，J/s 或 W；

λ——热导率，W/(m·K)；

A——垂直于导热方向的导热面积，m^2；

$\mathrm{d}t/\mathrm{d}x$——温度梯度，是导热方向上温度的变化率。

由于导热方向为温度下降的方向，故右端需加一负号。

2. 热导率

热导率是表征物质导热性能的一个物性参数，λ 越大，导热性能越好。导热性能的大小与物质的组成、结构、密度、温度及压力等有关。

物质的热导率通常由实验测定。各种物质的热导率数值差别极大，一般而言，金属的热导率最大，非金属次之，液体的较小，而气体的最小。工程上常见物质的热导率可从有关手册中查得。书后附录中提供了一些物质的热导率。

应予指出，在导热过程中，固体壁面内的温度沿传热方向发生变化，其热导率也应变化，但在工程计算中，为简便起见，通常使用平均热导率，即取壁面两侧温度下 λ 的平均值或平均温度下的 λ 值。

3. 傅里叶定律的工业应用

化工生产中通过圆筒壁的导热十分普遍，如圆筒形容器、管道和设备的热传导。它与平壁热传导的不同之处在于圆筒壁的传热面积随半径而变，温度也随半径而变。

（1）单层圆筒壁的热传导 如图 2-14 所示，设圆筒的内、外半径分别为 r_1 和 r_2，内外表面分别维持恒定的温度 t_1 和 t_2，管长 L 足够长，则圆筒壁内的传热属一维稳定导热。若在半径 r 处沿半径方向取一厚度为 $\mathrm{d}r$ 的薄壁圆筒，则其传热面积可视为定值，即 $2\pi rL$。根据傅里叶定律：

$$Q=-\lambda A\times\frac{\mathrm{d}t}{\mathrm{d}r}=-\lambda\times 2\pi rL\times\frac{\mathrm{d}t}{\mathrm{d}r} \tag{2-2}$$

分离变量后积分，整理得：

$$Q=\frac{2\pi L\lambda(t_1-t_2)}{\ln\frac{r_2}{r_1}} \tag{2-3}$$

或

$$Q=\frac{2\pi L\lambda(t_1-t_2)(r_2-r_1)}{\ln\frac{r_2}{r_1}(r_2-r_1)}=\frac{2\pi L\lambda r_m(t_1-t_2)}{b}$$

$$=\frac{\lambda A_m(t_1-t_2)}{b}=\frac{t_1-t_2}{\frac{b}{\lambda A_m}}=\frac{t_1-t_2}{R} \tag{2-4}$$

式中 b——圆筒壁厚度，$b=r_2-r_1$，m；

$A_m=2\pi Lr_m$——圆筒壁的对数平均面积，m^2；

$r_m=\frac{r_2-r_1}{\ln\frac{r_2}{r_1}}$——对数平均半径，m。

当 $r_2/r_1<2$ 时，可采用算术平均值 $r_m=\frac{r_1+r_2}{2}$ 代替对数平均值进行计算。

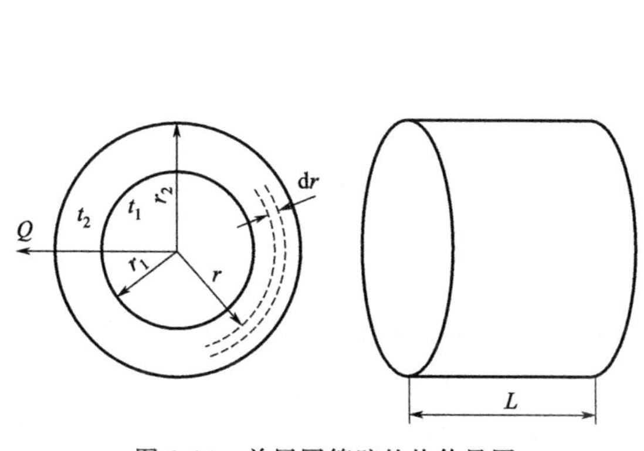

图 2-14 单层圆筒壁的热传导图

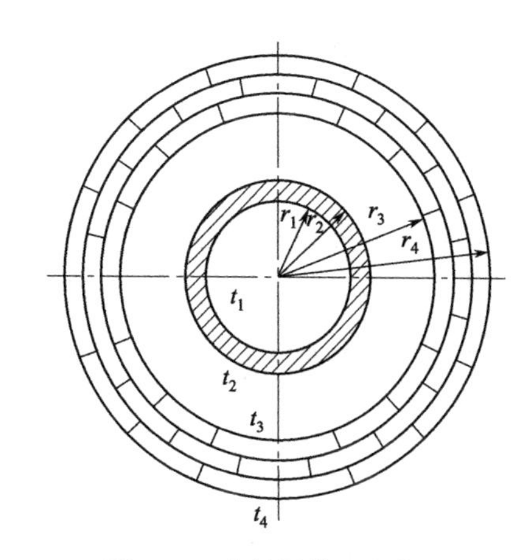

图 2-15 多层圆筒壁热传导

（2）多层圆筒壁的热传导 对层与层之间接触良好的多层圆筒壁，如图 2-15 所示（以三层为例），假设各层的热导率分别为 λ_1、λ_2 和 λ_3，厚度分别为 b_1、b_2 和 b_3。仿照多层平壁的热传导公式，则三层圆筒壁的导热速率方程为：

$$Q=\frac{t_1-t_4}{\frac{b_1}{\lambda_1 S_{m1}}+\frac{b_2}{\lambda_2 S_{m2}}+\frac{b_3}{\lambda_3 S_{m3}}}=\frac{t_1-t_4}{R_1+R_2+R_3}$$

$$=\frac{t_1-t_4}{\frac{\ln\frac{r_2}{r_1}}{2\pi L\lambda_1}+\frac{\ln\frac{r_3}{r_2}}{2\pi L\lambda_2}+\frac{\ln\frac{r_4}{r_3}}{2\pi L\lambda_3}} \tag{2-5}$$

应当注意，在多层圆筒壁导热速率计算式中，计算各层热阻所用的传热面积不相等，应采用各自的对数平均面积。在稳定传热时，通过各层的导热速率相同，但热通量却并不相等。

【例 2-1】 在外径为 140mm 的蒸气管道外包扎保温材料，以减少热损失。蒸气管外壁温度为 390℃，保温层外表面温度不大于 40℃。保温材料的 λ 与 t 的关系为 $\lambda=0.1+0.0002t$ [t 的单位为℃，λ 的单位为 W/(m·℃)]。若要求每米管长的热损失 Q/L 不大于 450W/m，试求保温层的厚度以及保温层中温度分布。

解： 此题为圆筒壁热传导问题，已知：$r_2=0.07$m，$t_2=390$℃，$t_3=40$℃，

先求保温层在平均温度下的热导率，即

$$\lambda=0.1+0.0002\times\frac{390+40}{2}=0.143\text{W/(m·℃)}$$

(1) 保温层温度　将式(2-3) 改写为

$$\ln\frac{r_3}{r_2}=\frac{2\pi\lambda(t_2-t_3)}{Q/L}$$

$$\ln r_3=\frac{2\pi\times0.143\times(390-40)}{450}+\ln 0.07$$

得

$$r_3=0.141\text{m}$$

故保温层厚度为

$$b=r_3-r_2=0.141\text{m}-0.07\text{m}=0.071\text{m}=71\text{mm}$$

(2) 保温层中温度分布　设保温层半径 r 处的温度为 t，代入式(2-3) 可得

$$\frac{2\pi\times0.143\times(390-t)}{\ln\frac{r}{0.07}}=450$$

解上式并整理得 $t=-501\ln r-942$

计算结果表明，即使热导率为常数，圆筒壁内的温度分布也不是直线，而是曲线。

二、对流传热

对流又称给热，是指利用流体质点在传热方向上的相对运动，将热量由一处传递至另一处。对流中总是伴有热传导。根据引起流体质点相对运动的原因不同，又可分为强制对流和自然对流。若相对运动是由外力作用（如泵、风机、搅拌器等）而引起的，称为强制对流；若相对运动是由流体内部各部分温度的不同而产生密度的差异，使流体质点发生相对运动的，则称为自然对流。

在间壁式换热器内，热量从热流体传到固体壁面，或从固体壁面传到冷流体，传热方式既有对流又伴随热传导，因此工程上把流体与壁面之间的热量传递统称为对流传热。

1. 对流传热的分析

当流体沿壁面做湍流流动时，在靠近壁面处总有一层流内层存在，在层流内层和湍流主体之间有一过渡层，见图 2-16。在湍流主体内，由于流体质点湍动剧烈，所以在传热方向上，流体的温差极小，各处的温度基本相同，热量传递主要依靠涡流传热，其热阻很小，传热速度极快。而在层流底层中，流体仅沿壁面平行流动，在传热方向上没有质点位移，所以热量传递主要依靠传导进行，由于流体的热导率很小，故热阻主要集中在层流内层中，因此温度差也主要集中在该层内。因此，减薄层流内层的厚度是强化对流传热的重要途径。

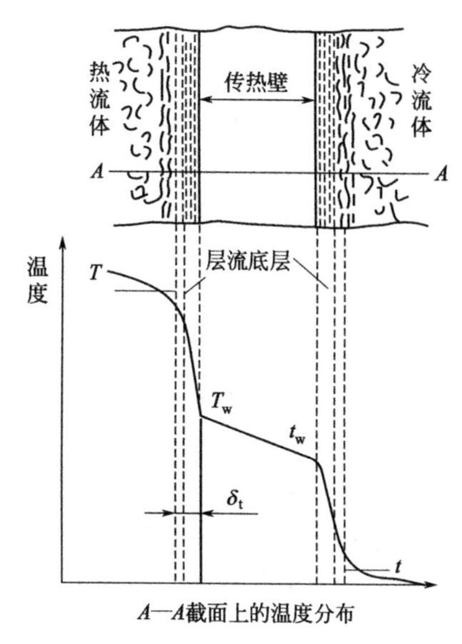

图 2-16　对流传热的分析

2. 对流传热基本方程——牛顿冷却定律

对流传热与流体的流动情况及流体的性质等有关，其影响因素很多。其传热速率可用牛顿冷却定律表示为：

$$Q=\alpha A\Delta t=\frac{\Delta t}{\dfrac{1}{\alpha A}}=\frac{\Delta t}{R} \tag{2-6}$$

式中　Q——对流传热速率，W。

α——对流传热膜系数（或对流传热系数、给热系数），W/(m^2·K)。

A——对流传热面积，m^2。

Δt——流体与壁面间温度差的平均值，K；当流体被加热时，$\Delta t=t_w-t$；当流体被冷却时，$\Delta t=t-t_w$。

R——对流传热热阻，$R=1/(\alpha A)$，K/W。

牛顿冷却定律是将复杂的对流传热问题，用一简单的关系式来表达，实质上是将矛盾集中在 α 上，因此，研究 α 的影响因素及其求取方法，便成为解决对流传热问题的关键。

3. 对流传热膜系数

对流传热膜系数反映了对流传热的强度，α 越大，说明对流强度越大，对流传热热阻越小。

α 是受诸多因素影响的一个参数，表 2-6 列出了几种对流传热情况下的 α 值，从中可以看出，气体的 α 值最小，载热体发生相变时的 α 值最大，且比气体的 α 值大得多。

表 2-6　α 值的经验范围

对流传热类型(无相变)	α/[W/(m^2·K)]	对流传热类型(有相变)	α/[W/(m^2·K)]
气体加热或冷却	5～100	有机蒸气冷凝	500～2000
油加热或冷却	60～1700	水蒸气冷凝	5000～15000
水加热或冷却	200～15000	水沸腾	2500～25000

（1）影响对流传热膜系数的因素　影响对流传热膜系数 α 的因素有以下几方面。

① 对流的形成原因。自然对流与强制对流的流动原因不同，其传热规律也不相同。一

般强制对流传热时的 α 值较自然对流传热的为大。

② 流体的性质。影响 α 的物理性质有热导率、比热容、黏度和密度等。对同种流体，这些物性又是温度的函数，有些还与压力有关。

③ 相变情况。在对流传热过程中，流体有无相变对传热有不同的影响，一般流体有相变时的 α 较无相变时的为大。

④ 流体的运动状态。流体的 Re 值越大，湍动程度越高，层流内层的厚度越薄，α 越大；反之，则越小。

⑤ 传热壁面的形状、位置及长短等。传热壁面的形状（如管内、管外、板、翅片等）、传热壁面的方位、布置（如水平或垂直放置、管束的排列方式等）及传热面的尺寸（如管径、管长、板高等）都对 α 有直接的影响。

（2）无相变传热时对流传热膜系数的关联式　由于影响 α 的因素很多，要建立一个通式求各种条件下的 α 是不可能的。通常采用实验关联法获得各种条件下 α 的关联式。流体无相变传热时的对流传热膜系数的关联式为：

$$Nu=ARe^{m}Pr^{n}Gr^{h} \tag{2-7}$$

表 2-7 列出了有关各特征数的名称、符号及意义。

表 2-7　特征数的名称及意义

特征数名称	符号	形式	意义
努塞尔特数	Nu	al/λ	表示 a 的特征数
雷诺数	Re	$du\rho/\mu$	确定流动状态的特征数
普兰特数	Pr	$c_p\mu/\lambda$	表示物性影响的特征数
格拉斯霍夫数	Gr	略	表示自然对流影响的特征数

在使用 α 关联式时应注意以下几个方面。

① 应用范围。关联式中 Re、Pr、Gr 等特征数的数值范围。

② 特征尺寸。Nu、Re 等特征数中 l 应如何取定。

③ 定性温度。确定各特征数中流体的物性参数所依据的温度。

随不同的条件，α 的关联式有多种。每一个 α 关联式对上述三个方面都有明确的规定和说明。

无相变流体在圆直管内做强制湍流时的 α 关联式如下。

① 低黏度流体（小于 2 倍常温水的黏度）。

$$Nu=0.023Re^{0.8}Pr^{n} \tag{2-8}$$

或

$$\alpha=0.023\times\frac{\lambda}{d_i}\left(\frac{d_i u\rho}{\mu}\right)^{0.8}\left(\frac{c_p\mu}{\lambda}\right)^{n} \tag{2-8a}$$

式中 n 的取值方法是：当流体被加热时，$n=0.4$；当流体被冷却时，$n=0.3$。

应用范围：$Re>10000$，$0.7<Pr<120$；管长与管径之比 $l/d_i\geqslant60$。若 $l/d_i<60$，将由式(2-8a) 算得的 α 乘以 $[1+(d_i/l)^{0.7}]$ 加以修正。

特征尺寸 l：取管内径 d_i。

定性温度：取流体进、出口温度的算术平均值。

② 高黏度液体。

$$Nu=0.027Re^{0.8}Pr^{0.33}\varphi_{w} \tag{2-9}$$

应用范围和特征尺寸与式(2-8) 相同。

定性温度：取流体进、出口温度的算术平均值。

φ_{w} 为黏度校正系数，当液体被加热时，$\varphi_{w}=1.05$；当流体被冷却时，$\varphi_{w}=0.95$。

4. 流体有相变化时的对流传热

流体相变传热有两种情况：一种是蒸汽的冷凝，一种是液体的沸腾。化工生产中，流体在换热过程中发生相变的情况很多，例如，在蒸发过程中，作为加热剂的蒸汽会冷凝成液体，被加热的物料则会沸腾汽化。由于流体在对流传热过程中伴随有相态变化，因此有相变比无相变时的对流传热过程更为复杂。

(1) 蒸汽冷凝　如果蒸汽处于比其饱和温度低的环境中，将出现冷凝现象。在换热器内，当饱和蒸汽与温度较低的壁面接触时，蒸汽将释放出潜热，并在壁面上冷凝成液体，发生在蒸汽冷凝和壁面之间的传热称为冷凝对流传热，简称冷凝传热。冷凝传热速率与蒸汽的冷凝方式密切相关。蒸汽冷凝主要有两种方式：膜状冷凝和滴状冷凝。如果冷凝液能够润湿壁面，则会在壁面上形成一层液膜，称为膜状冷凝；如果冷凝液不能润湿壁面，则会在壁面上杂乱无章地形成许多小液滴，称为滴状冷凝。

在膜状冷凝过程中，壁面被液膜所覆盖，此时蒸汽的冷凝只能在液膜的表面进行，即蒸汽冷凝放出的潜热必须通过液膜后才能传给壁面。因此，冷凝液膜往往成为膜状冷凝的主要热阻。冷凝液膜在重力作用下沿壁面向下流动时，其厚度不断增加，所以壁面越高或水平放置的管子管径越大，则整个壁面的平均 α 也就越小。

在滴状冷凝过程中，壁面的大部分直接暴露在蒸汽中，由于在这些部位没有液膜阻碍热流，故其 α 很大，是膜状冷凝的十倍左右。

尽管如此，但是要保持滴状冷凝是很困难的。即使在开始阶段为滴状冷凝，经过一段时间后，由于液珠的聚集，大部分都要变成膜状冷凝。为了保持滴状冷凝，可采用各种不同的壁面涂层和蒸汽添加剂，但这些方法还处于研究和实验中。故在进行冷凝计算时，为安全起见一般按膜状冷凝来处理。

(2) 液体沸腾　将液体加热到操作条件下的饱和温度时，整个液体内部，都将会有气泡产生，这种现象称为液体沸腾。发生在沸腾液体与固体壁面之间的传热称为沸腾对流传热，简称沸腾传热。

工业上液体沸腾的方法主要有两种：一种是将加热壁面浸没在液体中，液体在壁面处受热沸腾，称为池内沸腾；另一种是液体在管内流动时受热沸腾，称为管内沸腾。后者机理更为复杂。

目前，对有相变时的对流传热的研究还不是很充分，尽管迄今已有一些对流传热系数的经验公式可供使用，但其可靠程度并不很高。

任务三　列管式换热器的计算与选型

工业上以间壁式换热器应用最广，而间壁传热过程是由固体间壁内部的导热及间壁两侧流体与固体表面之间的对流传热组合而成的。在学习了热传导和对流传热的基础上，本节讨论传热全过程的计算，以解决工业列管式换热器的选型和操作分析问题。

一、传热基本方程

间壁式换热涉及壁面的温度，而通常壁面温度是未知的。为解决这一问题，在实际传热计算中，常采用换热器中热、冷流体的温度差作为传热推动力的总传热速率方程，又称传热基本方程，即：

$$Q=KA\Delta t_m=\frac{\Delta t_m}{\frac{1}{KA}}=\frac{\Delta t_m}{R} \tag{2-10}$$

式中　Q——传热速率，W；

K——总传热系数，$W/(m^2 \cdot K)$；

A——传热面积，m^2；

Δt_m——传热平均温度差，K；

R——换热器的总热阻，K/W；

对于一定的传热任务，确定换热器所需传热面积是选择换热器型号的核心。传热面积由传热基本方程计算确定。由式(2-10）有：

$$A=\frac{Q}{K\Delta t_m}$$

由上式可知，要计算传热面积，必须先求得传热速率 Q、传热平均温度差 Δt_m 以及传热系数 K，下面将逐一进行介绍。

二、换热器的热负荷

为了达到一定的换热目的，要求换热器在单位时间内传递的热量称为换热器的热负荷。

1. 热负荷与传热速率的关系

传热速率是换热器单位时间能够传递的热量，是换热器的生产能力；主要由换热器自身的性能决定。热负荷是生产上要求换热器单位时间传递的热量，是换热器的生产任务。为确保换热器能完成传热任务，换热器的传热速率需大于至少等于其热负荷。

在换热器的选型过程中，可用热负荷代替传热速率，求得传热面积后再考虑一定的安全裕量，然后进行选型或设计。

2. 热负荷的确定

对于间壁式换热器，当换热器保温性能良好，热损失可以忽略不计时，在单位时间内热流体放出的热量等于冷流体吸收的热量，即：

$$Q=Q_h=Q_c \tag{2-11}$$

式中　Q_h——热流体放出的热量，W；

Q_c——冷流体吸收的热量，W；

（1）焓差法　由于工业换热器中流体的进、出口压力差不大，故可近似为恒压过程。根据热力学定律，恒压过程热等于物系的焓差，则有：

$$Q_h=W_h(H_1-H_2) \tag{2-12}$$

或　$$Q_c=W_c(h_2-h_1) \tag{2-12a}$$

式中　W_h，W_c——热、冷流体的质量流量，kg/s；

H_1，H_2——热流体的进、出口焓，J/kg；

h_2，h_1——冷流体的进、出口焓，J/kg。

焓差法较为简单，但仅适用于流体的焓可查取的情况，本教材附录中列出了空气、水及水蒸气的焓，可供读者参考。

(2) 显热法　若流体在换热过程中没有相变化，且流体的比热容可视为常数或可取为流体进、出口平均温度下的比热容时，其传热量可按下式计算。

$$Q_h=W_h c_{ph}(T_1-T_2) \tag{2-13}$$

或　$$Q_c=W_c c_{pc}(t_2-t_1) \tag{2-13a}$$

式中　c_{ph}，c_{pc}——热、冷流体的定压比热容，J/(kg·K)；

T_1，T_2——热流体的进、出口温度，K；

t_2，t_1——冷流体的进、出口温度，K。

注意 c_p 的求取：一般由流体换热前后的平均温度（即流体进出换热器的平均温度）$(T_1+T_2)/2$ 或 $(t_2+t_1)/2$ 查得。教材附录中列有关于比热容的图（表），供读者使用。

必须指出，在 SI 单位制中，温度的单位是 K，但就温度差而言，其单位用 K 或℃是等效的，两者均可使用。

(3) 潜热法　若流体在换热过程中仅仅发生恒温相变，其传热量可按下式计算

$$Q_h=W_h r_h \tag{2-14}$$

或　$$Q_c=W_c r_c \tag{2-14a}$$

式中，r_h、r_c 分别为热、冷流体的汽化潜热，J/kg。

【例 2-2】 在一套管换热器内用 0.16MPa 的饱和蒸汽加热空气，饱和蒸汽的消耗量为 10kg/h，冷凝后进一步冷却到 100℃，试求换热器的热负荷。

解： 从附录中查得 $p=0.16$MPa 的饱和蒸汽的有关参数：饱和水蒸气温度 $T_S=113$℃，$H_1=2698.1$kJ/kg

100℃水的焓 $H_2=418.68$kJ/kg。

则　$Q_h=W_h(H_1-H_2)=(10/3600)\times(2698.1-418.68)=6.33$ (kW)

三、传热平均温度差

在传热基本方程中，Δt_m 为换热器的传热平均温度差，随着冷、热两流体在传热过程中的温度变化情况不同，传热平均温度差的大小及计算也不同，就换热器中冷、热流体温度变化情况而言，有恒温传热与变温传热两种，现分别予以讨论。

1. 恒温传热时的平均温度差

当两流体在换热过程中均发生相变时，热流体温度 T 和冷流体温度 t 始终保持不变，称为恒温传热。如蒸发器中，饱和蒸汽和沸腾液体间的传热过程。此时，冷、热流体的温度均不随位置变化，两者间的温度差处处相等。因此，换热器的传热推动力可取任一传热截面上的温度差，即：

$$\Delta t_m=T-t \tag{2-15}$$

2. 变温传热时的平均温度差

当换热器中间壁一侧或两侧流体的温度通常沿换热器管长而变化，此类传热则称为变温

传热。

（1）一侧流体变温传热　例如，用饱和蒸汽加热冷流体，蒸汽冷凝温度不变，而冷流体的温度不断上升，如图 2-17(a) 所示；用烟道气加热沸腾的液体，烟道气温度不断下降，而沸腾的液体温度始终保持在沸点不变，如图 2-17(b) 所示。

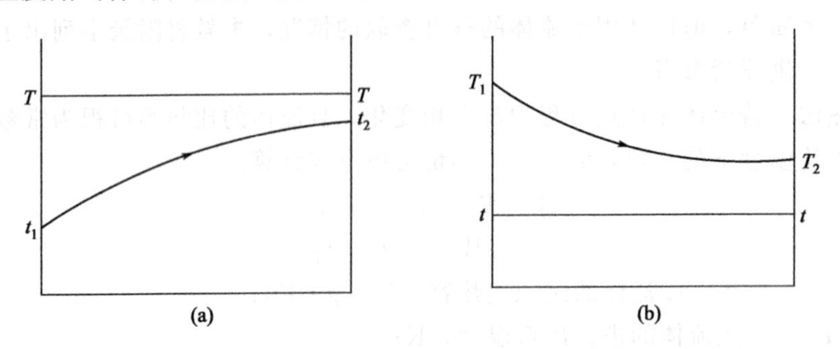

图 2-17　一侧变温传热过程的温差变化

（2）两侧流体变温传热　冷、热流体的温度均沿着传热面发生变化，即两流体在传热过程中均不发生相变，其传热温度差显然也是变化的，并且流动方向不同，传热平均温度差也不同，即平均温度差的大小与两流体间的相对流动方向有关，如图 2-18 所示。

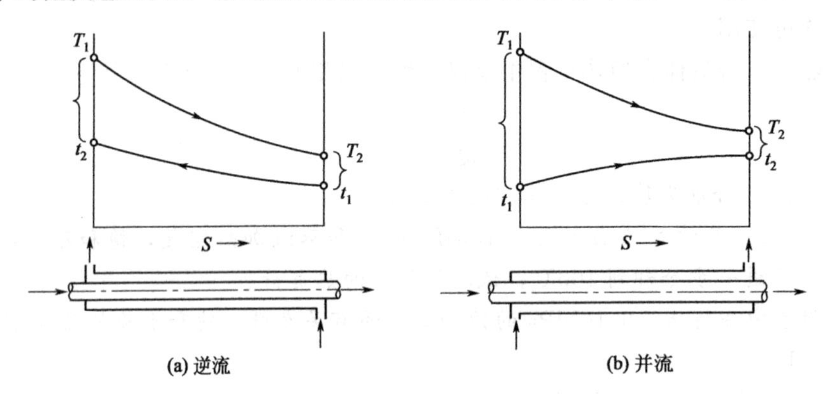

图 2-18　两侧变温传热过程的温差变化

在间壁式换热器中，两流体间可以有四种不同的流动方式。若两流体的流动方向相同，称为并流；若两流体的流动方向相反，称为逆流；若两流体的流动方向垂直交叉，称为错流；若一流体沿一方向流动，另一流体反复折流，称为简单折流；若两流体均做折流，或既有折流，又有错流，称为复杂折流。

套管换热器中可实现完全的并流或逆流。

（3）并、逆流时的传热平均温度差　由热量衡算和传热基本方程联立即可导出传热平均温度差计算式

$$\Delta t_m=\frac{\Delta t_1-\Delta t_2}{\ln\dfrac{\Delta t_1}{\Delta t_2}} \tag{2-16}$$

式中　Δt_m——对数平均温度差，K；

Δt_1，Δt_2——换热器两端冷热两流体的温差，K。

式(2-16) 是并流和逆流时传热平均温度差的计算通式，对于各种变温传热都适用。当一侧变温时，不论逆流或并流，平均温度差相等；当两侧变温传热时，并流和逆流平均温度

差不同。在计算时注意，一般取换热器两端 Δt 中数值较大者为 Δt_1，较小者为 Δt_2。

此外，当 $\Delta t_1/\Delta t_2 \leqslant 2$ 时，可近似用算术平均值代替对数平均值，即

$$\Delta t_m = \frac{\Delta t_1 + \Delta t_2}{2}$$

【例 2-3】 在套管换热器内，热流体温度由 180℃冷却 140℃，冷流体温度由 60℃上升到 120℃。试分别计算：(1) 两流体做逆流和并流时的平均温度差；(2) 若操作条件下，换热器的热负荷为 585kW，其传热系数 K 为 300W/(m² · K)，两流体做逆流和并流时的所需的换热器的传热面积。

解：(1) 传热平均推动力

逆流时　热流体温度　180℃→140℃

　　　　冷流体温度　120℃←60℃

　　　　两端温度差　60℃　80℃

所以

$$\Delta t_m = \frac{\Delta t_1 - \Delta t_2}{\ln\dfrac{\Delta t_1}{\Delta t_2}} = \frac{80-60}{\ln\dfrac{80}{60}} = 69.5\ (℃)$$

并流时　热流体温度　180℃→140℃

　　　　冷流体温度　60℃→120℃

　　　　两端温度差　120℃　20℃

所以

$$\Delta t_m = \frac{\Delta t_1 - \Delta t_2}{\ln\dfrac{\Delta t_1}{\Delta t_2}} = \frac{120-20}{\ln\dfrac{120}{20}} = 55.8\ (℃)$$

(2) 所需传热面积

逆流时　$A = \dfrac{Q}{K\Delta t_m} = \dfrac{585\times10^3}{300\times69.5} = 28.06\ (m^2)$

并流时　$A = \dfrac{Q}{K\Delta t_m} = \dfrac{585\times10^3}{300\times55.8} = 34.95\ (m^2)$

(4) 错、折流时的传热平均温度差　列管式换热器中，为了强化传热等原因，两流体并非做简单的并流和逆流，而是比较复杂的折流或错流，如图 2-19 所示。

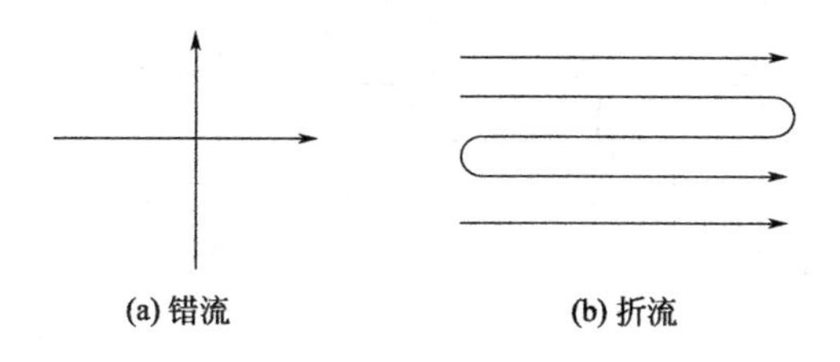

图 2-19　折流和错流示意图

对于错流和折流时传热平均温度差的求取，由于其复杂性，不能像并、逆流那样，直接推导出其计算式。计算方法通常先按逆流计算对数平均温度差 $\Delta t'_m$，再乘以一个恒小于 1 的校正系数 $\varphi_{\Delta t}$，即：

$$\Delta t_{\mathrm{m}}=\Delta t'_{\mathrm{m}}\varphi_{\Delta t} \tag{2-17}$$

式中，$\varphi_{\Delta t}$ 称为温度差校正系数，其大小与流体的温度变化有关，可表示为两参数 P 和 R 的函数，即：

$$\varphi_{\Delta t}=f(P,R)$$

$$P=\frac{t_2-t_1}{T_1-t_1}=\frac{\text{冷流体的温升}}{\text{两流体的最初温度差}} \tag{2-18}$$

$$R=\frac{T_1-T_2}{t_2-t_1}=\frac{\text{热流体的温降}}{\text{冷流体的温升}} \tag{2-19}$$

$\varphi_{\Delta t}$ 可根据 P 和 R 两参数由图 2-20 查取。图 2-20 中（a）～（d）为折流过程的 $\varphi_{\Delta t}$：分别为 1、2、3、4 壳程，每个壳程内的管程可以是 2、4、6、8 程；图 2-20(e) 为错流过程的 $\varphi_{\Delta t}$。

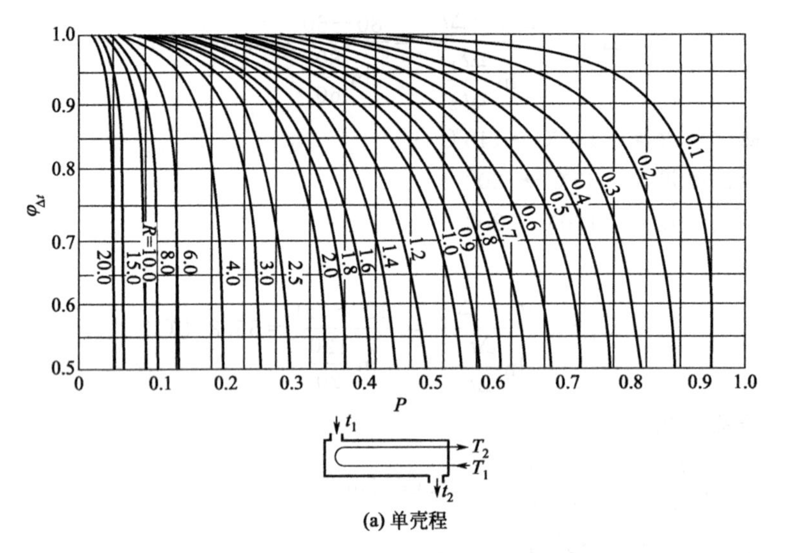

(a) 单壳程

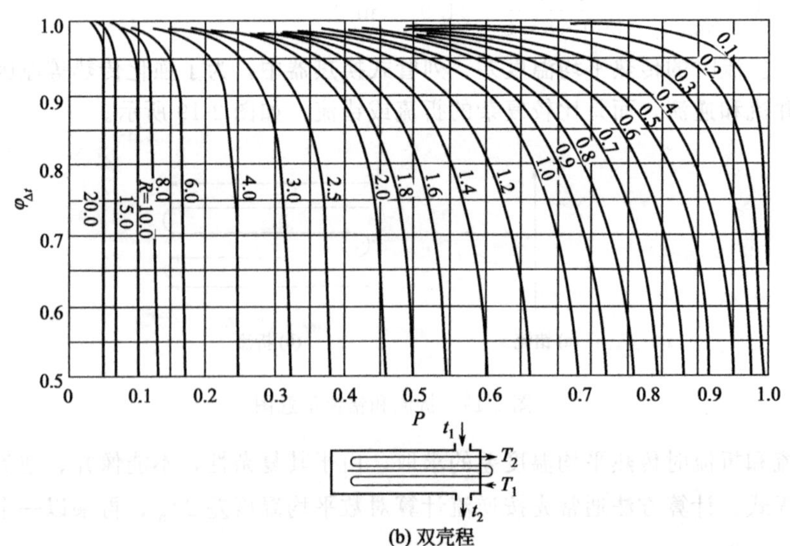

(b) 双壳程

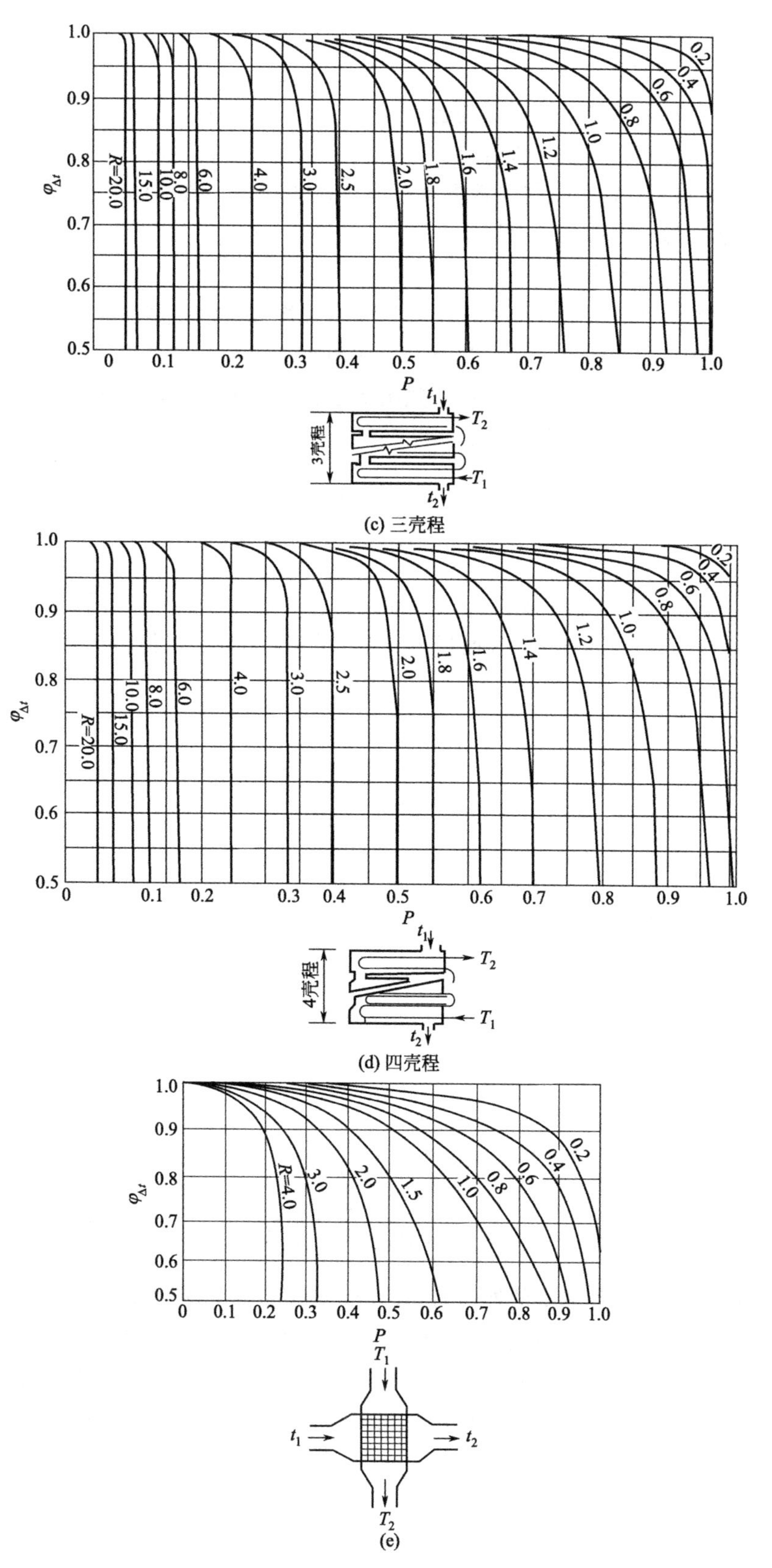

图 2-20　温差校正系数图

四、总传热系数

总传热系数是描述传热过程强弱的物理量，传热系数越大，传热热阻越小，则传热效果越好。在工程上总传热系数是评价换热器传热性能的重要参数，也是对传热设备进行工艺计算的依据。影响传热系数 K 值的因素主要有换热器的类型、流体的种类和性质以及操作条件等。获取传热系数的方法主要有以下几种。

1. 总传热系数的计算

（1）总传热系数的计算公式　前已述及，间壁式换热器中，热、冷流体通过间壁的传热有热流体的对流传热、固体壁面的导热及冷流体的对流传热三步串联过程。对于稳定传热过程，各串联环节传热速率相等，过程的总热阻等于各分热阻之和，可联立传热基本方程、对流传热速率方程及导热速率方程得出：

$$\frac{1}{KA}=\frac{1}{\alpha_i A_i}+\frac{\delta}{\lambda A_m}+\frac{1}{\alpha_o A_o} \tag{2-20}$$

式(2-20）即为计算 K 值的基本公式。计算时，等式左边的传热面积 A 可分别选择传热面（管壁面）的外表面积 A_o 或内表面积 A_i 或平均表面积 A_m，但传热系数 K 必须与所选传热面积相对应。

若 A 取 A_o，则有：

$$K_o=\frac{1}{\dfrac{A_o}{\alpha_i A_i}+\dfrac{\delta A_o}{\lambda A_m}+\dfrac{1}{\alpha_o}} \tag{2-21}$$

同理，若 A 取 A_i，则有：

$$K_i=\frac{1}{\dfrac{1}{\alpha_i}+\dfrac{\delta A_i}{\lambda A_m}+\dfrac{A_i}{\alpha_o A_o}} \tag{2-22}$$

若 A 取 A_m，则有

$$K_m=\frac{1}{\dfrac{A_m}{\alpha_i A_i}+\dfrac{\delta}{\lambda}+\dfrac{A_m}{\alpha_o A_o}} \tag{2-23}$$

式中　A_o，A_i，A_m——传热壁的外表面积、内表面积、平均表面积，m^2；

K_i，K_o，K_m——基于 A_o、A_i、A_m 的传热系数，$W/(m^2 \cdot K)$。

（2）污垢热阻的影响　换热器在实际操作中，传热壁面常有污垢形成，对传热产生附加热阻，该热阻称为污垢热阻。通常污垢热阻比传热壁面的热阻大得多，因而在传热计算中应考虑污垢热阻的影响。

影响污垢热阻的因素很多，主要有流体的性质、传热壁面的材料、操作条件、清洗周期等。由于污垢热阻的厚度及热导率难以准确地估计，因此通常选用经验值，表 2-8 列出了一些常见流体的污垢热阻 R_S 的经验值。

表 2-8　常见流体的污垢热阻

流体	$R_S/(m^2 \cdot K/kW)$	流体	$R_S/(m^2 \cdot K/kW)$
水(>50℃)		水蒸气	
蒸馏水	0.09	优质不含油	0.052
海水	0.09	劣质不含油	0.09
清洁的河水	0.21	液体	
未处理的凉水塔用水	0.58	盐水	0.172
已处理的凉水塔用水	0.26	有机物	0.172
已处理的锅炉用水	0.26	熔盐	0.086
硬水、井水	0.58	植物油	0.52
气体		燃料油	0.172～0.52
空气	0.26～0.53	重油	0.86
溶剂蒸气	0.172	焦油	1.72

设管内、外壁面的污垢热阻分别为 R_{Si}、R_{So}，根据串联热阻叠加原理，则式(2-21) 可写为：

$$K_o=\frac{1}{\frac{A_o}{\alpha_i A_i}+R_{Si}+\frac{\delta A_o}{\lambda A_m}+R_{So}+\frac{1}{\alpha_o}} \tag{2-24}$$

式(2-24) 表明，间壁两侧流体间传热总热阻等于两侧流体的对流传热热阻、污垢热阻及管壁导热热阻之和。

应予指出，在传热计算中，选择何种面积作为计算基准，结果完全相同。但工程上，大多以外表面积为基准，除特别说明外，手册中所列 K 值都是基于外表面积的传热系数，换热器标准系列中的传热面积也是指外表面积。因此，传热系数 K 的通用计算式为式(2-24)，此时，传热基本方程式的形式为：

$$Q=K_o A_o \Delta t_m$$

若传热壁面为平壁或薄管壁时，A_o、A_i、A_m 相等或近似相等，则式(2-24) 可简化为：

$$K=\frac{1}{\frac{1}{\alpha_i}+R_{Si}+\frac{\delta}{\lambda}+R_{So}+\frac{1}{\alpha_o}} \tag{2-25}$$

【例 2-4】 有一用 ϕ25mm×2.5mm 无缝钢管制成的列管换热器，$\lambda=45W/(m \cdot K)$，管内通以冷却水，$\alpha_i=1000W/(m^2 \cdot K)$，管外为饱和水蒸气冷凝，$\alpha_o=10000W/(m^2 \cdot K)$，污垢热阻可以忽略。试计算：(1) 传热系数 K；(2) 将 α_i 提高一倍，其他条件不变，求 K 值；(3) 将 α_o 提高一倍，其他条件不变，求 K 值。

解　(1) $K=\dfrac{1}{\dfrac{A_o}{\alpha_i A_i}+\dfrac{\delta A_o}{\lambda A_m}+\dfrac{1}{\alpha_o}}$

$$=\frac{1}{\frac{0.025}{1000\times0.02}+\frac{0.0025\times0.025}{45}+\frac{1}{10000}}=749.0\ [\mathrm{W/(m^2\cdot K)}]$$

(2) 将 α_i 提高一倍，即 $\alpha_i'=2000\mathrm{W/(m^2\cdot K)}$

$$K'=\frac{1}{\frac{0.025}{2000\times0.02}+\frac{0.0025\times0.025}{45}+\frac{1}{10000}}=1376.7\ [\mathrm{W/(m^2\cdot K)}]$$

增幅：$\frac{1376.7-749.0}{749.0}\times100\%=83.8\%$

(3) 将 α_o 提高一倍，即 $\alpha_o'=20000\mathrm{W/(m^2\cdot K)}$

$$K''=\frac{1}{\frac{0.025}{1000\times0.02}+\frac{0.0025\times0.025}{45}+\frac{1}{20000}}=768.4\ [\mathrm{W/(m^2\cdot K)}]$$

增幅：$\frac{768.4-749.0}{749.0}\times100\%=2.5\%$

2. 总传热系数的现场测定

对于已有换热器，传热系数 K 可通过现场测定法来确定。具体方法如下。

① 现场测定有关的数据（如设备的尺寸、流体的流量和进出口温度等）；

② 根据测定数据求得传热速率 Q、传热温度差 Δt_m 和传热面积 A；

③ 由传热基本方程计算 K 值。

这样得到的 K 值可靠性较高，但是其使用范围受到限制，只有与所测情况相一致的场合（包括设备的类型、尺寸、流体性质、流动状况等）才准确。但若使用情况与测定情况相似，所测 K 值仍有一定参考价值。

实测 K 值，不仅可以为换热器计算提供依据，而且可以帮助分析换热器的性能，以便寻求提高换热器传热能力的途径。

3. 总传热系数的经验值

在换热器的工艺设计过程中，由于换热器的尺寸未知，因此传热系数 K 无法通过实测或计算公式来确定。此时，K 值通常借助工具手册选取。表 2-9 列出了列管换热器对于不同流体在不同情况下的传热系数的大致范围。

表 2-9　列管换热器中 K 值的大致范围

热流体	冷流体	传热系数 K /[W/(m²·K)]	热流体	冷流体	传热系数 K /[W/(m²·K)]
水	水	850～1700	低沸点烃类蒸气冷凝(常压)	水	455～1140
轻油	水	340～910	高沸点烃类蒸气冷凝(减压)	水	60～170
重油	水	60～280	水蒸气冷凝	水沸腾	2000～4250
气体	水	17～280	水蒸气冷凝	轻油沸腾	455～1020
水蒸气冷凝	水	1420～4250	水蒸气冷凝	重油沸腾	140～425
水蒸气冷凝	气体	30～300			

【例 2-5】 在一逆流操作的换热器中，用冷水将质量流量为 1.25kg/s 的某液体［比热容为 1.9kJ/(kg·K)］从 80℃冷却到 50℃。水在管内流动，进、出口温度分别为 20℃和

40℃。换热器的管子规格为 $\phi25\times2.5$mm，若已知管内、外的 α 分别为 1.70kW/(m^2·K) 和 0.85kW/(m^2·K)，试求换热器的传热面积。假设污垢热阻、壁面热阻及换热器的热损失均可忽略。

解：(1) 换热器的热负荷

$$Q=Q_h=W_hc_{ph}(T_1-T_2)=1.25\times1.9\times(80-50)=71.25(\text{kW})$$

(2) 平均传热温度差

80℃→50℃

−40℃←20℃

40℃　30℃

$$\Delta t'_m=\frac{\Delta t_1-\Delta t_2}{\ln\dfrac{\Delta t_1}{\Delta t_2}}=\frac{40-30}{\ln\dfrac{40}{30}}=34.8\ (℃)$$

(3) 传热系数

$$K_o=\frac{1}{\dfrac{d_o}{\alpha_i d_i}+\dfrac{1}{\alpha_o}}=\frac{1}{\dfrac{0.025}{1.7\times0.02}+\dfrac{1}{0.85}}=0.52\ [\text{kW}/(\text{m}^2\cdot\text{K})]$$

(4) 传热面积

$$A=\frac{Q}{K\Delta t_m}=\frac{71.25}{0.52\times31.67}=4.33\ (\text{m}^2)$$

五、列管式换热器的选型

列管式换热器有系列标准，所以使用时工程上一般只需选型即可，只有在实际要求与标准系列相差较大的时候，方需要自行设计。下面仅介绍列管式换热器的选型。

1. 列管式换热器选型时应考虑的问题

(1) 流动空间的选择　流体流经管程或壳程，以固定管板式换热器为例，一般确定原则如下。

① 不洁净或易结垢的流体宜走管程，因为管程清洗较方便。

② 腐蚀性流体宜走管程，以免管子和壳体同时被腐蚀，且管子便于维修和更换。

③ 压力高的流体宜走管程，以免壳体受压，以节省壳体金属消耗量。

④ 被冷却的流体宜走壳程，便于散热，增强冷却效果。

⑤ 高温加热剂与低温冷却剂宜走管程，以减少设备的热量或冷量的损失。

⑥ 有相变的流体宜走壳程，如冷凝传热过程，管壁面附着的冷凝液厚度即传热膜的厚度，让蒸汽走壳程有利于及时排除冷凝液，从而提高冷凝传热膜系数。

⑦ 有毒害的流体宜走管程，以减少泄漏量。

⑧ 黏度大的液体或流量小的流体宜走壳程，因流体在有折流挡板的壳程中流动，流速与流向不断改变，在 $Re>100$ 的情况下即可达到湍流，以提高传热效果。

⑨ 若两流体温差较大时，对流传热系数较大的流体宜走壳程。因管壁温接近于 α 较大的流体，以减小管子与壳体的温差，从而减小温差应力。

在选择流动路径时，上述原则往往不能同时兼顾，应视具体情况分析。一般首先考虑操作压力、防腐及清洗等方面的要求。

(2) 流速的选择　流体在管程或壳程中的流速，不仅直接影响传热膜系数，而且影响污垢热阻，从而影响传热系数的大小，特别对含有较易沉积颗粒的流体，流速过低甚至可能导致管路堵塞，严重影响到设备的使用，但流速增大，又将使流体阻力增大。因此选择适宜的流速是十分重要的。根据经验，表 2-10、表 2-11 列出一些工业上常用的流速范围，以供参考。

表 2-10　列管式换热器内常用的流速范围

流体种类	流速/(m/s)	
	管程	壳程
一般液体	0.5～3	0.2～1.5
易结垢液体	>1	>0.5
气体	5～30	3～15

表 2-11　液体在列管式换热器中的流速（钢管）

液体黏度/(mPa·s)	最大流速/(m/s)	液体黏度/(mPa·s)	最大流速/(m/s)
>1500	0.6	35～100	1.5
500～1500	0.75	1～35	1.8
100～500	1.1	1	2.4

(3) 加热剂（或冷却剂）进、出口温度的确定方法　通常，被加热（或冷却）流体进、出换热器的温度由工艺条件决定，但对加热剂（或冷却剂）而言，进、出口温度则需视具体情况而定。

为确保换热器在所有气候条件下均能满足工艺要求，加热剂的进口温度应按所在地的冬季状况确定；冷却剂的进口温度应按所在地的夏季状况确定。若综合利用系统流体作加热剂（或冷却剂）时，因流量、入口温度确定，故可由热量衡算直接求其出口温度。用蒸汽作加热剂时，为加快传热，通常宜控制为恒温冷凝过程，蒸汽入口温度的确定要考虑蒸汽的来源、锅炉的压力等。在用水作冷却剂时，为便于循环操作、提高传热推动力，冷却水的进、出口温度差一般宜控制在 5～10℃。

(4) 列管类型的选择　对热、冷流体的温差在 50℃以内时，不需要热补偿，可选用结构简单、价格低廉且易清洗的固定管板式换热器。当热、冷流体的温差超过 50℃时，需要考虑热补偿。在温差校正系数$\varphi_{\Delta t}$小于 0.8 的前提下，若管程流体较为洁净时，宜选用价格相对便宜的 U 形管式换热器，反之，应选用浮头式换热器。

(5) 单程与多程　前已述及，在列管式换热器中存在单程与多程结构（管程与壳程）。当温差校正系数小于 0.8 时，则不能采用包括 U 形管式、浮头式在内的多程结构，宜采用几台固定管板式换热器串联或并联操作。

(6) 管子规格　管子的规格包括管径和管长。列管换热器标准系列中只采用 ϕ25mm×2.5mm，或 ϕ25mm×2mm、ϕ19mm×2mm 两种规格的管子。对于洁净的流体，可选择小管径，对于不洁净或易结垢的流体，可选择大管径换热器。管长则以便于安装、清洗为原则。

(7) 流体通过换热器的流动阻力（压力降）的计算　列管换热器是一局部阻力装置，流动阻力的大小将直接影响动力的消耗。当流体在换热器中的流动阻力过大时，有可能导致系统流量低于工艺规定的流量要求。对选用合理的换热器而言，管、壳程流体的压力降一般应控制在 10.13～101.3kPa。

① 管程流动阻力的计算。流体通过管程阻力包括各程的直管阻力，回弯阻力以及换热器进、出口阻力等。通常进、出口阻力较小，可以忽略不计。因此，管程阻力可按式(2-26)进行计算，即：

$$\sum \Delta p_{i}=(\Delta p_{1}+\Delta p_{2})F_{t}N_{S}N_{p} \tag{2-26}$$

式中　Δp_1——因直管阻力引起的压力降，Pa；

Δp_2——因回弯阻力引起的压力降，Pa；

F_t——结垢校正系数，对 $\phi25\times2.5$mm 管子 $F_t=1.4$，对 $\phi19\times2$mm 的管子 $F_t=1.5$；

N_S——串联的壳程数；

N_p——每壳程的管程数。

式(2-26) 中的 Δp_1 可按直管阻力计算式进行计算；Δp_2 由下面经验式估算，即：

$$\Delta p_{2}=3\times\frac{\rho u_{i}^{2}}{2} \tag{2-27}$$

② 壳程阻力的计算。壳程流体的流动状况较管程更为复杂，计算壳程阻力的公式很多，不同公式计算的结果差别较大。当壳程采用标准圆缺形折流挡板时，流体阻力主要有流体流过管束的阻力与通过折流挡板缺口的阻力。此时，壳程压力降可采用通用的埃索公式，即：

$$\sum \Delta p_{o}=(\Delta p_{1}'+\Delta p_{2}')F_{S}N_{S} \tag{2-28}$$

其中

$$\Delta p_{1}'=Ff_{0}n_{c}(N_{B}+1)\times\frac{\rho u_{o}^{2}}{2} \tag{2-29}$$

$$\Delta p_{2}'=N_{B}\left(3.5-\frac{2h}{D}\right)\times\frac{\rho u_{o}^{2}}{2} \tag{2-30}$$

式中　$\Delta p_1'$——流体流过管束的压力降，Pa；

$\Delta p_2'$——流体流过折流挡板缺口的压力降，Pa；

F_S——壳程结垢校正系数，对液体 $F_S=1.15$，对气体或蒸汽 $F_S=1$；

F——管子排列方式对压力降的校正系数，对正三角形排列 $F=0.5$，正方形斜转45°排列 $F=0.4$，正方形排列 $F=0.3$；

f_0——流体的摩擦系数，当 $Re_0=d_o u_o\rho/\mu>500$ 时，$f_0=5.0Re_o^{-0.228}$；

N_B——折流挡板数；

h——折流挡板间距，m；

n_c——通过管束中心线上的管子数；

u_o——按壳程最大流通面积 A_o 计算的流速，m/s，$A_o=h(D-n_c d_o)$。

2. 列管式换热器选型的步骤

① 根据换热任务，确定两流体的流量、进出口温度、操作压力、物性数据等。

② 确定换热器的结构形式，确定流体在换热器内的流动空间。

③ 计算热负荷、平均温度差，选取总传热系数，并根据传热基本方程初步算出传热面积，以此作为选择换热器型号的依据，并确定初选换热器的实际换热面积 $S_{实}$，以及在 $S_{实}$ 下所需的传热系数 $K_{需}$。

④ 压力降校核。根据初选设备的情况，计算管、壳程流体的压力差是否合理。若压力降不符合要求，则需重新选择其他型号的换热器，直至压力降满足要求。

⑤ 核算总传热系数。计算换热器管、壳程的流体的传热膜系数，确定污垢热阻，再计算总传热系数 $K_{计}$。

⑥ 计算传热面积 $S_{需}$，再与换热器的实际换热面积 $S_{实}$ 比较，若 $S_{实}/S_{需}$ 在 1.1～1.25（也可以用 $K_{计}/K_{需}$），则认为合理，否则需另选 $K_{选}$，重复上述计算步骤，直至符合要求。

3. 列管式换热器的型号与规格

（1）基本参数　列管换热器的基本参数主要有：公称换热面积 SN；公称直径 DN；公称压力 pN；换热管规格；换热管长度 L；管子数量 n；管程数 Np 等。

（2）型号表示方法　列管换热器的型号由五部分组成。

$$\underset{1}{\underline{\times}}\ \underset{2}{\underline{\times\times\times\times}}\ \underset{3}{\underline{\times}}-\underset{4}{\underline{\times\times}}-\underset{5}{\underline{\times\times\times}}$$

1——换热器代号；

2——公称直径 DN，mm；

3——管程数 Np，Ⅰ、Ⅱ、Ⅳ、Ⅵ；

4——公称压力 pN，MPa；

5——公称换热面积 SN，m^2。

例如，公称直径为 600mm，公称压力为 1.6MPa，公称换热面积为 $55m^2$，双管程固定管板式换热器的型号为：G600Ⅱ－1.6－55，其中 G 为固定管板式换热器的代号。

【例 2-6】 某化工厂需要将 $50m^3/h$ 液体苯从 80℃冷却到 35℃，拟用水作冷却剂，当地冬季水温为 5℃，夏季水温为 30℃。要求通过管程和壳程的压力降均不大于 10kPa，试选用合适型号的换热器。

解：（1）基本数据的查取

苯的定性温度 $\dfrac{80+35}{2}=57.5$（℃）

冷却水进口温度取夏季水温 30℃，根据设计经验，选择冷却水温升为 8℃，则其出口温度为 38℃

水的定性温度 $\dfrac{30+38}{2}=34$（℃）

查得苯在定性温度下的物性数据：$\rho=879kg/m^3$；$\mu=0.41mPa\cdot s$；$c_p=1.84kJ/(kg\cdot K)$；$\lambda=0.152W/(m\cdot K)$

查得水在定性温度下的物性数据：$\rho=995kg/m^3$；$\mu=0.743mPa\cdot s$；$c_p=1.174kJ/(kg\cdot K)$；$\lambda=0.625W/(m\cdot K)$；$Pr=4.98$

（2）流径的选择　为了利用壳体散热，增强冷却效果，选择苯走壳程、水走管程。

（3）热负荷的计算　根据题意，热负荷应取苯的传热量；又换热的目的是将热流体冷却，所以确定冷却水用量时，可不考虑热损失。

$$\begin{aligned}Q&=W_h c_{ph}(T_1-T_2)\\&=(50\times879/3600)\times1.84\times(80-35)\\&=1.01\times10^3\ (kW)\end{aligned}$$

冷却水用量

$$W_c=\frac{Q}{c_{pc}(t_2-t_1)}=\frac{1.01\times10^3}{4.174\times(38-35)}=30.25\ (\mathrm{kg/s})$$

(4) 暂按单壳程、偶数管程考虑，先求逆流时的平均温度差

$$\Delta t'_m=\frac{\Delta t_1-\Delta t_2}{\ln\frac{\Delta t_1}{\Delta t_2}}=\frac{(80-38)-(35-30)}{\ln\frac{(80-38)}{(35-30)}}=17.4\ (℃)$$

计算 P 和 R

$$P=\frac{t_2-t_1}{T_1-t_1}=\frac{80-35}{38-30}=5.63$$

$$R=\frac{T_1-T_2}{t_2-t_1}=\frac{38-30}{80-30}=0.16$$

由 P 和 R 查图得，$\varphi_{\Delta t}=0.82>0.8$，故选用单壳程、偶数管程可行。

$$\Delta t_m=\varphi_{\Delta t}\Delta t'_m=0.82\times17.4=14.3\ (℃)$$

(5) 选 K 值，估算传热面积　参照表 2-4，取 $K=450\mathrm{W/(m^2\cdot K)}$

$$A_{计}=\frac{Q}{K\Delta t_m}=\frac{1.01\times10^3\times10^3}{450\times14.3}=157(\mathrm{m^2})$$

(6) 初选换热器型号　由于两流体温差小于 50℃，可选用固定管板式换热器，由固定管板式换热器的标准系列，初选换热器型号为：G1000Ⅳ－1.6－170。主要参数如下

外壳直径	1000mm	公称压力	1.6MPa
公称面积	$170\mathrm{m^2}$	实际面积	$173\mathrm{m^2}$
管子规格	$\phi25\times2.5$mm	管长	3000mm
管子数	758	管程数	4
管子排列方式	正三角形	管程流通面积	$0.0595\mathrm{m^2}$
管间距	32mm		

采用此换热器，则要求过程的总传热系数为

$$K_{需}=\frac{Q}{A_{实}\ \Delta t_m}=\frac{1.01\times10^3\times10^3}{173\times14.3}=408.3\ [\mathrm{W/(m^2\cdot K)}]$$

(7) 核算压降

① 管程压降

$$\sum\Delta p_i=(\Delta p_1+\Delta p_2)F_tN_SN_p$$

$$F_t=1.4\quad N_S=1\quad N_p=4$$

管程流速

$$u_i=\frac{30.25}{0.0595\times995}=0.51(\mathrm{m/s})$$

$$Re_i=\frac{d_iu_i\rho}{\mu}=\frac{0.02\times0.51\times995}{0.73\times10^{-3}}=1.366\times10^4$$

对于钢管，取管壁粗糙度 $\varepsilon=0.1$mm　$\varepsilon/d_i=0.1/20=0.005$

查图得，$\lambda=0.037$

$$\Delta p_1=\lambda\times\frac{L}{d_i}\times\frac{\rho u^2}{2}=0.037\times\frac{3}{0.02}\times\frac{995\times0.51^2}{2}=718.2\ (\text{Pa})$$

$$\Delta p_2=3\times\frac{\rho u_i^2}{2}=3\times\frac{995\times0.51^2}{2}=388.2\ (\text{Pa})$$

$$\sum\Delta p_i=(\Delta p_1+\Delta p_2)F_tN_SN_p=(718.2+388.2)\times1.4\times1\times4=6196\ (\text{Pa})$$

② 壳程压降

$$\sum\Delta p_o=(\Delta p_1'+\Delta p_2')F_SN_S$$

$$F_S=1.15,\ N_S=1$$

$$\Delta p_1'=Ff_0n_c(N_B+1)\times\frac{\rho u_o^2}{2}$$

管子为正三角形排列　$F=0.5$，$n_c=\frac{D}{t}-1=\frac{1}{0.032}-1=30$

取折流挡板间距　$h=0.2\text{m}$，$N_B=\frac{L}{h}-1=\frac{3}{0.2}-1=14$

$$A_o=h(D-n_cd_o)=0.2\times(1-30\times0.025)=0.05\ (\text{m}^2)$$

壳程流速　$u_o=\frac{50/3600}{0.05}=0.278\ (\text{m/s})$

$$Re_o=\frac{d_ou_o\rho}{\mu}=\frac{0.025\times0.278\times879}{0.41\times10^{-3}}=1.49\times10^4$$

$$f_o=5.0Re_o^{-0.228}=5.0\times(1.49\times10^4)^{-0.228}=0.559$$

$$\Delta p_1'=5.0\times0.559\times30\times(1+14)\times\frac{879\times0.278^2}{2}=4272\ (\text{Pa})$$

$$\Delta p_2'=N_B\left(3.5-\frac{2h}{D}\right)\times\frac{\rho u_o^2}{2}$$

$$=14\times\left(3.5-\frac{2\times0.2}{1}\right)\times\frac{879\times0.278^2}{2}=1474\ (\text{Pa})$$

$$\sum\Delta p_o=(4272+1474)\times1.15\times1=6608\text{Pa}<10\text{kPa}$$

压力降满足要求。

(8) 核算传热系数

① 管程对流传热系数

$$\alpha_i=0.023\times\frac{\lambda}{d_i}Re^{0.8}Pr^{0.4}=0.023\times\frac{0.625}{0.02}\times(1.366\times10^4)^{0.8}\times4.98^{0.4}$$

$$=2778.6\ [\text{W}/(\text{m}^2\cdot\text{K})]$$

② 壳程对流传热系数。查阅相关资料，采用凯恩法计算

$$\alpha_o=0.36\times\frac{\lambda}{d_o}\left(\frac{d_eu\rho}{\mu}\right)^{0.55}Pr^{1/3}\varphi_w$$

由于换热管采用正三角形排列

$$d_e=\frac{4\left(\frac{\sqrt{3}}{2}t^2-\frac{\pi}{4}d_o^2\right)}{\pi d_o}=\frac{4\times\left(\frac{\sqrt{3}}{2}\times0.032^2-\frac{\pi}{4}\times0.025^2\right)}{\pi\times0.025}=0.02\ (\text{m})$$

$$\frac{d_e u \rho}{\mu}=\frac{0.02\times0.278\times879}{0.41\times10^{-3}}=1.192\times10^4$$

$$Pr=\frac{c_p \mu}{\lambda}=\frac{1.84\times10^3\times0.41\times10^{-3}}{0.152}=4.963$$

壳程苯被冷却，$\varphi_w=0.95$

$$\alpha_o=0.36\times\frac{0.152}{0.02}\times(1.192\times10^4)^{0.55}\times(4.963)^{1/3}\times0.95$$

$$=814.7\ [W/(m^2\cdot K)]$$

③ 污垢热阻。管内外污垢热阻分别取为

$$R_{Si}=2.1\times10^{-4}\ (m^2\cdot K)/W,\ R_{So}=1.72\times10^{-4}\ (m^2\cdot K)/W$$

④ 总传热系数。忽略管壁热阻，则

$$K_{计}=\frac{1}{\dfrac{A_o}{\alpha_i A_i}+R_{Si}+R_{So}+\dfrac{1}{\alpha_o}}$$

$$=\frac{1}{\dfrac{0.025}{2278.6\times0.02}+2.1\times10^{-4}+1.72\times10^{-4}+\dfrac{1}{814.7}}$$

$$=463.4\ [W/(m^2\cdot K)]$$

$\frac{K_{计}}{K_{需}}=\frac{463.4}{408.3}=1.13$，因此所选换热器是合适的。

任务四　换热器的操作

一、传热速率影响因素分析

从传热速率基本方程 $Q=KA\Delta t_m$ 可以看出，传热速率与传热面积 A、传热温度差 Δt_m 以及传热系数 K 有关，因此，改变这些因素，均对传热速率有影响。

1. 传热面积

增大传热面积，可以提高换热器的传热速率，但是，增大传热面积不能靠简单地增大设备规格来实现，因为，这样会使设备的体积增大，金属耗用量增加，设备费用相应增加。实践证明，从改进设备的结构入手，增加单位体积的传热面积，可以使设备更加紧凑，结构更加合理，目前出现的一些新型换热器，如螺旋板式、板式换热器等，其单位体积的传热面积便大大超过了列管式换热器。同时，还研制出并成功使用了多种高效能传热面，如带翘片的传热管，便是工程上在列管式换热器中经常用到的高效能传热管，它们不仅使热表面有所增加，而且强化了流体的湍动程度，提高了 α，使传热速率显著提高。

2. 传热温度差

增大传热平均温度差，可以提高换热器的传热速率。传热平均温度差的大小取决于两流体的温度大小及流动形式。一般来说，物料的温度由工艺条件所决定，不能随意变动，而加热剂或冷却剂的温度，可以通过选择不同介质和流量加以改变。例如，用饱和蒸汽作为加热剂时，增加蒸汽压力可以提高其温度；在水冷器中增大冷却水流量或以冷冻盐水代替普通冷却水，可以降低冷却剂的温度等。但需要注意的是，改变加热剂或冷却剂的温度，必须考虑技术上的可行性和经济上的合理性。另外，采用逆流操作或增加壳程数，均可得到较大的平均传热温度差。

3. 传热系数

增大传热系数，可以提高换热器的传热速率。增大传热系数，实际上就是降低换热器的总热阻。式(2-25) 表明，间壁两侧流体间传热总热阻等于两侧流体的对流传热热阻、污垢热阻及管壁导热热阻之和。由此可见，要降低总热阻，必须减小各项分热阻。但不同情况下，各项分热阻所占比例不同，故应具体问题具体分析，设法减小占比例较大的分热阻。

一般来说，在金属换热器中壁面较薄且热导率高，不会成为主要热阻。

污垢热阻是一个可变因素，在换热器刚投入使用时，污垢热阻很小，可不予考虑，但随着使用时间的加长污垢逐渐增加，便可成为阻碍传热的主要因素。

减小污垢热阻的具体措施有：提高流体的流速和扰动，以减弱垢层的沉积；加强水质处理，尽量采用软化水；加入阻垢剂，防止和减缓垢层形成；采用机械或化学的方法及时清除污垢。

当壁面热阻和污垢热阻均可忽略时，式(2-25) 可简化为：

$$\frac{1}{K}=\frac{1}{\alpha_i}+\frac{1}{\alpha_o}$$

要提高 K 值必须提高流体的 α 值。当两 α 相差很大时，例如用水蒸气冷凝放热以加热空气，则 $1/K \approx 1/\alpha_{小}$，此时欲提高 K 值，关键在于提高 α 小的那一侧流体的 α。若 α_i 与 α_o 较为接近，此时，必须同时提高两侧的 α，才能提高 K 值。

目前，在列管式换热器中，为提高 α，对于无相变对流传热，通常采取的具体措施如下。

① 在管程，采用多程结构，可使流速成倍增加，流动方向不断改变，从而大大提高 α，但当程数增加时，流动阻力会随之增大，故需全面权衡；

② 在壳程，也可采用多程，即装设纵向隔板，但限于制造、安装及维修上的困难，工程上一般不采用多程结构，而广泛采用折流挡板，这样，不仅可以局部提高流体在壳程内的流速，而且迫使流体多次改变流向，从而强化对流传热。

对于冷凝传热，除了及时排出不凝性气体外，还可以采取一些其他措施，如在管壁上开一些纵向沟槽或装金属网，以阻止液膜的形成。对于沸腾传热，实践证明，设法使表面粗糙化或在液体中加入如乙醇、丙酮等添加剂，均能有效地提高 α。

二、开停车操作

传热训练装置流程图见图 2-21。

1. 开车步骤

(1) 检查装置上的仪表、阀门等是否齐全好用。

(2) 打开冷凝水阀，排放积水；打开放空阀，排除空气和不凝性气体，放净后逐一关闭。

(3) 打开冷流体进口阀并通入流体，而后打开热流体入口阀，缓慢或逐次地通入。做到先预热后加热，防止骤冷骤热对换热器寿命的影响。通入的流体应干净，以防结垢。

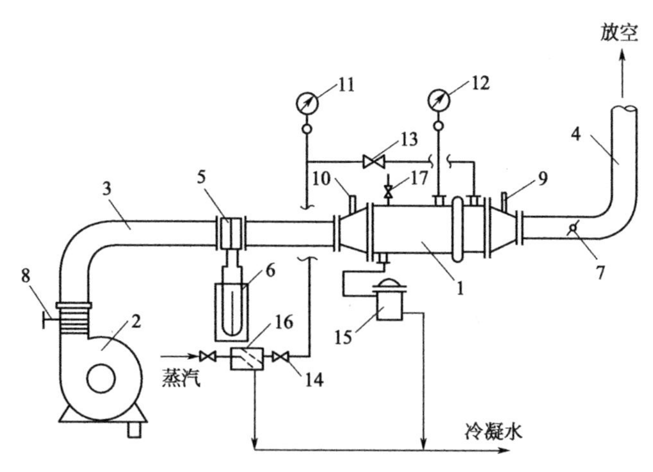

图 2-21 传热装置流程图

1—列管式换热器；2—鼓风机；3,4—空气导管；5—孔板流量计；6—U 形管压力计；7—蝶形阀；8—空气调节挡板；9,10—温度计；11,12—压力表；13,14—蒸汽阀；15—疏水器；16—水分离器；17—放气嘴

(4) 调节冷、热流体的流量，达到工艺要求所需的温度。

(5) 经常检查冷热流体的进出口温度和压力变化情况，如有异常现象，应立即查明原因，消除故障。

(6) 在操作过程中，换热器的一侧若为蒸汽的冷凝过程，则应急时排放冷凝液和不凝气体，以免影响传热效果。

(7) 定时分析冷热流体的变化情况，以确定有无泄漏。如泄漏应及时修理。

(8) 定期检查换热器及管子与管板的连接处是否有损、外壳有无变形以及换热器有无振动现象。若有应及时排除。

2. 停车步骤

在停车时，应先停热流体，后停冷流体，并将壳程及管程内的液体排净，以防换热器冻裂和锈蚀。

三、异常现象及处理方法

异常现象及处理方法见表 2-12。

表 2-12 异常现象及处理方法

异常现象	原因	处理方法
传热效率下降	1. 列管结垢或堵塞 2. 管道或阀门堵塞 3. 不凝气或冷凝液增多	1. 清理列管或除垢 2. 清理疏通 3. 排放不凝气或冷凝液
列管和胀口渗漏	1. 列管腐蚀或胀接质量差 2. 壳体与管束温差太大 3. 列管被折流板磨破	1. 更换新管或补胀 2. 补胀 3. 换管
振动	1. 管路振动 2. 壳程流体流速太快 3. 机座刚度较小	1. 加固管路 2. 调节流体流量 3. 加固
管板与壳体连接处有裂纹	1. 腐蚀严重 2. 焊接质量不好 3. 外壳歪斜	1. 鉴定后修补 2. 清理补焊 3. 找正

技能训练 换热器仿真实训

●实训目标

掌握换热器的仿真操作。

●实训准备

了解换热器工作原理、熟悉换热器操作流程。

●实训步骤

换热器仿真操作流程如图2-22所示。

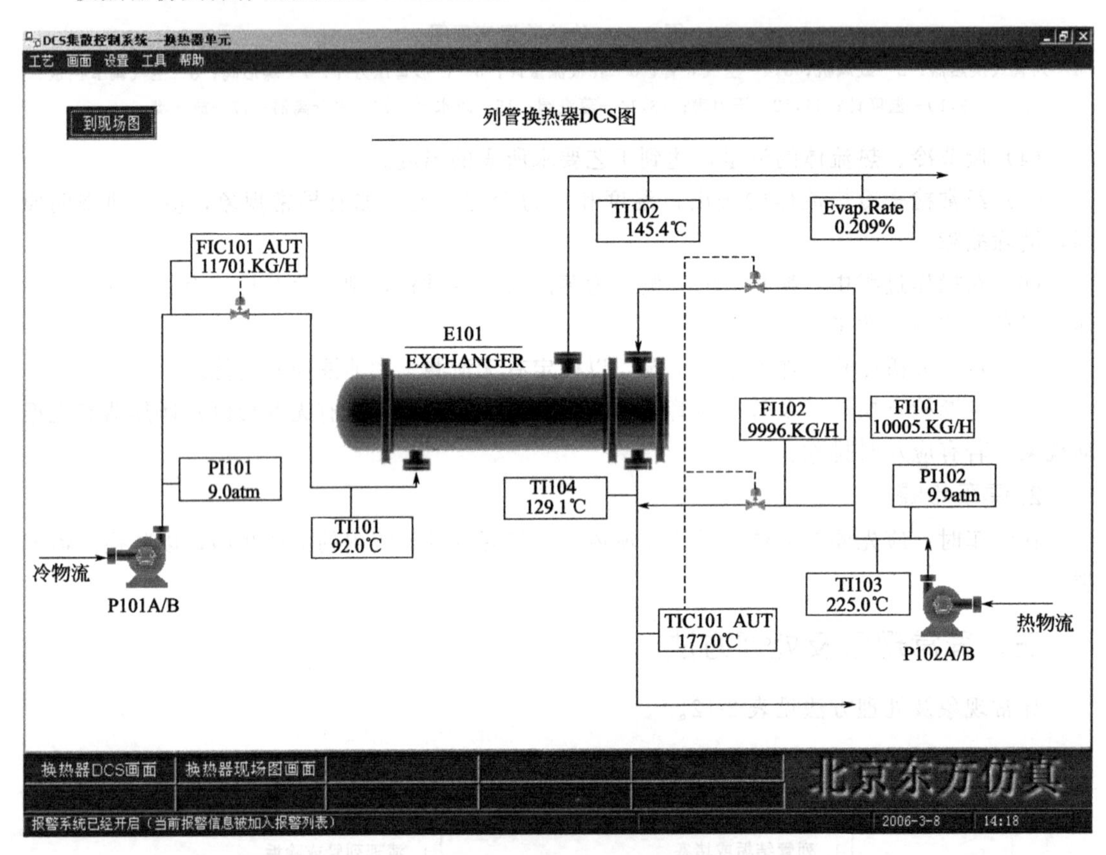

图2-22 换热器仿真操作流程图

1. 冷态开车

(1) 启动冷流体进料泵P101A

① 确定所有手动阀已关闭，将所有调节器置于手动状态且输出值为0；

② 开换热器E101壳程排气阀VD03（开度约50%）；

③ 全开泵P101A前阀VB01；

④ 启动泵P101A；

⑤ 当泵P101A出口压力达到9.0atm（表）时，全开P101A后手阀VB03。

(2) 冷流体进料

① 顺序全开调节阀 FV101 前后手阀 VB04 和 VB05，再逐渐手动打开调节阀 FV101；

② 待壳程排气标志块由红变绿时，说明壳程不凝气体排净，关闭 VD03；

③ 开冷物流出口阀 VD04，开度为 50%，同时，手动调节 FV101，使 FIC101 指示值稳定到 12000kg/h，FV101 投自动（设定值为 12000kg/h）。

(3) 启动热流体泵 P102A

① 开管程排气阀 VD06（开度约 50%）；

② 全开泵 P102A 前阀 VB11；

③ 启动泵 P102A；

④ 待泵 P102A 出口压力达到正常值 10.0atm（表），全开泵 P102A 后手阀 VB10。

(4) 热流体进料

① 依次全开调节阀 TV101A 和 TV101B 的前后手阀 VB07、VB06、VB09、VB08；

② 待管程排气标志块由红变绿时，管程不凝气排净，关闭 VD06；

③ 手动控制调节器 TIC101 输出值，逐渐打开调节阀 TV101A 至开度为 50%；

④ 打开热流体出口阀 VD07 至开度 50%，同时手动调节 TIC101 的输出值，改变热流体在主、副线中的流量，使热流体温度分别稳定在 (177±2)℃，然后将 TIC101 投自动（设定值为 177℃）。

2. 正常运行

熟悉工艺流程，维护各工艺参数稳定；密切注意各工艺参数的变化情况，发现突发事故时，应先分析事故原因，并做及时正确的处理。

3. 正常停车

(1) 停热流体泵 P102A

① 关闭泵 P102A 后阀 VB10；

② 停泵 P102A。

(2) 停热流体进料

① 当泵 P102A 出口压力 PI102 降为 0.1atm 时，关闭泵 P102A 前阀 VB11；

② 将 TIC101 置手动，并关闭 TV101A；

③ 依次关闭调节阀 TV101A、TV101B 的后手阀和前手阀 VB06、VB07、VB08、VB09；

④ 关闭 E101 热物流出口阀 VD07。

(3) 停冷流体泵 P101A

① 关闭泵 P101A 后阀 VB03；

② 停泵 P101A。

(4) 停冷流体进料

① 当泵 P101A 出口压力 PI101 指示<0.1atm 时，关闭泵 P101A 前阀 VB01；

② 将调节器 FIC101 投手动；

③ 依次关闭调节阀 FV101 后手阀和前手阀 VB05、VB04；

④ 关闭 E101 冷物流出口阀 VD04。

(5) 换热器 E101 管程排凝

全开管程排气阀 VD06、管程泄液阀 VD05，放净管程中的液体（管程泄液标志块由绿变红）后，关闭 VD05 和 VD06。

（6）换热器 E101 壳程排凝

全开壳程排气阀 VD03、壳程泄液阀 VD02，放净壳程中的液体（壳程泄液标志块由绿变红）后，关闭 VD02 和 VD03。

●拓展型训练

常见事故处理见表 2-13。

表 2-13 常见事故处理

事故名称	主要现象	处理方法
FV101 阀卡	FIC101 流量无法控制	打开调节阀 FV101 的旁通阀 VD01，并关闭其前后手阀 VB04 和 VB05；调节 VD01 开度，使 FIC101 指示值稳定为 12000kg/h。通知维修部门
泵 P101A 坏	1. 泵 P101A 出口压力骤降； 2. FIC101 流量指示值急减； 3. E101 冷流体出口温度升高； 4. 汽化率增大	切换为泵 P101B（关闭泵 P101A，启动泵 P101B），通知维修部门
泵 P102A 坏	1. 泵 P102A 出口压力骤降； 2. 冷流体出口温度下降； 3. 汽化率减小	切换为泵 P102B（关闭泵 P102A，启动泵 P102B），通知维修部门
TV101A 阀卡	E101 出口热流体温度和冷流体温度波动时，FI101 流量无法调节	打开 TV101A 的旁通阀 VD08，关闭 TV101A 前后手阀，调节 VD08 开度，使冷热流体出口温度和热流体流量稳定到正常值。通知维修部门
换热器 E101 部分管堵	1. 热流体流量减小； 2. 泵 P102 出口压力略升； 3. 冷流体出口温度降低； 4. 汽化率下降	通知调度室后，按正常停车操作停车后拆洗换热器（注意因设计常有一定裕度，在情况不很严重时，可以手控加大主线流量做临时处理）。
换热器 E101 壳程结垢严重	1. 热流体出口温度升高； 2. 冷流体出口温度降低	通知调度室，停车拆洗换热器

●思考与分析

（1）冷态开车是先送冷物料，后送热物料；而停车时又要先关热物料，后关冷物料，为什么？

（2）开车时不排出不凝气会有什么后果？如何操作才能排净不凝气？

（3）为什么停车后管程和壳程都要泄液？

（4）你认为本系统调节器 TIC101 的设置合理吗？如何改进？

（5）请说出冷态开车两种方法有什么不同。

（6）传热有哪几种基本方式？各自的特点是什么？

（7）影响间壁式换热器传热量的因素有哪些？

（8）工业生产中常见的换热器有哪些类型？

本章小结

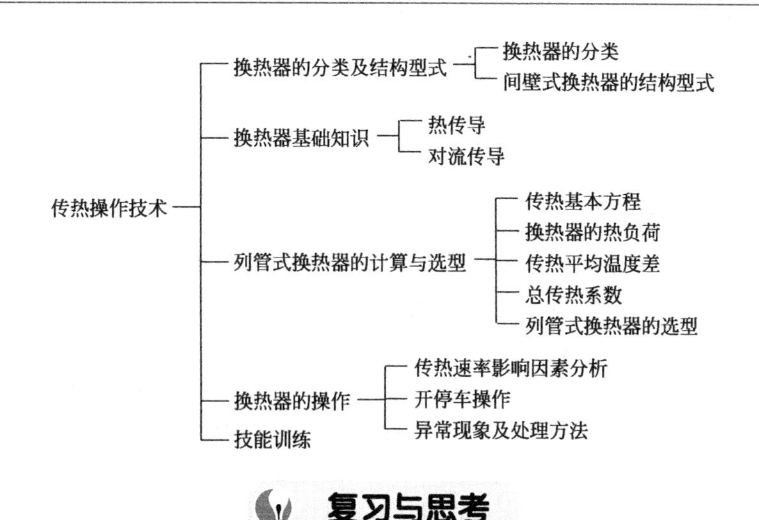

复习与思考

1. 试述换热器的分类、各种类型换热器的结构特点及工业应用。

2. 传热的基本方式有哪几种？各自的特点是什么？

3. 什么是对流传热？试分析对流传热的机理。

4. 由不同材质组成的两层等厚平壁，联合导热，温度变化如附图所示。试判断它们的热导率的大小，并说明理由。

5. 对流传热膜系数 α 的影响因素有哪些？如何提高对流传热膜系数？

6. 用牛顿冷却定律分析传热壁面的温度为什么总接近 α 较大侧的流体温度？

7. 试述采用不同流向时平均温度差的大小以及各自特点。

8. 为什么逆流操作可以节约加热剂或冷却剂的用量？

9. 什么叫强化传热？强化传热的有效途径是什么？可采取哪些具体措施？

10. 在列管式换热器中，确定流体的流动空间时需要考虑哪些问题？

计算题

1. 有一 ϕ108mm×4mm 的管道，内通以 200kPa 的饱和蒸汽。已知其外壁温度为 110℃，内壁温度以蒸汽温度计。试求每米管长的导热量。

2. 水在一圆形直管内呈强制湍流时，若流量及物性均不变，现将管内径减半，则管内对流传热系数为原来的多少倍？

3. 用一列管式换热器来加热某溶液，加热剂为热水。拟定水走管程，溶液走壳程。已知溶液的平均比热容为 3.05kJ/(kg·K)，进出口温度分别为 35℃和 60℃，其流量为 600kg/h；水的进出口温度分别为 90℃和 70℃。若不考虑热损失，试求热水的消耗量和该换热器的热负荷。

4. 在一釜式列管式换热器中，用 280kPa 的饱和蒸汽加热并汽化某液体（蒸汽仅放出冷凝潜热）。液体的比热容为 4.0kJ/(kg·K)。进口温度为 50℃，其沸点为 88℃，汽化潜热为

2200kJ/kg，液体的流量为1000kg/h。忽略热损失，求加热蒸汽消耗量。

5. 用一单壳程四管程的列管式换热器来加热某溶液，使其从30℃加热至50℃，加热剂则从120℃下降至45℃，试求换热器的平均温度差。

6. 在某列管式换热器中，管子为ϕ25mm×2.5mm的钢管，管内外的对流传热系数分别为200W/(m^2·K)和2500W/(m^2·K)，不计污垢热阻，试求：

(1) 此时的传热系数；

(2) 将α_i提高1倍时（其他条件不变）的传热系数；

(3) 将α_o提高1倍时（其他条件不变）的传热系数。

7. 为了测定套管式甲苯冷却器的传热系数，测得实验数据如下：冷却器传热面积为2.8m^2，甲苯的流量为2000kg/h，由80℃冷却到40℃。冷却水从20℃升高到30℃，两流体呈逆流流动，试求所测得的传热系数、水的流量。

8. 用列管式冷却器将一有机液体从140℃冷却至40℃，该液体的处理量为6t/h，比热容为2.303kJ/(kg·℃)。用一水泵抽河水作冷却剂，水的温度为30℃，在逆流操作下冷却水的出口温度为45℃。总传热系数为290.75W/(m·℃)，温度差校正系数为0.8。试计算：(1) 冷却水的用量[水的比热容为4.187kJ/(kg·℃)]；(2) 冷却器的传热面积；(3) 若水泵的最大供水量为7L/s，采用并流操作是否可行？

项目三
非均相物系的分离

学习目标

●了解非均相物系的分离、膜分离及冷冻操作技术的设备结构、特点及应用；理解非均相物系的分离、膜分离及冷冻操作技术的工作原理及流程；掌握其过程计算。

●了解主要设备的操作。

化工生产中的原料、半成品、排放的废物等大多为混合物，为了进行加工、得到纯度较高的产品以及环保的需要等，常常要对混合物进行分离。不同的物质分离方法各不相同，下面介绍几种常见的分离方法。

任务一　非均相物系分离技术

一、非均相物系分离的分类及应用

1. 非均相物系分离在化工生产中的应用

非均相物系是指存在两个（或两个以上）相的混合物，如雾（气相-液相）、烟尘（气相-固相）、悬浮液（液相-固相）、乳浊液（两种液相）等。非均相物系中，有一相处于分散状态，称为分散相，如雾中的小水滴、烟尘中的尘粒、悬浮液中的固体颗粒；另一相必然处于连续状态，称为连续相（或分散介质），如雾和烟尘中的气相、悬浮液中的液相。本项目将介绍非均相物系的分离，即如何将非均相物系中的分散相和连续相分离开。

化工生产中非均相物系分离的目的：

① 满足对连续相或分散相进一步加工的需要。如从悬浮液中分离出碳酸氢氨。

② 回收有价值的物质。如由旋风分离器分离出最终产品。

③ 除去对下一工序有害的物质。如气体在进压缩机前，必须除去其中的液滴或固体颗粒，在离开压缩机后也要除去油沫或水沫。

④ 减少对环境的污染。

在化工生产中，非均相物系的分离操作常常是从属的，但却是非常重要的，有时甚至是

过渡区 $2<Re_t\leqslant 10^3$　　$u_t=0.27\sqrt{\dfrac{d(\rho_s-\rho)}{\rho}Re_t^{0.6}g}$　　(3-4)

湍流区 $10^3\leqslant Re_t<2\times 10^5$　　$u_t=1.74\sqrt{\dfrac{d(\rho_t-\rho)}{\rho}g}$　　(3-5)

要计算沉降速率 u_t，必须先确定沉降区域，但由于 u_t 待求，则 Re_t 未知，沉降区域无法确定。为此，需采用试差法，先假设颗粒处于某一沉降区域，按该区公式求得 u_t，然后算出 Re_t，如果在所设范围内，则计算结果有效；否则，需另选一区域重新计算，直至算得 Re_t 与所设范围相符为止。由于沉降操作中所处理的颗粒一般粒径较小，沉降过程大多属于层流区，因此，进行试差时，通常先假设在层流区。

(2) 实际沉降及其影响因素　颗粒在沉降过程中将受到周围颗粒、流体、器壁等因素的影响，一般来说，实际沉降速率小于自由沉降速率。实际沉降速率的主要影响因素见表 3-2。

表 3-2　实际沉降速率的影响因素

因素	对实际沉降速率的影响
颗粒含量	颗粒含量较大，周围颗粒的存在和运动将改变原来单个颗粒的沉降，使颗粒的沉降速率较自由沉降时小
颗粒形状	对于同种颗粒，球形颗粒的沉降速率要大于非球形颗粒的沉降速率
颗粒大小	粒径越大，沉降速率越大，越容易分离。如果颗粒大小不一，大颗粒将对小颗粒产生撞击，其结果是大颗粒的沉降速率减小而对沉降起控制作用的小颗粒的沉降速率加快，甚至因撞击导致颗粒聚集而进一步加快沉降
流体性质	流体与颗粒的密度差越大，沉降速率越大；流体黏度越大，沉降速率越小，对于高温含尘气体的沉降，通常需先散热降温，以便获得更好的沉降效果
流体流动	对颗粒的沉降产生干扰，为了减少干扰，进行沉降时要尽可能控制流体流动处于稳定的低速
器壁	器壁的干扰主要有两个方面：一是摩擦干扰，使颗粒的沉降速率下降；二是吸附干扰，使颗粒的沉降距离缩短

需要指出的是，为简化计算，实际沉降可近似按自由沉降处理，由此引起的误差在工程上是可以接受的。只有当颗粒含量很大时，才需要考虑颗粒之间的相互干扰。

2. 降尘室

图 3-1　降尘室

含尘气体沿水平方向缓慢通过降尘室（图 3-1），气流中的颗粒除了与气体一样具有水平速率 u 外，受重力作用，还具有向下的沉降速率 u_t。设含尘气体的流量为 q_V（m^3/s），降尘室的高为 H、长为 L、宽为 B，三者的单位均为 m。若气流在整个流动截面上分布均匀，则流体在降尘室的平均停留时间为：

$$\theta=\frac{L}{u}=\frac{L}{(q_V/BH)}=\frac{BHL}{q_V} \tag{3-6}$$

若要使气流中直径大于等于 d 的颗粒全部除去，则需在气流离开设备前，使直径为 d 的颗粒全部沉降至器底。气流中位于降尘室顶部的颗粒沉降至底部所需时间最长，因此，沉

降所需时间 θ_t 应以顶部颗粒计算。

$$\theta_t=\frac{H}{u_t} \tag{3-7}$$

很显然，要达到沉降要求，停留时间必须大于（至少等于）沉降时间，即 $\theta \geqslant \theta_t$，亦即：

$$\frac{BLH}{q_V} \geqslant \frac{H}{u_t}$$

整理得

$$q_V \leqslant BLu_t$$

即

$$q_{V\max}=BLu_t \tag{3-8}$$

由式(3-8) 可知，降尘室的生产能力（达到一定沉降要求单位时间所能处理的含尘气体量）只取决于降尘室的沉降面积（BL），而与其高度（H）无关。因此，降尘室一般都设计成扁平形状，或设置多层水平隔板（称为多层降尘室）。但必须注意控制气流的速率不能过大，一般应使气流速度<1.5m/s，以免干扰颗粒的沉降或将已沉降的尘粒重新卷起。

降尘室结构简单，但体积大，分离效果不理想，即使采用多层结构可提高分离效果，也有清灰不便等问题。通常只能作为预除尘设备使用，一般只能除去直径大于 50μm 的颗粒。

三、离心沉降

当重相颗粒的直径小于 75μm 时，在重力作用下的沉降非常缓慢。为加速分离，对此情况可采用离心沉降。

离心沉降是利用连续相与分散相在离心力场中所受离心力的差异使重相颗粒迅速沉降实现分离的操作。

1. 离心沉降速率

离心沉降速率是指重相颗粒相对于周围流体的运动速率。当流体环绕某一中心轴做圆周运动时，则形成了惯性离心力场。在旋转半径为 r、切向速度为 u_T 的位置上，离心加速度为 $\frac{u_T^2}{r}$。显然，离心加速度不是常数，随位置及切向速度而变，其方向是沿旋转半径从中心指向外周。

当颗粒随着流体旋转时，如颗粒密度大于流体的密度，则惯性离心力将会使颗粒在径向上与流体发生相对运动而飞离中心，此相对速率称为离心沉降速率 u_r。如果球形颗粒的直径为 d、密度为 ρ_s、旋转半径为 r、流体密度为 ρ，则和颗粒在重力场中受力情况相似，在惯性离心力场中颗粒在径向上也受到三个力的作用，即惯性离心力、向心力及阻力。离心力沿半径方向向外，向心力和阻力均沿半径方向指向旋转中心，与颗粒径向运动方向相反。

颗粒的离心沉降速率可通过对处于离心力场中的球形颗粒的受力分析而获得。当三个力达到平衡时，可得到颗粒在径向上相对于流体的运动速率 u_r（即颗粒在此位置上的离心沉降速率）的计算通式：

$$u_r=\sqrt{\frac{4d(\rho_s-\rho)}{3\rho\zeta}\times\frac{u_T^2}{r}} \tag{3-9}$$

和重力沉降一样，在三力作用下，颗粒将沿径向发生沉降，其沉降速率即是颗粒与流体的相对速率 u_R。在三力平衡时，同样可导出其计算式，若沉降处于斯托克斯区，离心沉降速率的计算式为：

$$u_R=\frac{d^2(\rho_s-\rho)}{18\mu}\times\frac{u_T^2}{R} \tag{3-10}$$

离心沉降速率远大于重力沉降速率，其原因是离心力场强度远大于重力场强度。对于离心分离设备，通常用两者的比值来表示离心分离效果，称为离心分离因数，用 K_c 表示，即：

$$K_c=\frac{u_T^2}{rg} \tag{3-11}$$

分离因数是离心分离设备的重要指标。要提高 K_c，可通过增大半径和转速来实现，但出于对设备强度、制造、操作等方面的考虑，实际上，通常采用提高转速并适当缩小半径的方法来获得较大的 K_c。

尽管离心分离沉降速率大、分离效率高，但离心分离设备较重力沉降设备复杂，投资费用大，且需要消耗能量，操作严格而费用高。因此，综合考虑，不能认为对任何情况，采用离心沉降都优于重力沉降，例如，对分离要求不高或处理量较大的场合采用重力沉降更为经济合理，有时，先用重力沉降再进行离心分离也不失为一种行之有效的方法。

2. 旋风分离器

旋风分离器是从气流中分离出尘粒的离心沉降设备，标准型旋风分离器的基本结构如图 3-2 所示。其主体上部为圆筒形，下部为圆锥形，各部分尺寸比例一定。

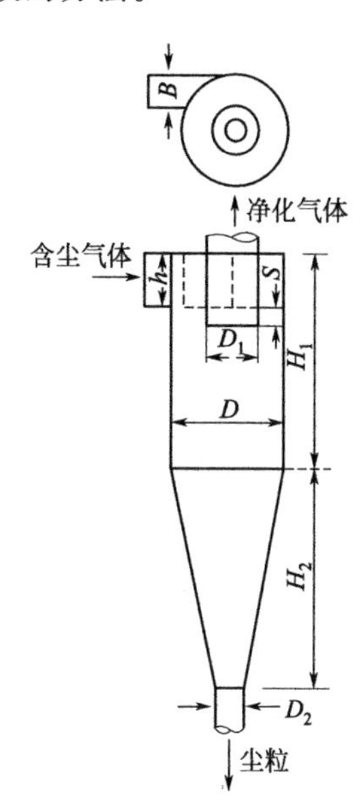

图 3-2　标准型旋风分离器的基本结构

含尘气体由圆筒形上部的切向长方形入口进入筒体，在器内形成一个绕筒体中心向下做螺旋运动的外漩流，颗粒在离心力的作用下，被甩向器壁与气流分离，并沿器壁滑落至锥底排灰口，定期排放；外漩流到达器底后，变成向上的内漩流（净化气），由顶部排气管排出。

旋风分离器结构简单，造价较低，没有运动部件，操作不受温度、压力的限制，因而广泛用作工业生产中的除尘分离设备。旋风分离器一般可分离 5μm 以上的尘粒，对 5μm 以下的细微颗粒分离效率较低。其离心分离因数在 5～2500。旋风分离器的缺点是气体在器内的流动阻力较大，对器壁的磨损比较严重，分离效率对气体流量的变化比较敏感，且不适合用于分离黏性的、湿含量高的粉尘及腐蚀性粉尘。

评价旋风分离器的主要指标是临界粒径和气体经过旋风分离器的压降。

临界粒径是指理论上能够完全被旋风分离器分离下来的最小颗粒直径。临界粒径随气速增大而减小，表明气速增加，分离效率提高。但气速过大会将已沉降颗粒卷起，反而降低分离效率，同时使流动阻力急剧上升。临界粒径随设备尺寸的减小而减小，尺寸越小，则 B 越小，从而临界粒径越小，分离效率越高。

受整个工艺过程对总压降的限制及节能降耗的需要，气体通过旋风分离器的压降应尽可能低。压降的大小除了与设备的结构有关外，主要决定于气体的速度，气体速度越小，压降越低，但气速过小，又会使分离效率降低。因而要选择适宜的气速以满足对分离效率和压降的要求。一般进口气速在 10～25m/s 为宜，最高不超过 35m/s，同时压降应控制在 2kPa

以下。

除了前面提到的标准型旋风分离器，还有一些其他型式的旋风分离器，如 CLT、CLT/A、CLP/A、CLP/B 以及扩散式旋风分离器。

四、过滤

过滤是利用两相对多孔介质穿透性的差异，在某种推动力的作用下，使非均相物系得以分离的操作。悬浮液的过滤是利用外力使悬浮液通过一种多孔隔层，其中的液相从隔层的小孔中流过，固体颗粒则被截留下来，从而实现液固分离。过滤过程的外力（即过滤推动力）可以是重力、惯性离心力和压差，其中尤以压差为推动力在化工生产中应用最广。在过滤操作中，所处理的悬浮液称为滤浆或料浆，被截留下来的固体颗粒称为滤渣或滤饼，透过固体隔层的液体称为滤液，所用固体隔层称为过滤介质。

1. 过滤操作分类

过滤方式有：滤饼过滤、深层过滤和动态过滤，见表 3-3。

表 3-3 过滤操作分类

分类	特点及应用
滤饼过滤	滤饼过滤是利用滤饼本身作为过滤隔层的一种过滤方式。在过滤开始阶段，会有一部分细小颗粒从介质孔道中通过而使得滤液浑浊。但随着过滤的进行，颗粒便会在介质的孔道中和孔道上发生“架桥”现象，从而使得尺寸小于孔道直径的颗粒也能被拦截，随着被拦截的颗粒越来越多，在过滤介质的上游侧便形成了滤饼，同时滤液也慢慢变清。在滤饼形成后，过滤操作才真正有效，滤饼本身起到了主要过滤介质的作用。滤饼过滤要求能够迅速形成滤饼。常用于分离固体含量较高（固体体积分数＞1%）的悬浮液
深层过滤	当过滤介质为很厚的床层且过滤介质直径较大时，固体颗粒通过在床层内部的架桥现象被截留或被吸附在介质的毛细孔中，在过滤介质的表面并不形成滤饼。在这种过滤方式中，起截留颗粒作用的是介质内部曲折而细长的通道。深层过滤是利用介质床层内部通道作为过滤介质的过滤操作。在深层过滤中，介质内部通道会因截留颗粒的增多逐渐减少和变小，因此，过滤介质必须定期更换或清洗再生。深层过滤常用于处理固体含量很少（固体体积分数＜0.1%）且颗粒直径较小（＜5μm）的悬浮液
动态过滤	在滤饼过滤中，让料浆沿着过滤介质平面高速流动，使大部分滤饼得以在剪切力的作用下移去，从而维持较高的过滤速率。这种过滤被称为动态过滤或无滤饼过滤

在化工生产中得到广泛应用的是滤饼过滤，本节主要讨论滤饼过滤。

2. 过滤介质

工业生产中，过滤介质必须具有足够的机械强度来支撑越来越厚的滤饼。此外，还应具有适宜的孔径使液体的流动阻力尽可能小并使颗粒容易被截留，以及相应的耐热性和耐腐蚀性，以满足各种悬浮液的处理。工业上常用的过滤介质有如下几种。

（1）织物介质　织物介质又称滤布，用于滤饼过滤操作，在工业上应用最广。包括由棉、毛、丝、麻等天然纤维和由各种合成纤维制成的织物，以及由玻璃丝、金属丝等织成的网。织物介质造价低、清洗、更换方便，可截留的最小颗粒粒径为 5～65μm。

（2）粒状介质　粒状介质又称堆积介质，一般由细砂、石粒、活性炭、硅藻土、玻璃渣等细小坚硬的粒状物堆积成一定厚度的床层构成。粒状介质多用于深层过滤，如城市和工厂给水的滤池中。

（3）多孔固体介质　多孔固体介质是具有很多微细孔道的固体材料，如多孔陶瓷、多孔塑料、由纤维制成的深层多孔介质、多孔金属制成的管或板。此类介质具有耐腐蚀、孔隙小、过滤效率比较高等优点，常用于处理含少量微粒的腐蚀性悬浮液及其他特殊场合。

3. 助滤剂

若构成滤饼的颗粒为不易变形的坚硬固体（如硅藻土、碳酸钙等），则当滤饼两侧的压差增大时，颗粒的形状和床层的空隙都基本不变，单位厚度滤饼的流动阻力可以认为恒定，此类滤饼称为不可压缩滤饼。反之，若滤饼由较易变形的物质（如某些氢氧化物之类的胶体）构成，当压差增大时，颗粒的形状和床层的空隙都会有不同程度的改变，使单位厚度的滤饼的流动阻力增大，此类滤饼称为可压缩滤饼。

对于可压缩滤饼，在过滤过程中会被压缩，使滤饼的孔道变窄、甚至堵塞，或因滤饼黏嵌在滤布中而不易卸渣，使过滤周期变长，生产效率下降，介质使用寿命缩短。为了改善滤饼结构，通常需要使用助滤剂。助滤剂一般是质地坚硬的细小固体颗粒，如硅藻土、石棉、炭粉等。可将助滤剂加入悬浮液中，在形成滤饼时便能均匀地分散在滤饼中间，改善滤饼结构，使液体得以畅通，或预敷于过滤介质表面以防止介质孔道堵塞。

4. 过滤速率及其影响因素

（1）过滤速率与过滤速度　过滤速率是指过滤设备单位时间所能获得的滤液体积，表明过滤设备的生产能力；过滤速度是指单位时间单位过滤面积所能获得的滤液体积，表明过滤设备的生产强度，即设备性能的优劣。过滤速率与过滤推动力成正比，与过滤阻力成反比。在压差过滤中，推动力就是压差，阻力则与滤饼的结构、厚度以及滤液的性质等诸多因素有关，比较复杂。

（2）恒压过滤与恒速过滤　在恒定压差下进行的过滤称为恒压过滤。此时，随着过滤的进行，滤饼厚度逐渐增加，阻力随之上升，过滤速率则不断下降。维持过滤速率不变的过滤称为恒速过滤。为了维持过滤速率恒定，必须相应地不断增大压差，以克服由于滤饼增厚而上升的阻力。由于压差要不断变化，因而恒速过滤较难控制，所以生产中一般采用恒压过滤，有时为避免过滤初期因压差过高引起滤布堵塞和破损，也可以采用先恒速后恒压的操作方式，过滤开始后，压差由较小值缓慢增大，过滤速率基本维持不变，当压差增大至系统允许的最大值后，维持压差不变，进行恒压过滤。

（3）影响过滤速率的因素

① 悬浮液的性质。悬浮液的黏度对过滤速率有较大影响。黏度越小，过滤速率越快。因此对热料浆不应在冷却后再过滤，有时还可将滤浆先适当预热；某些情况下也可以将滤浆加以稀释再进行过滤。

② 过滤推动力。要使过滤操作得以进行，必须保持一定的推动力，即在滤饼和介质的两侧之间保持一定的压差。如果压差是靠悬浮液自身重力作用形成的，则称为重力过滤；如果压差是通过在介质上游加压形成的，则称为加压过滤；如果压差是在过滤介质的下游抽真空形成的，则称为减压过滤（或真空抽滤）；如果压差是利用离心力的作用形成的，则称为离心过滤。一般来说，对不可压缩滤饼，增大推动力可提高过滤速率，但对可压缩滤饼，加压却不能有效地提高过程的速率。

③ 过滤介质与滤饼的性质。过滤介质的影响主要表现在对过程的阻力和过滤效率上，金属网与棉毛织品的空隙大小相差很大，生产能力和滤液的澄清度的差别也就很大。因此，要根据悬浮液中颗粒的大小来选择合适的过滤介质。滤饼的影响因素主要有颗粒的形状、大小，滤饼紧密度和厚度等，显然，颗粒越细，滤饼越紧密、越厚，其阻力越大。当滤饼厚度增大到一定程度，过滤速率会变得很慢，操作再进行下去是不经济的，这时只有将滤饼卸去，进行下一个周期的操作。

5. 过滤的操作周期

过滤操作可以连续进行，但以间歇操作更为常见，不管是连续过滤还是间歇过滤，都存在一个操作周期。过滤过程的操作周期主要包括以下几个步骤：过滤、洗涤、卸渣、清理等，对于板框过滤机等需装拆的过滤设备，还包括组装。有效操作步骤只是“过滤”这一步，其余均属辅助步骤，但却是必不可少的。例如，在过滤后，滤饼空隙中还存有滤液，为了回收这部分滤液，或者因为滤饼是有价值的产品、不允许被滤液所玷污时，都必须将这部分滤液从滤饼中分离出来，因此，就需要用水或其他溶剂对滤饼进行洗涤。对间歇操作，必须合理安排一个周期中各步骤的时间，尽量缩短辅助时间，以提高生产效率。

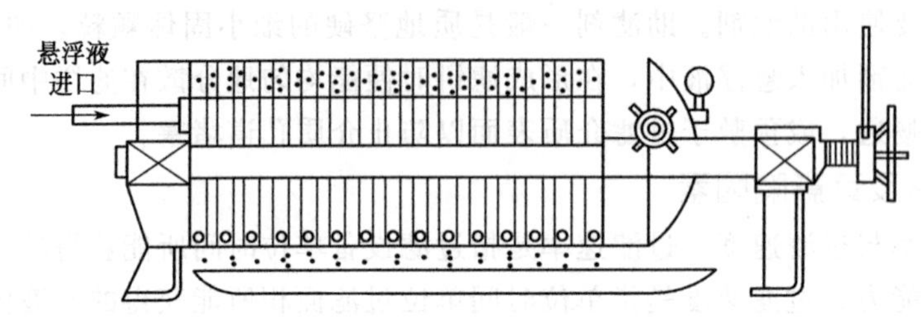

图 3-3　板框压滤机

6. 板框压滤机

板框压滤机是一种古老却仍在广泛使用的过滤设备，在间歇操作中，其过滤推动力为外加压力。它是由多块滤板和滤框交替排列组装于机架而构成的，如图 3-3 所示。滤板和滤框的数量可在机座长度内根据需要自行调整，过滤面积一般为 2～80m²。

滤板和滤框的结构见图 3-4，板和框的四个角端均开有圆孔，组装压紧后构成四个通道，可供滤浆、滤液和洗涤液流通。组装时将四角开孔的滤布置于板和框的交界面，再利用手动、电动或液压传动压紧板和框。为了区别，一般在板和框的外侧铸上小钮之类的记号，例如一个钮表示洗涤板，两个钮表示滤框，三个钮表示非洗涤板。组装时板和框的排列顺序为非洗涤板板—框—洗涤板—框—非洗涤板……，一般两端均为非洗涤板，通常也就是两端机头。

图 3-4　滤板和滤框

任务二　膜分离技术

一、膜分离技术基础知识

1. 膜分离原理

膜可以看作是一个具有选择透过性的屏障，它允许一些物质透过而阻止另一些物质透过，从而起到分离作用。膜分离与通常的过滤分离一样，被分离的混合物中至少有一种组分几乎可以无阻碍地通过膜，而其他组分则不同程度地被膜截流在原料侧。膜可以是均相的或非均相的，对称型的（各向均质同性酌膜）或非对称型的，固体的或液体的，中性的或荷电性的（带有正电荷或负电荷的膜），其厚度可以从 0.1 微米至数毫米。

膜分离原理可用图 3-5 加以说明。将含有 A、B 两种组分的原料液置于膜的一侧，然后对该侧施加某种作用力，若 A、B 两种组分的分子大小、形状或化学结构不同，其中 A 组分可以透过膜进入到膜的另一侧，而 B 组分被膜截留于原料液中，则 A、B 两种组分即可分离开来。

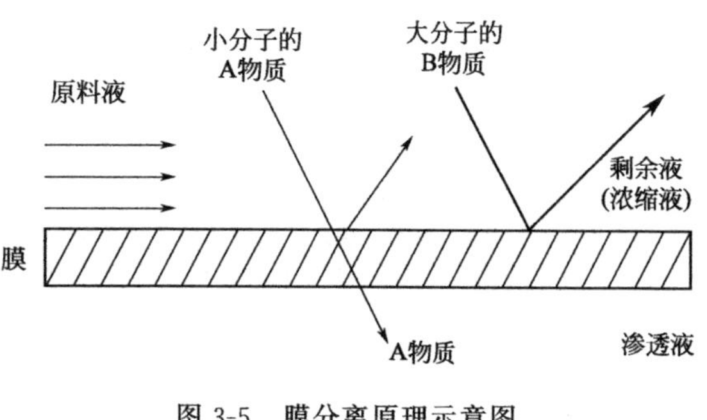

图 3-5 膜分离原理示意图

2. 膜的分类

膜的种类和功能繁多。膜分为合成膜和生物膜（原生质、细胞膜），合成膜包括液膜和固膜。液膜分为乳状液膜和带支撑层的液膜；固膜分为有机膜和无机膜。

3. 膜材料

用来制备膜的材料主要有机高分子材料和无机材料两大类。

（1）有机高分子膜材料　目前在工业中应用的有机膜材料主要有乙酸纤维素类、聚砜类、聚酰胺类和聚丙烯腈等。

乙酸纤维素是由纤维素与乙酸反应而制成的，是应用最早和最多的膜材料，常用于反渗透膜、超滤膜和微滤膜的制备。乙酸纤维素膜的优点是价格便宜，分离和透过性能良好；缺点是使用的 pH 值范围比较窄，一般仅为 4～8，容易被微生物分解，且在高压下长时间操作时容易被压密而引起膜通量下降。

聚砜类是一类具有高机械强度的工程塑料，具有耐酸、耐碱的优点，可用作制备超滤和微滤膜的材料。由于此类材料的性能稳定、机械强度好，因而也可作为反渗透膜、气体分离膜等复合膜的支撑材料。其缺点是耐有机溶剂的性能较差。

用聚酰胺类制备的膜，具有良好的分离与透过性能，且耐高压、耐高温、耐溶剂，是制备耐溶剂超滤膜和非水溶液分离膜的首选材料。其缺点是耐氯性能较差。

聚丙烯腈也是制备超滤、微滤膜的常用材料，其亲水性能使膜的水通量比聚砜膜的大。

（2）无机膜材料　无机膜的制备多以金属、金属氧化物、陶瓷和多孔玻璃为材料。

以金属钯、银、镍等为材料可制得相应的金属膜和合金膜，如金属钯膜、金属银或钯-银合金膜。此类金属及合金膜具有透氢或透氧的功能，故常用于超纯氢的制备和氧化反应，缺点是清洗比较困难。

多孔陶瓷膜是最具有应用前景的一类无机膜，常用的有 Al_2O_3、SiO_2、ZrO_2 和 TiO_2 膜等。此类膜具有耐高温和耐酸腐蚀的优点。

玻璃膜可以很容易地加工成中空纤维，并且在 H_2-CO 或 He-CH_4 的分离过程中具有较高的选择性。

二、膜组件

将膜按一定的技术要求组装在一起即成为膜组件，它是所有膜分离装置的核心部件，其基本要素包括膜、膜的支撑体或连接物、流体通道、密封件、壳体及外接口等。将膜组件与泵、过滤器、阀、仪表及管路等按一定的技术要求装配在一起，即成为膜分离装置。常见的膜组件有板框式、卷绕式、管式和中空纤维膜组件等，见表 3-4。

表 3-4　常见的膜组件

类型	结构特点
板框式膜组件	将平板膜、支撑板和挡板以适当的方式组合在一起即成。典型平板膜片的长和宽均为 1m，厚度为 200μm。支撑板的作用是支撑膜，挡板的作用是改变流体的流向，并分配流量，以避免沟流，即防止流体集中于某一特定的流道。板框式膜组件中的流道如图 3-6 所示。 优点：每两片膜之间的渗透物都被单独引出来，因而可通过关闭个别膜组件来消除操作中的故障，而不必使整个膜组件停止运行。缺点：需个别密封的数量太多，内部阻力损失较大
卷绕式膜组件	将一定数量的膜袋同时卷绕于一根中心管上而成，如图 3-7 所示。膜袋由两层膜构成，其中三个边沿被密封而粘接在一起，另一个开放的边沿与一根多孔的产品收集管即中心管相连。膜袋内填充多孔支撑材料以形成透过液流道，膜袋之间填充网状材料以形成料液流道。工作时料液平行于中心管流动，进入膜袋内的透过液，旋转着流向中心收集管。为减少透过侧的阻力，膜袋不宜太长。若需增加膜组件的面积，可增加膜袋的数量
管式膜组件	将膜制成直径约几毫米或几厘米、长约 6m 的圆管，即成为管式膜。管式膜可以玻璃纤维、多孔金属或其他适宜的多孔材料作为支撑体。将一定数量的管式膜安装于同一个多孔的不锈钢、陶瓷或塑料管内，即成为管式膜组件，如图 3-8 所示。 管式膜组件有内压式和外压式两种安装方式。当采用内压式安装时，管式膜位于几层耐压管的内侧，料液在管内流动，而渗透液则穿过膜并由外套环隙中流出，浓缩液从管内流出。当采用外压式安装时，管式膜位于几层耐压管的外侧，原料液在管外侧流动，而渗透液则穿过膜进入管内，并由管内流出，浓缩液则从外套环隙中流出
中空纤维膜组件	将一端封闭的中空纤维管束装入圆柱形耐压容器内，并将纤维束的开口端固定于由环氧树脂浇注的管板上，即成为中空纤维膜组件，如图 3-9 所示。工作时，加压原料液由膜件的一端（当料透液经纤维管壁液由一端向另一端流动时）渗入管内通道，并由开口端排出

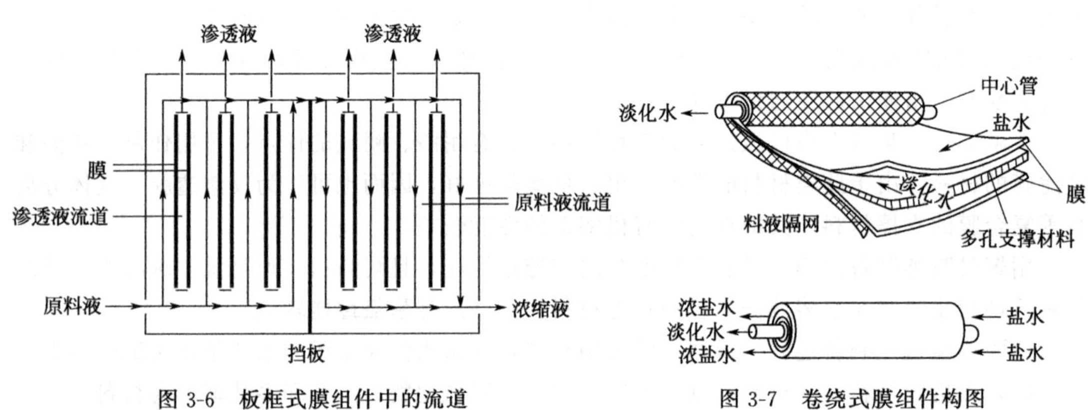

图 3-6　板框式膜组件中的流道

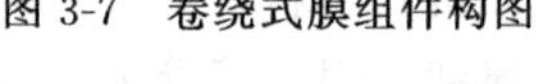

图 3-7　卷绕式膜组件构图

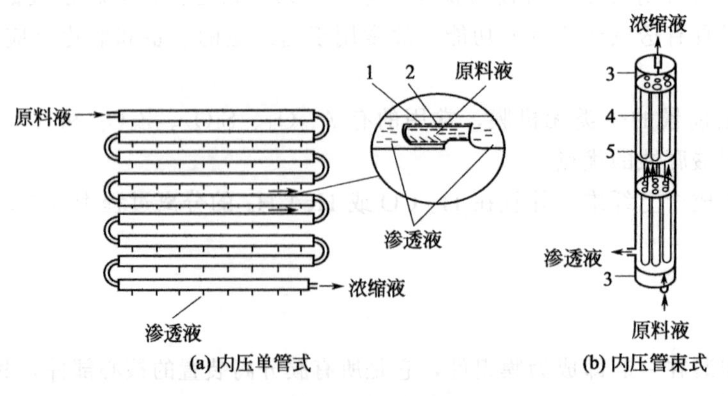

图 3-8　管式膜组件

1—多孔外衬管；2—管式膜；3—耐压端套；
4—玻璃钢管；5—渗透液收集外壳

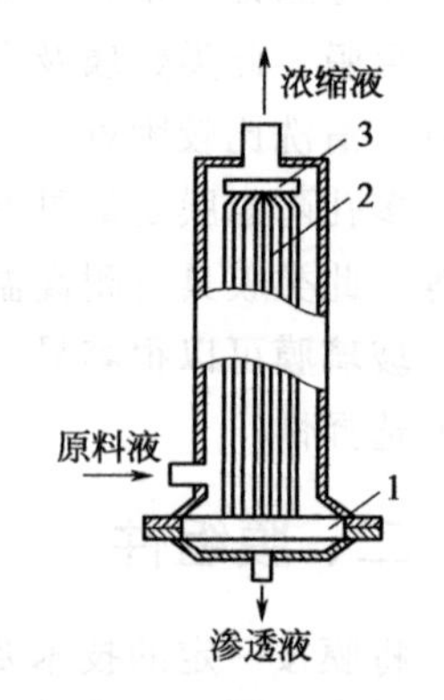

图 3-9　中空纤维膜组件

1—环氧树脂管板；2—纤维束；
3—纤维束端封

三、各种膜分离技术简介

膜分离过程的种类很多，常见的有微滤、超滤、反渗透、渗析和电渗析等。

（一）反渗透

1. 反渗透原理

反渗透所用的膜为半透膜，该膜是一种只能透过水而不能透过溶质的膜。反渗透原理可用图 3-10 来说明。将纯水和一定浓度的盐溶液分别置于半透膜的两侧，开始时两边液面等高，如图 3-10(a) 所示。由于膜两侧水的化学位不等，水将自发地由纯水侧穿过半透膜向溶液侧流动，这种现象称为渗透。随着水的不断渗透，溶液侧的液位上升，使膜两侧的压力差增大。当压力差足以阻止水向溶液侧流动时，渗透过程达到平衡，此时的压力差 $\Delta\pi$ 称为该溶液的渗透压，如图 3-10(b) 所示。若在盐溶液的液面上方施加一个大于渗透压的压力，则水将由盐溶液侧经半透膜向纯水侧流动，这种现象称为反渗透，如图 3-10(c) 所示。

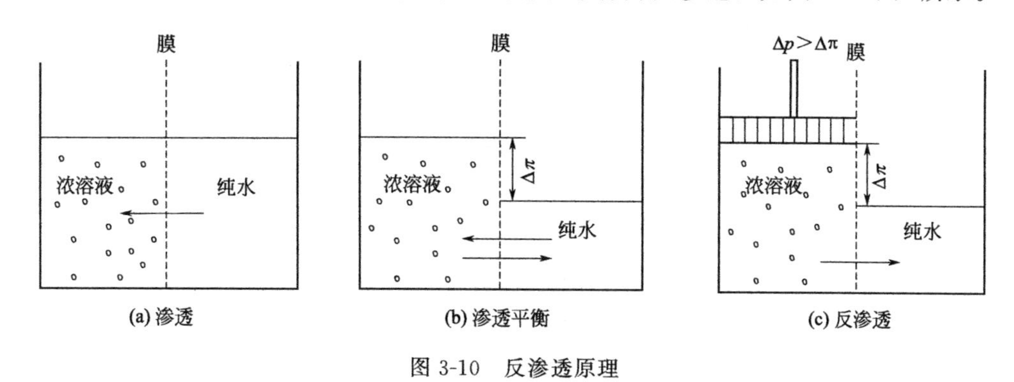

图 3-10　反渗透原理

若将浓度不同的两种盐溶液分别置于半透膜的两侧，则水将自发地由低浓度侧向高浓度侧流动。若在高浓度侧的液面上方施加一个大于渗透压的压力，则水将由高浓度侧向低浓度侧流动，从而使浓度较高的盐溶液被进一步浓缩。

反渗透过程就是在压力的推动下，借助于半透膜的截留作用，将溶液中的溶剂与溶质分离开来。显然，反渗透过程也属于压力推动过程。我国工业上用的反渗透膜多为致密膜、非对称膜和复合膜，常用乙酸纤维、聚酰胺等材料制成。

2. 影响反渗透的因素——浓差极化

由于膜的选择透过性因素，在反渗透过程中，溶剂从高压侧透过膜到低压侧，大部分溶质被截留，溶质在膜表面附近积累，造成由膜表面到溶液主体之间的具有浓度梯度的边界层，它将引起溶质从膜表面通过边界层向溶液主体扩散，这种现象称为浓差极化。

根据反渗透基本方程式可分析出浓差极化对反渗透过程产生下列不良影响。

① 由于浓差极化，膜表面处溶质浓度升高，使溶液的渗透压 $\Delta\pi$ 升高，当操作压差 Δp 一定时，反渗透过程的有效推动力（$\Delta p-\Delta\pi$）下降，导致溶剂的渗透通量下降；

② 由于浓差极化，膜表面处溶质的浓度 C_{A_1} 升高，使溶质通过膜孔的传质推动力（$C_{A_1}-C_{A_2}$）增大，溶质的渗透通量升高，截留率降低，这说明浓差极化现象的存在对溶剂渗透通量的增加提出了限制；

③ 膜表面处溶质的浓度高于溶解度时，在膜表面上将形成沉淀，会堵塞膜孔并减少溶剂的渗透通量；

④ 会导致膜分离性能的改变；

⑤ 出现膜污染，膜污染严重时，几乎等于在膜表面又可形成一层二次薄膜，会导致反渗透膜透过性能的大幅度下降，甚至完全消失。

减轻浓差极化的有效途径是提高传质系数 A，采取的措施有：提高料液流速、增强料液湍动程度、提高操作温度、对膜面进行定期清洗和采用性能好的膜材料等。

3. 反渗透流程

反渗透装置的基本单元是反渗透膜组件，将反渗透膜组件与泵、过滤器、阀、仪表及管路等按一定的技术要求组装在一起即成为反渗透装置。根据处理对象和生产规模的不同，反渗透装置主要有连续式、部分循环式和全循环式三种流程，介绍几种常见的工艺流程。

（1）一级一段连续式　图 3-11 为典型的一级一段连续式工艺流程示意图。工作时，泵将料液连续输入反渗透装置，分离所得的透过水和浓缩液由装置连续排出。该流程的缺点是水的回收率不高，因而在实际生产中的应用较少。

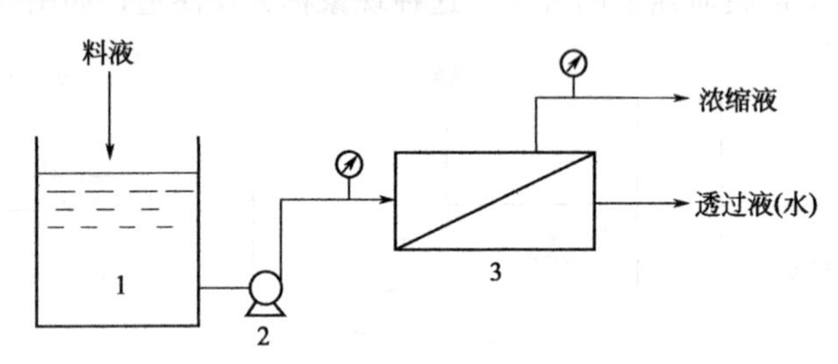

图 3-11　一级一段连续式工艺流程

1—料液贮槽；2—泵；3—膜组件

（2）一级多段连续式　当采用一级一段连续式工艺流程达不到分离要求时，可采用多段连续式工艺流程。图 3-12 为一级多段连续式工艺流程示意图。操作时，第一段渗透装置的浓缩液即为第二段的进料液，第二段的浓缩液即为第三段的进料液，以此类推，而各段的透过液（水）经收集后连续排出。此种操作方式的优点是水的回收率及浓缩液中的溶质浓度均较高，而浓缩液的量较少。一级多段连续式流程适用于处理量较大且回收率要求较高的场合，如苦咸水的淡化以及低浓度盐水或自来水的净化等均采用该流程。

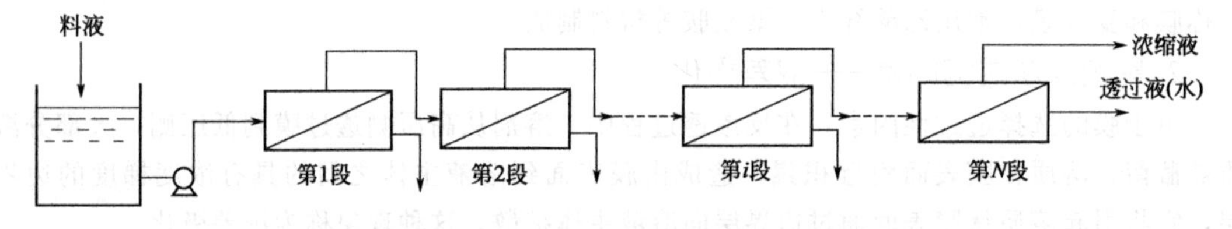

图 3-12　一级多段连续式工艺流程

（3）一级一段循环式　在反渗透操作中，将连续加入的原料液与部分浓缩液混合后作为进料液，而其余的浓缩液和透过液则连续排出，该流程即为部分循环式工艺流程，如图 3-13所示。采用部分循环式工艺流程可提高水的回收率，但由于浓缩液中的溶质浓度要比原进料液中的高，因此透过液的水质有可能下降。部分循环式工艺流程可连续去除料液中的溶剂水，常用于废液等的浓缩处理。

4. 反渗透在工业中的应用

反渗透技术的大规模应用主要在海水和苦咸水的淡化，此外还应用于纯水制备，生活用

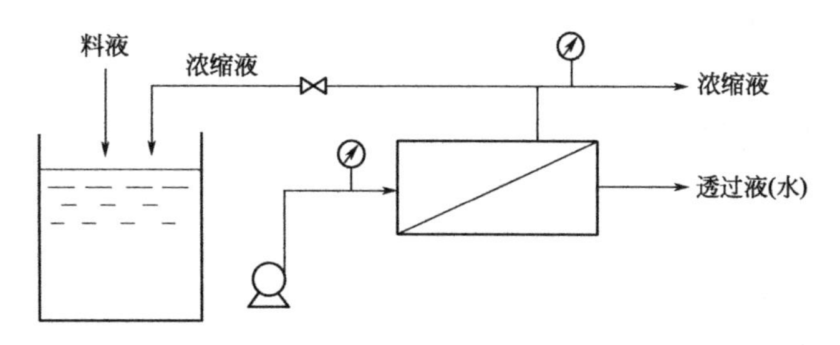

图 3-13 一级一段循环式工艺流程

水、含油污水、电镀污水处理以及乳品、果汁的浓缩，生化和生物制剂的分离和浓缩等。

(二) 电渗析

1. 电渗析原理

电渗析是一种专门用来处理溶液中的离子或带电粒子的膜分离技术，其原理是在外加直流电场的作用下，以电位差为推动力，使溶液中的离子做定向迁移，并利用离子交换膜的选择透过性，使带电离子从水溶液中分离出来。

电渗析所用的离子交换膜可分为阳离子交换膜（简称阳膜）和阴离子交换膜（简称阴膜），其中阳膜只允许水中的阳离子通过而阻挡阴离子，阴膜只允许水中的阴离子通过而阻挡阳离子。下面以盐水溶液中 NaCl 的脱除过程为例，简要介绍电渗析过程的原理。

电渗析系统由一系列平行交错排列于两极之间的阴、阳离子交换膜所组成，这些阴、阳离子交换膜将电渗析系统分隔成若干个彼此独立的小室，其中与阳极相接触的隔离室称为阳极室，与阴极相接触的隔离室称为阴极室，操作中离子减少的隔离室称为淡水室，离子增多的隔离室称为浓水室。如图 3-14 所示，在直流电场的作用下，带负电荷的阴离子即 Cl^- 向正极移动，但它只能通过阴膜进入浓水室，而不能透过阳膜，因而被截留于浓水室中。同理，带正电荷的阳离子即 Na^+ 向负极移动，通过阳膜进入浓水室，并在阴膜的阻挡下截留于浓水室中。这样，浓水室中的 NaCl 浓度逐渐升高，出水为浓水；而淡水室中的 NaCl 浓度逐渐下降，出水为淡水，从而达到脱盐的目的。

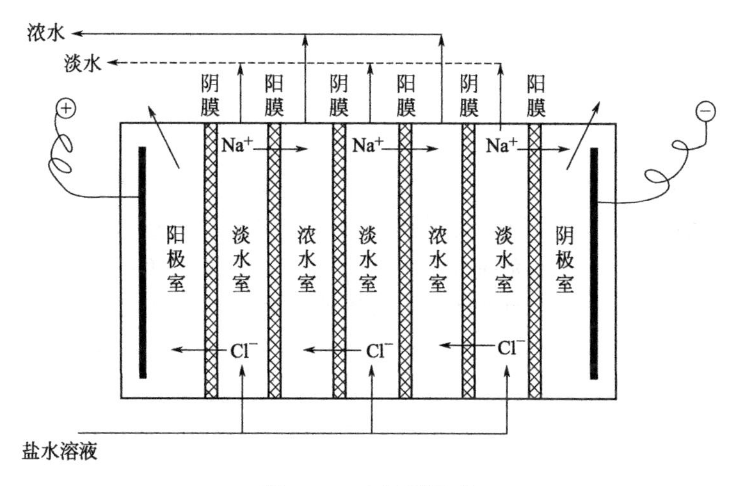

图 3-14 电渗析原理

2. 电渗析操作

(1) 在电渗析过程中，不仅存在反离子（与膜的电荷符号相反的离子）的迁移过程，而且还伴随着同名离子迁移、水的渗透和分解等次要过程，这些次要过程对反离子迁移也有一定的影响。

① 同名离子迁移。同名离子迁移是指与膜的电荷符号相同的离子迁移。若浓水室中的溶液浓度过高，则阴离子可能会闯入阳膜中，阳离子也可能会闯入阴膜中，因此当浓水室中的溶液浓度过高时，应用原水将其浓度调至适宜值。

② 水的渗透。膜两侧溶液的浓度不同，渗透压也不同，将使水由淡水室向浓水室渗透，其渗透量随浓度及温度的升高而增加，这不利于淡水室浓度的下降。

③ 水的分解。在电渗析过程中，当电流密度超过某一极限值，以致溶液中的盐离子数量不能满足电流传输的需要时，将由水分子电离出的 H^+ 和 OH^- 来补充，从而使溶液的 pH 发生改变。

(2) 在实际操作中，可采取以下措施来减少浓差极化等因素对电渗析过程的影响。

① 尽可能提高液体流速，以强化溶液主体与膜表面之间的传质，这是减少浓差极化效应的重要措施。

② 膜的尺寸不宜过大，以使溶液在整个膜表面上能够均匀流动。一般来说，膜的尺寸越大，就越难达到均匀的流动。

③ 采取较小的膜间距，以减小电阻。

④ 采用清洗沉淀或互换电极等措施，以消除离子交换膜上的沉淀。

⑤ 适当提高操作温度，以提高扩散系数。对于大多数电解质溶液，温度每升高1℃，黏度约下降 2.5%，扩散系数一般可增加 2%～2.5%。此外，膜表面传质边界层（存在浓度梯度的流体层）的厚度随温度的升高而减小，因而有利于减小浓差极化的影响。

⑥ 严格控制操作电流，使其低于极限电流密度。

3. 电渗析在工业中的应用

电渗析技术目前已是一种相当成熟的膜分离技术，主要用途是苦咸水淡化、生产饮用水、浓缩海水制盐、从体系中脱除电解质，还可用于重金属污水处理，食品工业牛乳的脱盐、果汁的去酸及食品添加剂的制备以及制取维生素 C 等。

（三）超滤

1. 超滤原理

超滤过程的推动力是膜两侧的压力差，属于压力驱动过程。当液体在压力差的推动力下流过膜表面时，溶液中直径比膜孔小的分子将透过膜进入低压侧，而直径比膜孔大的分子则被截留下来，透过膜的液体称为透过液，剩余的液体称为浓缩液，如图 3-15 所示。

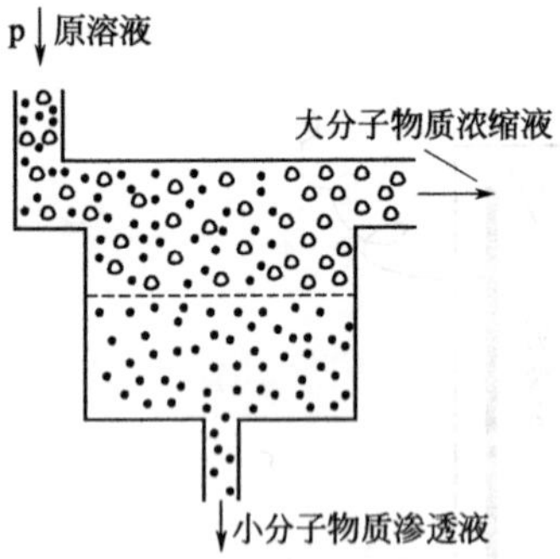

p 原溶液

大分子物质浓缩液

小分子物质渗透液

图 3-15 超滤过程原理示意图

超滤可有效除去水中的微粒、胶体、细菌、热原质和各种有机物，但几乎不能截留无机离子。

超滤膜的孔径为 $(1\sim5)\times10^{-8}$m，膜表面有效截留层的厚度较小，一般仅为 $(1\sim100)\times10^{-7}$m，操作压力差一般为 0.1～0.5MPa，可分离分子量为 500 以上的大分子和胶体微粒。常用的膜材料有乙酸纤维、聚砜、聚丙烯腈、聚酰胺、聚偏氟乙烯等。

在超滤过程中，单位时间内通过膜的溶液体积称为膜通量。由于膜不仅本身具有阻力，而且在超滤过程中还会因浓度极化、形成凝胶层、受到污染等原因而产生新的阻力。因此，随着超滤过程的进行，膜通量将逐渐下降。

2. 超滤操作

在超滤过程中，料液的性质和操作条件对膜通量均有一定的影响。为提高膜通量应采取适当的措施，尽可能减少浓差极化和膜污染等所产生的阻力。

（1）料液流速　提高料液流速，可有效减轻膜表面的浓差极化。但流速也不能太快，否则会产生过大的压力降，并加速膜分离性能的衰退。对于螺旋式膜组件，可在液流通道上安放湍流促进材料，或使膜支撑物产生振动，以改善料液的流动状况，抑制浓差极化，从而保证超滤装置能正常稳定地运行。

（2）操作压力　通常所说的操作压力是指超滤装置内料液进、出口压力的算术平均值。在一定的范围内，膜通量随操作压力的增加而增大，但当压力增加至某一临界值时，膜通量将趋于恒定。此时的膜通量称为临界膜通量。在超滤过程中，为提高膜通量，可适当提高操作压力。但操作压力不能过高，否则膜可能被压密。一般情况下，实际超滤操作可维持在临界膜通量附近进行。

（3）操作温度　温度越高，料液黏度越小，扩散系数则越大。因此，提高温度可提高膜通量。一般情况下，温度每升高 1℃，膜通量约提高 2.15%。因此，在膜允许的温度内，可采用相对高的操作温度，以提高膜通量。

（4）进料浓度　随着超滤过程的进行，料液主体的浓度逐渐增高，黏度和边界层厚度亦相应增大。研究表明，对超滤而言，料液主体浓度过高无论在技术上还是在经济上都是不利的，因此对超滤过程中料液主体的浓度应加以限制。

3. 超滤过程的工艺流程

超滤的操作方式可分为重过滤和错流过滤两大类。重过滤是靠料液的液柱压力为推动力，但这样操作浓差极化和膜污染严重，很少采用，而常采用的是错流操作。错流操作工艺流程又可分为间歇式和连续式。

（1）间歇操作　间歇操作适用于小规模生产，超滤工艺中工业污水处理及其溶液的浓缩过程多采用间歇工艺，间歇操作的主要特点是膜可以保持在一个最佳的浓度范围内运行，在低浓度时，可以得到最佳的膜水通量。

（2）连续式操作　连续式操作常用于大规模生产，连续式超滤过程是指料液连续不断加入贮槽和产品的不断产出，可分为单级和多级。单级连续式操作过程的效率较低，一般采用多级连续式操作。将几个循环回路串联起来，每一个回路即为一级，每一级都在一个固定的浓度下操作，从第一级到最后一级浓度逐渐增加。最后一级的浓度是最大的，即为浓缩产品。多级操作只有在最后一级的高浓度下操作，渗透通量最低，其他级操作浓度均较低，渗透通量相应也较大，因此级效率高；而且多级操作所需的总膜面积较小。它适合在大规模生产中使用，特别适用于食品工业领域。

4. 超滤的应用

超滤的技术应用可分为三种类型：浓缩；小分子溶质的分离；大分子溶质的分级。绝大部分的工业应用属于浓缩这个方面，也可以采用与大分子结合或复合的办法分离小分子溶质。在制药工业中，超滤常用作反渗透、电渗析、离子交换等装置的前处理设备。在制药生产中经常用于病毒及病毒蛋白的精制。

任务三 冷冻技术

冷冻（制冷）是指用人为的方法将物料的温度降到低于周围介质温度的单元操作，在工业生产中得到广泛应用。例如，在化学工业中，空气的分离、低温化学反应、均相混合物分离、结晶、吸收、借蒸汽凝结提纯气体等生产过程；在石油化工生产中，石油裂解气的分离则要求在173K左右的低温下进行，裂解气中分离出的液态乙烯、丙烯则要求在低温下贮存、运输；食品工业中冷饮品的制造和食品的冷藏；医药工业中一些抗生素剂、疫苗血清等需在低温下贮存；在化工、食品、造纸、纺织和冶金等工业生产中回收余热；室内空调等应用。

一、制冷的分类

1. 按制冷过程分类

（1）蒸气压缩式制冷　简称压缩制冷。制冷目前应用得最多的是蒸气压缩式制冷。它是利用压缩机做功，将气相工质压缩、冷却冷凝成液相，然后使其减压膨胀、汽化（蒸发），以及从低温热源取走热量并送到高温热源的过程。此过程类似用泵将流体由低处送往高处，所以有时也称热泵，如图3-16所示。

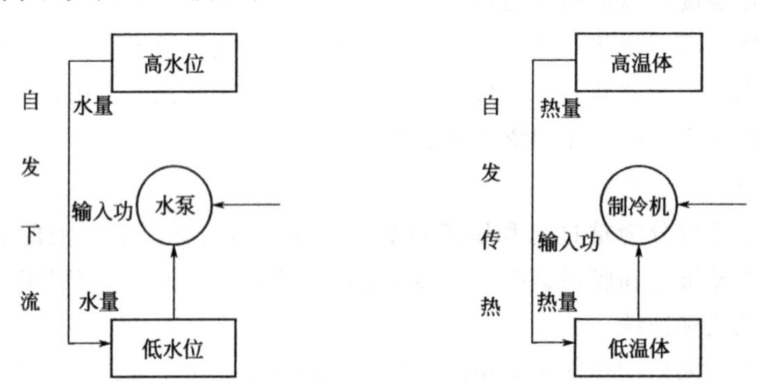

图3-16　水泵与制冷机的类比

（2）吸收式制冷　利用某种吸收剂吸收自蒸发器中所产生的制冷剂蒸气，然后用加热的方法在与冷凝器相当的压强下进行脱吸。即利用吸收剂的吸收和脱吸作用将制冷剂蒸气由低压的蒸发器中取出并送至高压的冷凝器，用吸收系统代替压缩机，用热能代替机械能进行制冷操作。

工业生产中常见的吸收制冷体系有：氨-水系统，以氨为制冷剂，水为吸收剂，比如应用在合成氨生产中，将氨从混合气体中冷凝分离出来；水-溴化锂溶液系统，以水为制冷剂，溴化锂溶液为吸收剂，已被广泛应用于空调技术中。

2. 制冷程度分类

（1）普通制冷　制冷温度范围在173K以内。

（2）深度制冷　制冷温度范围在173K以下。从理论上讲，所有气体只要将其冷却到临界温度以下，均可使之液化。因此，深度制冷技术也可以称作气体液化技术。在工业生产中，利用深冷技术有效地分离了空气中的氮、氧、氩、氖及其他稀有组分；成功地分离了石油裂解气中的甲烷、乙烯、丙烷、丙烯等多种气体。现代医学及其他高科技领域也广泛应用深冷技术。

二、制冷基本原理

1. 制冷循环

（1）制冷原理　制冷操作是从低温物质中取出热量，并将此热量传给高温物质的过程。根据热力学第二定律，这种传热过程不可能自动进行。只有从外界补充所消耗的能量，即外界必须做功，才能将热量从低温传到高温。

液体汽化为蒸气时，要从外界吸收热量，从而使外界的温度有所降低。而任何一种物质的沸点（或冷凝点），都是随压力的变化而变化的，如氨的沸点随压力变化的情况见表 3-5。

表 3-5　氨的沸点与压力的关系

压力/kPa	101.325	429.332	1220
沸点/℃	－33.4	0	30
汽化热/(kJ/kg)	1368.6	1262.4	114.51

从表中可以看出，氨的压力越低，沸点越低；压力越高，沸点越高。利用氨的这一特性，使液氨在低压（101.325kPa）下汽化，从被冷物质中吸取热量降低其温度，而达到使被冷物质制冷的目的。同时将汽化后的气态氨压缩提高压力（如压缩至 1220kPa），这时气态氨的冷凝温度（30℃）高于一般冷却水的温度，因此可用常温水使气态氨冷凝为液氨。

因此，制冷是利用制冷剂的沸点随压力变化的特性，使制冷剂在低压下汽化吸收被冷物质的热量降低其温度达到被冷物质制冷的目的，汽化后的制冷剂又在高压下冷凝成液态。如此循环操作，借助制冷剂在状态变化时的吸热和放热过程，达到制冷的目的。

（2）制冷循环　制冷循环是借助一种工作介质——制冷剂工作的，使它低压吸热，高压放热，而达到使被冷物质制冷的循环操作过程。

在制冷循环中的制冷剂，由低压气体必须通过压缩做功才能变成高压气体，即外界必须消耗压缩功，才能实现制冷循环。如果把上述制冷循环，用适当的设备联系起来，使传递热量的工作介质——制冷剂（氨）连续循环使用，就形成一个基本的蒸气压缩制冷的工作过程，图 3-17 为制冷循环。

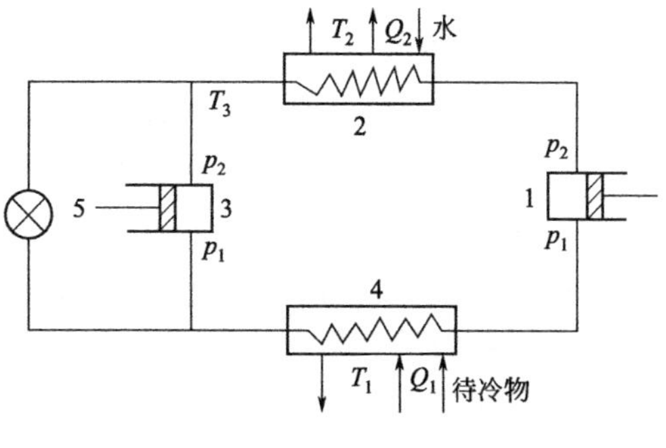

图 3-17　制冷循环

1—压缩机（又称冷冻机）；2—冷凝器；3—膨胀机；4—蒸发器；5—节流阀

理想制冷循环（逆卡诺循环）由可逆绝热压缩过程（压缩机）、等压冷凝过程（冷凝器）、可逆绝热膨胀过程（膨胀机）、等压等温蒸发过程（蒸发器）等组成。而实际制冷循环则为：

① 在压缩机中绝热压缩。气态氨以温度为 T_1、压力为 p_1 的干饱和蒸气进入压缩机 1 压缩后，温度升至 T_2，压力升至 p_2，变成过热蒸气；

② 等压冷却与冷凝。过热蒸气通过冷凝器 2，被常温水冷却，放出热量 Q_2，气态氨冷

凝为液态氨，温度为 T_3；

③ 节流膨胀。液态氨再通过节流阀（膨胀阀）5，减压降温使部分液氨汽化成为气、液混合物。温度下降为 T_1，压力下降为 p_1；

④ 等压等温蒸发。膨胀后的气、液混合物进入蒸发器 4，从被冷物质（冷冻盐水）中取出热量 Q_1，全部变成干饱和蒸气，回到循环开始时的状态，又开始下一轮循环过程。

在整个制冷循环过程中，氨作为工作介质（制冷剂），完成从低温的冷冻物质中吸取热量转交给高温物质（冷却水）的任务。制冷循环过程的实质是由压缩机做功，通过制冷剂从低温热源取出热量，送到高温热源。

2. 制冷系数

制冷系数是制冷剂自被冷物质所取出的热量与所消耗的外功之比，以 ε 表示。

$$\varepsilon=Q_1/N \tag{3-12}$$

$$N=Q_2-Q_1 \tag{3-13}$$

式中　Q_1——从被冷物质中取出的热量，kJ；

N——制冷循环中所消耗的机械功，kJ；

Q_2——传给周围介质的热量，kJ。

式(3-13) 表明，制冷系数表示每消耗单位功所制取的冷量。

制冷系数是衡量制冷循环优劣、循环效率高低的重要指标。其值越大，表明外加机械功被利用的程度越高，制冷循环的效率越高。

对于理想循环过程，制冷系数可按下式计算：

$$\varepsilon=T_1/(T_2-T_1) \tag{3-14}$$

由式(3-14) 可知，对于理想制冷循环来说，制冷系数只与制冷剂的蒸发温度和冷凝温度有关，与制冷剂的性质无关。制冷剂的蒸发温度越高，冷凝温度越低，制冷系数越大，表示机械功的利用程度越高。实际上，蒸发温度和冷凝温度的选择还受别的因素约束，需要进行具体的分析。

3. 操作温度的选择

制冷装置在操作运行中重要的控制点有：蒸发温度和压力、冷凝温度和压力、压缩机的进出口温度、过冷温度及冷却温度。

(1) 蒸发温度　制冷过程的蒸发温度是指制冷剂在蒸发器中的沸腾温度。实际使用中的制冷系统，由于用途各异，蒸发温度就各不相同，但制冷剂的蒸发温度必须低于被冷物质要求达到的最低温度，使蒸发器中制冷剂与被冷物质之间有一定的温度差，以保证传热所需的推动力。这样制冷剂在蒸发时，才能从冷物质中吸收热量，实现低温传热过程。

若蒸发温度 T_1 高时，则蒸发器中传热温差小，要保证一定的吸热量，必须加大蒸发器的传热面积，增加了设备费用；但功率消耗下降，制冷系数提高，日常操作费用减少。相反，蒸发温度低时，蒸发器的传热温差增大，传热面积减小，设备费用减少；但功率消耗增加，制冷系数下降，日常操作费用增大。所以，必须结合生产实际，进行经济核算，选择适宜的蒸发温度。蒸发器内温度的高低可通过节流阀开度的大小来调节，一般生产上取蒸发温度比被冷物质所要求的温度低 4～8K。

(2) 冷凝温度　制冷过程的冷凝温度是指制冷剂蒸气在冷凝器中的凝结温度。影响冷凝温度的因素有冷却水温度、冷却水流量、冷凝器传热面积大小及清洁度。冷凝温度主要受冷却水温度的限制，由于使用的地区和季节的不同，其冷凝温度也不同，但它必须高于冷却水的温度，使冷凝器中的制冷剂与冷却水之间有一定的温度差，以保证热量传递。即使气态制冷剂冷凝成液态，实现高温放热过程。通常取制冷剂的冷凝温度比冷却水高 8～10K。

（3）操作温度与压缩比的关系　压缩比是压缩机出口压强 p_2 与入口压强 p_1 的比值。压缩比与操作温度的关系如图 3-18 所示。当冷凝温度一定时，随着蒸发温度的降低，压缩比明显增大，功率消耗先增大后下降，制冷系数总是变小，操作费用增加。当蒸发温度一定时，随着冷凝温度的升高，压缩比也明显增大，消耗功率增大，制冷系数变小，对生产也不利。

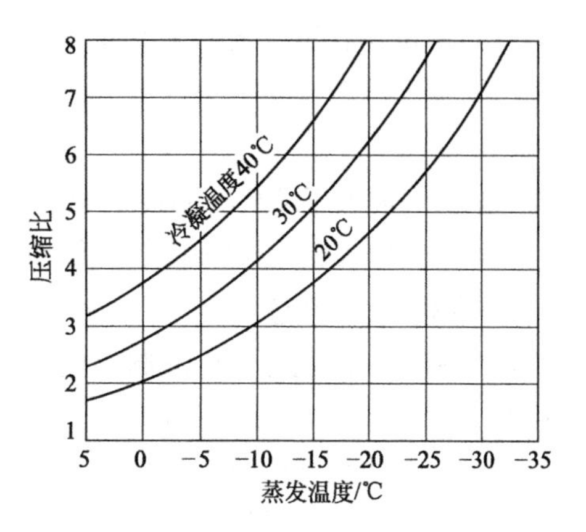

图 3-18　氨冷凝温度、蒸发温度与压缩比的关系

因此，应该严格控制制冷剂的操作温度，蒸发温度不能太低，冷凝温度也不能太高，压缩比不至于过大，工业上单级压缩循环压缩比不超过 6～8。这样就可以提高制冷系统的经济性，发挥较大的效益。

（4）制冷剂的过冷　制冷剂的过冷就是在进入节流阀之前将液态制冷剂温度降低，使其低于冷凝压力下所对应的饱和温度，成为该压力下的过冷液体。由图 3-18 可以看出，若蒸发温度一定时，降低冷凝温度，可使压缩比有所下降，功率消耗减小，制冷系数增大，可获得较好的制冷效果。通常取制冷剂的过冷温度比冷凝温度低 5K 或比冷却水进口温度高 3～5K。

工业上常采用下列措施实现制冷剂的过冷：

① 在冷凝器中过冷。使用的冷凝器面积适当大于冷凝所需的面积，当冷却水温度低于冷凝温度时，制冷剂就可得到一定程度的过冷。

② 用过冷器过冷。在冷凝器或贮液器后串联一个采用低温水或深井水作冷却介质的过冷器，使制冷剂过冷。此法常用于大型制冷系统之中。

③ 用直接蒸发的过冷器过冷。当需要较大的过冷温度时，可以在供液管通道上装一个直接蒸发的液体过冷器，但这要消耗一定的冷量。

④ 回热器中过冷。在回气管上装一个回热器（气液热交换器），用来自蒸发器的低温蒸气冷却节流前的液体制冷剂。

⑤ 在中间冷却器中过冷。在采用双级蒸气压缩制冷循环系统中，可采用中间冷却器内液态制冷剂汽化时放出的冷量来使进入蒸发器液态制冷剂间接冷却，实现过冷。

三、制冷能力

1. 制冷能力的表示

制冷能力（制冷量）是制冷剂在单位时间内从被冷物质中取出的热量，表示一套制冷循环装置的制冷效应，用符号 Q_1 表示，单位是 W 或 kW。

（1）单位质量制冷剂的制冷能力　单位质量制冷剂的制冷能力是每千克制冷剂经过蒸发器时，从被冷物质中取出的热量，用符号 q_w 表示，单位为 J/kg。

$$q_w = Q_1/G = I_1 - I_4 \tag{3-15}$$

式中 G——制冷剂的质量流量或循环量，kg/s；

I_1——制冷剂离开蒸发器的焓，J/kg；

I_4——制冷剂进入蒸发器的焓，J/kg。

（2）单位体积制冷剂的制冷能力 单位体积制冷剂的制冷能力是指每立方米进入压缩机的制冷剂蒸气从被冷物质中取出的热量，用符号 q_v 表示，单位为 J/m^3。

$$q_v = Q_1/V = \rho q_w \tag{3-16}$$

式中 V——进入压缩机的制冷剂的体积流量，m^3/s；

ρ——进入压缩机的制冷剂蒸气的密度，kg/m^3。

2. 标准制冷能力

（1）标准制冷能力 标准制冷能力指在标准操作温度下的制冷能力，用符号 Q_s 表示，单位为 W。一般出厂的冷冻机所标的制冷能力即为标准制冷能力。

通过对制冷循环的分析可看出，操作温度对制冷能力有较大的影响。为了确切地说明压缩机的制冷能力，就必须指明制冷操作温度。按照国际人工制冷会议规定，当进入压缩机的制冷剂为干饱和蒸气时，任何制冷剂的标准操作温度是：

蒸发温度 $T_1=258K$

冷凝温度 $T_2=303K$

过冷温度 $T_3=298K$

（2）实际与标准制冷能力之间的换算 由于生产工艺要求不同，冷冻机的实际操作温度往往不同于标准操作温度。为了选用合适的压缩机，必须将实际所要求的制冷能力换算为标准制冷能力后方能进行选型。反之，欲核算一台现有的冷冻机是否满足生产的需要，也必须将铭牌上标明的制冷能力换算为操作温度下的制冷能力。

对于同一台冷冻机实际与标准制冷能力的换算关系为

$$Q_s = Q_1 \lambda_s q_{vs} / \lambda q_v \tag{3-17}$$

式中 Q_s，Q_1——分别为标准、实际制冷能力，W；

q_{vs}，q_v——分别为标准、实际单位体积制冷能力，J/kg；

λ_s，λ——分别为标准、实际冷冻机的送气系数。

（3）提高制冷能力的方法 降低制冷剂的冷凝温度是提高制冷能力最有效的方法，而降低冷凝温度的关键在于降低冷却水的温度和加大冷却水的流量，保持冷凝器传热面的清洁。

四、制冷剂与载冷体

1. 制冷剂

制冷剂是制冷循环中将热量从低温传向高温的工作介质，制冷剂的种类和性质对冷冻机的大小、结构、材料及操作压力等有重要的影响。因此应当根据具体的操作条件慎重选用适宜的制冷剂。

（1）制冷剂应具备的条件

① 在常压下的沸点要低，且低于蒸发温度。

② 化学性质稳定，在工作压力、温度范围内不燃烧、不爆炸、高温下不分解，对机器设备无腐蚀作用，也不会与润滑油起化学变化。

③ 在蒸发温度时的汽化潜热应尽可能大，单位体积制冷能力要大，可以缩小压缩机的

气缸尺寸和降低动力消耗。

④ 在冷凝温度时的饱和蒸气压（冷凝压力）不宜过高，这样可以降低压缩机的压缩比和功率消耗，并避免冷凝器和管路等因受压过高而使结构复杂化。

⑤ 在蒸发温度时的蒸气压强（蒸发压力）不低于大气压力，这样可以防止空气吸入，以避免正常操作受到破坏。

⑥ 临界温度要高，能在常温下液化；凝固点要低，以获得较低的蒸发温度。

⑦ 制冷剂的黏度和密度应尽可能地小，减少其在系统中流动时的阻力。

⑧ 热导率要大，可以提高热交换器的传热系数。

⑨ 无毒、无臭，不危害人体健康，不破坏生态环境。

⑩ 价格低廉，易于获得。

(2) 常用的制冷剂

① 氨。目前应用最广泛的一种制冷剂，适用于温度范围为－65～10℃的大、中型制冷机中。由于氨的临界温度高，在常压下有较低的沸点，汽化潜热比其他制冷剂大得多，因此其单位体积制冷能力大，从而压缩机汽缸尺寸较小。在蒸发器中，当蒸发温度低达240K时，蒸发压强也不低于大气压，空气不会渗入。而在冷凝器中，当冷却水温很高（夏季）时，其操作压强也不超过1600kPa。另外，氨具有与润滑油不互溶，对钢铁无腐蚀作用，价格便宜，容易得到，泄漏时易于察觉等突出优点。其缺点是有毒，有强烈的刺激性和可燃性，与空气混合时有爆炸的危险，当氨中有水分时会降低润滑性能，会使蒸发温度提高，并对铜或铜合金有腐蚀作用。

② 二氧化碳。其主要优点是单位体积制冷能力为最大，因此，在同样制冷能力下，压缩机的尺寸最小，从而在船舶冷冻装置中广泛应用。此外，二氧化碳还具有密度大、无毒、无腐蚀、使用安全等优点。缺点是冷凝时的操作压强过高，一般为6000～8000kPa，蒸气压强不能低于530kPa，否则二氧化碳将固态化。

③ 氟利昂。它是甲烷、乙烷、丙烷与氟、氯、溴等卤族元素的衍生物。常用的有氟利昂-11（$CFCl_3$）、氟利昂-12（CF_2Cl_2）、氟利昂-13（CF_3Cl）、氟利昂-22（CHF_2Cl）和氟利昂-113（$C_2F_3Cl_3$）等。在常压下氟利昂的沸点因品种不同而不同，其中最低的是氟利昂-13，为191K，最高的是氟利昂-113，为320K。其优点是无毒、无味、不着火，与空气混合不爆炸，对金属无腐蚀作用等，过去一直广泛应用在电冰箱一类的制冷装置中。

近年来人们发现这类化合物对地球上空的臭氧层有破坏作用，所以对其限制使用，并寻找可替代的制冷剂。

④ 烃类化合物。如乙烯、乙烷、丙烷、丙烯等烃类化合物也可用作制冷剂。它们的优点是凝固点低，无毒、无臭，对金属不腐蚀，价格便宜，容易获得，且蒸发温度范围较宽。其缺点是有可燃性，与空气混合时有爆炸危险。因此，使用时，必须保持蒸发压强在大气压强以上，防止空气漏入而引起爆炸。丙烷与异丁烷主要用于－30～10℃制冷温度范围、冰箱等小型制冷设备，乙烯主要用于－120～－40℃的复叠式系统或裂解石油气分离等制冷装置。

2. 载冷体

载冷体是用来将制冷装置的蒸发器中所产生的冷量传递给被冷物质的媒介物质或中间介质。

(1) 载冷体应具备的条件

① 冰点要低。在操作温度范围内保持液态不凝固，其凝固点比制冷剂的蒸发温度要低，

其沸点应高于最高操作温度，即挥发性小。

② 比热容大，载冷量也大。在传送一定冷量时，其流量小，可减少泵的功耗。

③ 密度小，黏度小。可以减小流动阻力。

④ 化学稳定性好，不腐蚀设备和管道，无毒、无臭，无爆炸危险性。

⑤ 热导率大。可以减小热交换器的传热面积。

⑥ 来源充足，价格便宜。

（2）常用的载冷体

① 水。水是一种很理想的载体，具有比热容大、腐蚀性小、不燃烧、不爆炸、化学性能稳定等优点。但由于水的凝固点为0℃，因而只能用作蒸发温度0℃以上的制冷循环，故在空调系统中被广泛应用。

② 盐水溶液（冷冻盐水）。盐水溶液是将氯化钠、氯化钙或氯化镁溶于水中形成的溶液，用作中低温制冷系统的载冷体，其中用得最广的是氯化钙水溶液，氯化钠水溶液一般只用于食品工业的制冷操作中。盐水的一个重要性质是冻结温度取决于其浓度。在一定的浓度下有一定的冻结温度，不同浓度的冷冻盐水其冻结温度不同，浓度增大则冻结温度下降。当盐水溶液的温度达到或接近冻结温度时，制冷系统的管道、设备将发生冻结现象，严重影响设备的正常运行。为了保证操作的顺利进行，必须合理地选择浓度，以使冻结温度低于操作温度。一般使盐水冻结温度比系统中制冷剂蒸发温度低10～13K。

盐水对金属有腐蚀作用，可在盐水中加入少量的铬酸钠或重铬酸钠，以减缓腐蚀作用。另外，盐水中的杂质，如硫酸钠等，其腐蚀性是很大的，使用时应尽量预先除去，这样也可大大减少盐水的腐蚀性。

③ 有机溶液。有机溶液一般无腐蚀性，无毒，化学性质比较稳定。如乙二醇、丙三醇溶液，甲醇、乙醇、三氯乙烯、二氯甲烷等均可作为载冷体。有机载冷体的凝固点都低，适用于低温装置。

五、压缩蒸气制冷设备

压缩蒸气制冷装置主要由压缩机、冷凝器、膨胀阀和蒸发器等组成。此外还包括油分离器、气液分离器等辅助设备（目的是为了提高制冷系统运行的经济性、可靠性和安全性），以及用来控制与计量的仪表等。

1. 压缩机

压缩机是制冷循环系统的心脏，起着吸入、压缩、输送制冷剂蒸气的作用，通常又称冷冻机。

在工业上采用的冷冻机有往复式和离心式两种。往复式制冷压缩机工作是靠汽缸、气阀和在汽缸中做往复运动的活塞构成可变的工作容积来完成制冷剂气体的吸入、压缩和排出。往复式冷冻机有横卧双动式、直立单功多缸通流式以及汽缸互成角度排列等不同型式。其应用比较广泛，主要用于蒸气比容比较小、单位体积制冷能力大的制冷剂制冷。但由于其结构比较复杂，可靠性相对较低，所以用量相对较少。

离心式制冷压缩机是利用叶轮高速旋转时产生的离心力来压缩和输送气体。对于蒸气比容大、单位体积制冷能力小的制冷剂，主要使用离心式冷冻机来制冷。其结构简单，可靠性较好。

2. 冷凝器

冷凝器是压缩蒸气制冷系统中的主要设备之一。它的作用是将压缩机排出的高温制冷剂蒸气冷凝成为冷凝压力下的饱和液体。在冷凝器里，制冷剂蒸气把热量传给周围介质——水或空气，因此冷凝器是一个热交换设备。

冷凝器按冷却介质分为水冷冷凝器和气冷冷凝器；按结构型式分为壳管式、套管式、蛇管式等冷凝器。

应用较广的是立式壳管冷凝器，目前主要用于大、中型氨制冷系统。小型冷冻机多使用蛇管式冷凝器。

3. 节流阀

节流阀又称膨胀阀，其作用是使来自冷凝器的液态制冷剂产生节流效应，以达到减压降温的目的。由于液体在蒸发器内的温度随压力的减小而降低，减压后的制冷剂便可在较低的温度下汽化。

虽然节流装置在制冷系统中是一个较小的部件，但它直接控制整个制冷系统制冷剂的循环量，因此它的容量以及正确调节是保证制冷装置正常运行的关键。节流装置的容量应与系统的主体部件相匹配。节流装置有多种型式（手动膨胀阀、毛细管、自动膨胀阀），通常根据制冷系统的特点和选用的制冷剂种类来进行选择。

目前，生产上广泛采用的自动膨胀阀的阀心为针形，阀心在阀孔内上下移动而改变流道截面积，阀心位置不同，通过阀孔的流量也不同。因此，膨胀阀不仅能使制冷剂降压降温，还具有调节制冷剂循环量的作用。如膨胀阀开启过小，系统中制冷剂循环量不足，会使压缩机吸气温度过高，冷凝器中制冷剂的冷凝压力过高。此外，通过膨胀阀开度的大小来调节蒸发器内温度的高低，要想把蒸发器温度调低，可关小膨胀阀；要想把蒸发器温度调高，可开大膨胀阀。因此，在操作上要严格、准确控制，保持适当的开度，使液态制冷剂通过后，能维持稳定均匀的低压和所需的循环量。

技能训练　压滤机操作实训

●实训目标

掌握压滤机的操作。

●实训准备

了解压滤机工作原理、熟悉压滤机操作流程

●实训步骤

1. 操作前的准备

（1）确认进出液管、风管、水管及各阀门无渗漏、无堵塞；

（2）确认滤板的排列次序符合要求，安装平正，密封平面接触良好；

（3）检查滤布无破损；

（4）检查油箱内液压油油位在视油镜中线位置，导轨轮有润滑油；

（5）确认各连接部件、地脚螺栓无松动；

（6）确认设定压力在 17.5～20MPa 之间（XAY20/80—V 型压滤机无此项操作）。

2. 压紧板框的操作

XIMA /800-VKb 型压滤机的压紧板框的操作：

① 接通电源，将选择开关打至“操作”，按下“压紧”按钮，压紧板前行；

② 到达压力 20MPa 后，压滤机自动停机；然后将选择开在打至“保压”，则压滤机自动进行保压操作；

③ 开动给料泵，开始过滤。

3. XAY20/800-V 型压滤机的压紧板框的操作

(1) 将手动换向阀操纵杆推向最前方。

(2) 接通电源，开油泵，大活塞杆前进，压紧板框；

(3) 待液压油压力达到要求时，大活塞杆停止母锁紧于缸体端面后，将手动换向阀操纵杆放在中间位置，并立即停油泵；

(4) 开动给料泵，开始过滤。

4. 开板操作

(1) XIMA/800-VKb 型压滤机的开板操作：

① 停给料泵后将选择开关打至“操作”，按下“退回”按钮，压紧板后行；

② 当压紧板退回至合适位置时，按下“停止”按钮，则压滤机停机。

(2) XAY20/80-V 型压滤机的开板操作：

① 停给料泵后开动油泵。

② 手动换向阀操纵杆推向前方，待锁紧螺母松动后，一面快速松开锁紧螺母，一面把操纵杆拉到中间位置（注意，不可升压过高）；

③ 锁紧螺母快速全部退出，同时操纵杆拉到最后方；

④ 待开板到合适位置时，停止油泵，而且操纵杆放置中间位置。

5. 注意事项及维护

在操作过程中，随时注意工作压力表读数，不得超出最大工作压力（XIMA/800-VKb 型压滤机最大工作压力为 20MPa）；

(1) 进料阀、水阀、风阀严禁快速开启，以上三阀每次只开一种；

(2) 压滤机不用时，应将大活塞杆退回至端部，以防活塞杆玷污腐蚀；

(3) 使用时，如发现各连接部件松动，应随时停机予以调整、紧固；

(4) 相对运动的零件，必须保持良好的润滑；

(5) 油缸不允许空顶；

(6) 拆下的滤板存放时必须平整以防变形；

(7) 严禁腐蚀性及不清洁的油混入油箱，每 6 个月清扫一次油箱，并更换一次油；

(8) 保持压滤机环境和整机的清洁。

6. 常见故障及处理

常见故障及处理见表 3-6。

表 3-6　常见故障及处理

故障现象	产生原因	排除方法
滤板间跑料	(1)油压不足。 (2)滤板密封面夹有杂物。 (3)滤布不平整、折叠	参见“油压不足”故障处理方法。 清理密封面。 整理滤布

续表

故障现象	产生原因	排除方法
滤液不清	(1)滤布破损。 (2)滤布选择不当	检查并更换滤布。 更换合适滤布
油压不足	(1)高压溢流阀调整不当或损坏 (2) 阀内泄漏 (3)油缸密封圈磨损 (4)管道外泄漏 (5)活塞泄压口复位不当	重新调整或更换 调整或更换 更换密封圈 修补或更换 检修
活塞不回程	(1)换向阀不到位 (2)低压溢流阀调整不当或损坏 (3)活塞上泄压口由于空顶而引起油缸前后腔贯通	检修或更换 重新调整或更换 检修

●思考与分析

(1) 板框压滤机系统的主要构成有哪些?

(2) 板框压滤机板框间渗水的原因及排除方法。

(3) 板框压滤机滤板松开甚至漏油的原因及排除方法。

本章小结

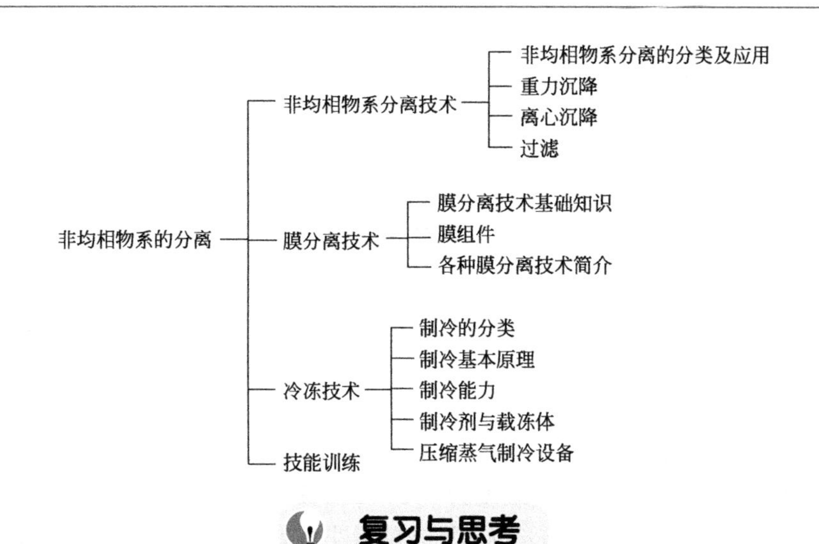

复习与思考

1. 非均相物系分离在化工生产中有哪些应用?请举例说明。
2. 非均相物系的分离方法有哪些类型?各是如何实现两相的分离的?
3. 影响实际沉降的因素有哪些?在操作中要注意哪些方面?
4. 确定降尘室高度要注意哪些问题?
5. 离心沉降与重力沉降有何异同?
6. 如何提高离心分离因数?
7. 简述板框压滤的操作要点。
8. 过滤一定要使用助滤剂吗?为什么?

9. 工业生产中，提高过滤速率的方法有哪些？

10. 影响过滤速率的因素有哪些？过滤操作中如何利用好这些影响因素？

11. 简述转鼓真空过滤机的工作过程。

12. 如何根据生产任务合理选择非均相物系的分离方法？

13. 膜分离过程怎样进行？有哪几种常用的膜分离过程？

14. 膜分离有哪些特点？分离过程对膜有哪些基本要求？

15. 电渗析的基本原理是什么？渗透和反渗透现象是怎样产生的？

16. 超滤的基本原理是什么？有哪些应用？

17. 把 50℃的热水冷却成常温水的操作是否为制冷？为什么？

18. 制冷操作过程的实质是什么？为什么要不断地从外界补充能量或外界对系统做功？

19. 制冷循环装置包括哪些主要设备和附属设备？

20. 压缩机在制冷循环中起何作用？有几类？它们的工作原理是什么？

21. 如何用节流阀来调节蒸发器内温度的高低？

22. 制冷循环由哪几个过程组成？

23. 采取哪些措施可提高制冷系数？

24. 影响冷凝温度的因素有哪些？主要受什么限制？

25. 如何选择蒸发温度、冷凝温度及过冷温度？

26. 制冷能力有几种表达形式？一般出厂的冷冻机所标的制冷能力为哪种？如何提高制冷能力？

27. 制冷剂有哪些优缺点？

28. 氟利昂为何限制使用？

29. 制冷操作过程中为什么要严格控制冷冻盐水的浓度？

计算题

1. 温度为 20℃ 的常压含尘气体在进反应器之前必须预热至 80℃，所含尘粒粒径为 75μm，密度为 2000kg/m^3，试求下列两种情况下的沉降速度？由此可得出什么结论？①先预热后除尘；②先除尘后预热。

2. 用一长 4m、宽 2m、高 1.5m 的降尘室处理某含尘气体，要求处理的含尘气体量为 2.4m^3/s，气体密度为 0.78kg/m^3，黏度为 3.5×10^{-5} Pa·s，尘粒可视为球形颗粒，其密度为 2200kg/m^3。试求（1）能 100%沉降下来的最小颗粒的直径；（2）若将降尘室改为间距为 500mm 的三层降尘室，其余参数不变，若要达到同样的分离效果，所能处理的最大气量为多少（为防止流动的干扰和重新卷起，要求气流速度$<$1.5m/s)？

3. 直径为 800mm 的离心机，旋转速度为 1200r/min，求其离心分离因数。

4. 黏度为 2.5×10^{-5} Pa·s、密度为 0.8kg/m^3 的气体中，含有密度为 2800kg/m^3 的粉尘，先采用筒体直径为 500mm 的标准型旋风分离器除尘。若要求除去 6μm 以上的尘粒，试求其生产能力和相应的压降。

项目四
蒸发操作技术

学习目标

●了解各类型蒸发器的结构、特点及应用；理解蒸发的基本方式、机理、特点及影响因素；掌握蒸发器的传热计算。

●能操作蒸发器；能进行蒸发器的选型计算。

任务一　蒸发基础知识

一、蒸发在化工生产中的应用

工程上把采用加热方法，将含有不挥发性溶质（通常为固体）的溶液在沸腾状态下，使其浓缩的单元操作称为蒸发。蒸发操作广泛应用于化工、轻工、食品、医药等工业领域，其主要目的有以下几个方面：

① 浓缩稀溶液直接制取产品或将浓溶液再处理（如冷却结晶）制取固体产品，例如电解烧碱液的浓缩，食糖水溶液的浓缩及各种果汁的浓缩等；

② 同时浓缩溶液和回收溶剂，例如有机磷农药苯溶液的浓缩脱苯，中药生产中酒精浸出液的蒸发等；

③ 为了获得纯净的溶剂，例如海水淡化等。

二、蒸发操作的特点

工程上，蒸发过程只是从溶液中分离出部分溶剂，而溶质仍留在溶液中，因此，蒸发操作即为一个使溶液中的挥发性溶剂与不挥发性溶质分离的过程。由于溶剂的汽化速率取决于传热速率，故蒸发操作属传热过程，蒸发设备为传热设备，如图 4-1 所示，加热室一侧是蒸汽冷凝，另一侧为溶液沸腾的间壁式列管换热器。此种蒸发过程即是间壁两侧恒温的传热过程。但是，蒸发操作与一般传热过程比较有以下特点。

1. 溶液沸点升高

由于溶液含有不挥发性溶质，因此，在相同温度下，溶液的蒸气压比纯溶剂的小，即在相同压力下，溶液的沸点比纯溶剂的高，溶液浓度越高，这种影响越显著，这在设计和操作蒸发器时是必考虑的。

2. 物料及工艺特性

物料在浓缩过程中，溶质或杂质常在加热表面沉积、析出结晶而形成垢层，影响传热；有些溶质是热敏性的，在高温下停留时间过长易变质；有些物料具有较大的腐蚀性或较高的黏度等。因此，在设计和选用蒸发器时，必须认真考虑这些特性。

3. 能量回收

蒸发过程是溶剂汽化过程，由于溶剂汽化潜热很大，所以蒸发过程是一个大能耗单元操作。因此，节能是蒸发操作应予考虑的重要问题。

三、蒸发操作的分类

1. 按蒸发方式分

自然蒸发：即溶液在低于沸点温度下蒸发，如海水晒盐，这种情况下，因溶剂仅在溶液表面汽化，汽化速率低。

沸腾蒸发：将溶液加热至沸点，使之在沸腾状态下蒸发。工业上的蒸发操作基本上皆是此类。

2. 按加热方式分

直接热源加热：将燃料与空气混合，使其燃烧产生的高温火焰和烟气经喷嘴直接喷入被蒸发的溶液中来加热溶液、使溶剂汽化的蒸发过程。间接热源加热：容器间壁传热给被蒸发的溶液，即在间壁式换热器中进行的传热过程。

3. 按操作压力分

可分为常压、加压和减压（真空）蒸发操作。很显然，对于热敏性物料，如抗生素溶液、果汁等应在减压下进行。而高黏度物料就应采用加压高温热源加热（如导热油、熔盐等）进行蒸发。

4. 按效数分

可分为单效与多效蒸发。若蒸发产生的二次蒸汽直接冷凝不再利用，称为单效蒸发。若将二次蒸汽作为下一效加热蒸汽，并将多个蒸发器串联，此蒸发过程即为多效蒸发。

四、蒸发流程

1. 蒸发及其流程

图 4-1 为一典型的蒸发装置示意图。图中蒸发器由加热室 1 和分离室 2 两部分组成。加热室为列管式换热器，加热蒸汽在加热室的管间冷凝，放出的热量通过管壁传给列管内的溶液，使其沸腾并汽化，气液混合物则在分离室中分离，其中液体又落回加热室，当浓缩到规定浓度后排出蒸发器。分离室分离出的蒸汽（又称二次蒸汽，以区别于加热蒸汽或生蒸汽），先经顶部除沫器 5 除液，再进入混合冷凝器 3 与冷水相混，被直接冷凝后，通过大气腿 7 排出。不凝性气体经分离器 4 和缓冲罐 5 由真空泵 6 排出。

2. 多效蒸发及其流程

（1）多效蒸发的原理　将第一效蒸发器汽化的二次蒸汽作为热源通入第二效蒸发器的加热室作加热用，称为双效蒸发。如果再将第二效的二次蒸汽通入第三效加热室作为热源，并

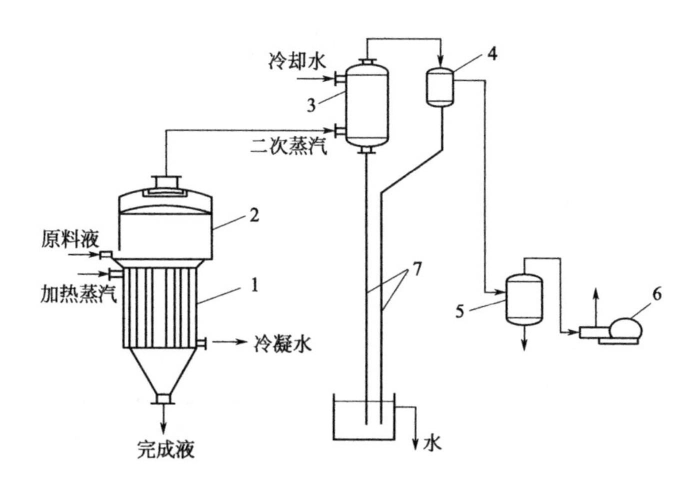

图 4-1　蒸发装置示意图

依次进行多个串接，则称为多效蒸发。

采用多效蒸发是为了减少加热蒸汽的用量。具体方法是将前一效的二次蒸汽作为后一效的加热蒸汽，以节省蒸汽用量。单位蒸汽消耗量概况见表 4-1。

表 4-1　单位蒸汽消耗量概况

效数	单效	双效	三效	四效	五效
(D/W)	1.1	0.57	0.4	0.3	0.27

（2）多效蒸发流程

① 并流加料。优点：原料液可借相邻两效的压强差自动流入后一效，而不需用泵输送，同时，由于前一效的沸点比后一效的高，因此当物料进入后一效时，会产生自蒸发，这可多蒸出一部分水汽。这种流程的操作也较简便，易于稳定。

缺点：传热系数会下降，这是因为后序各效的浓度会逐渐增高，但沸点反而逐渐降低，导致溶液黏度逐渐增大。

并流加料流程示意图见图 4-2。

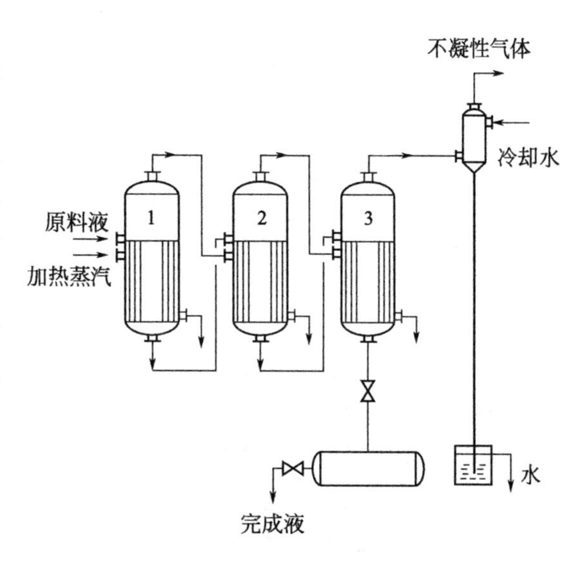

图 4-2　并流加料流程

② 逆流加料。优点：各效浓度和温度对溶液的黏度的影响大致相抵消，各效的传热条件大致相同，即传热系数大致相同。

缺点：料液输送必须用泵，另外，进料也没有自蒸发。一般这种流程只有在溶液黏度随温度变化较大的场合才被采用。

逆流加料流程示意图见图 4-3。

③ 平流加料。其特点是蒸汽的走向与并流相同，但原料液和完成液则分别从各效加入和排出。

这种流程适用于处理易结晶物料，例如食盐水溶液等的蒸发。

平流加料流程示意图见图 4-4。

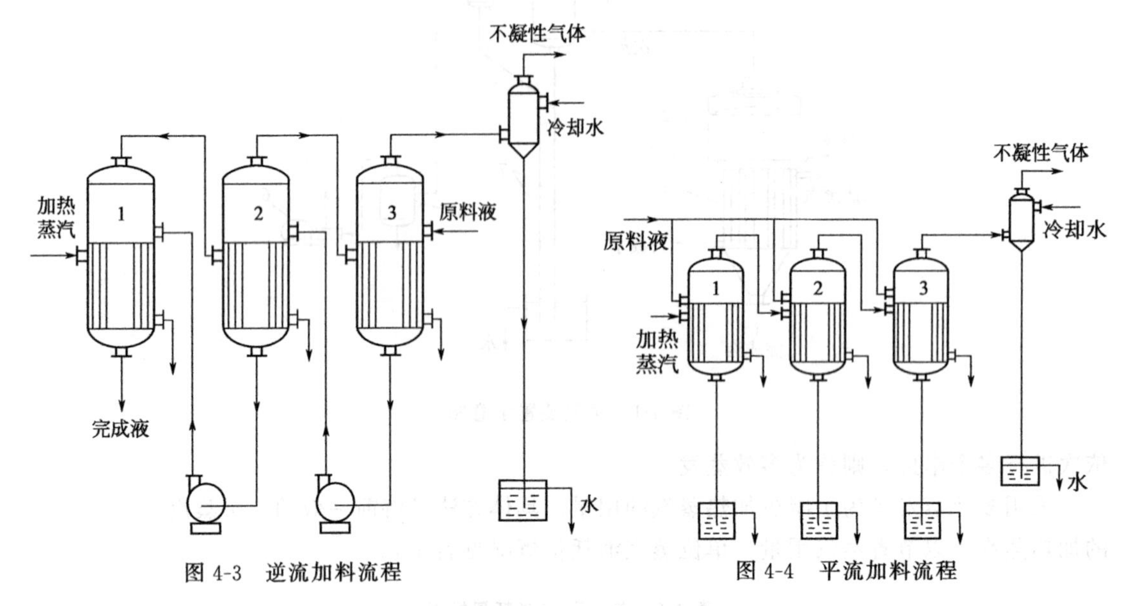

图 4-3　逆流加料流程　　图 4-4　平流加料流程

④ 错流加料流程。此法的特点是在各效间兼有并流和逆流加料法。例如在三效蒸发设备中，溶液流向可为 3—1—2 或 2—3—1。此法的目的是利用并流和逆流加料法的优点，克服或减轻二者的缺点，但其操作比较复杂。

任务二　认知蒸发设备

一、蒸发器的型式与结构

根据溶液在加热室内的流动情况，蒸发器可分为循环型和单程型两类。

1. 自然循环型蒸发器

（1）中央循环管式蒸发器　中央循环管式蒸发器为最常见，如图 4-5 所示，主要由加热室、蒸发室、中央循环管和除沫器组成。蒸发器的加热器由垂直管束构成，管束中央有一根直径较大的管子，称为中央循环管，其截面积一般为管束总截面积的 40%～100%。当加热蒸汽（介质）在管间冷凝放热时，由于加热管束内单位体积溶液的受热面积远大于中央循环管内溶液的受热面积，因此，管束中溶液的相对汽化率就大于中央循环管的汽化率，所以管束中的气液混合物的密度远小于中央循环管内气液混合物的密度。这样造成了混合液在管束中向上，在中央循环管向下的自然循环流动。混合液的循环速率与密度差和管长有关。密度差越大，加热管越长，循环速率越大。但这类蒸发器受总高限制，通常加热管为 1～2m，直径为 25～75mm，长径比为 20～40。

中央循环管蒸发器的主要优点是：结构简单、紧凑，制造方便，操作可靠，投资费用少。缺点是：清理和检修麻烦，溶液循环速率较低，一般仅在 0.5m/s 以下，传热系数小。它适用于黏度适中、结垢不严重、有少量结晶析出的场合，在工业上的应用较为广泛。

（2）悬筐式蒸发器　优点：传热系数较大，热损失较小；此外，由于悬挂的加热室可以由蒸发器上方取出，故其清洗和检修都比较方便。

其缺点是结构复杂，金属消耗量大。

悬筐式蒸发器结构见图 4-6。

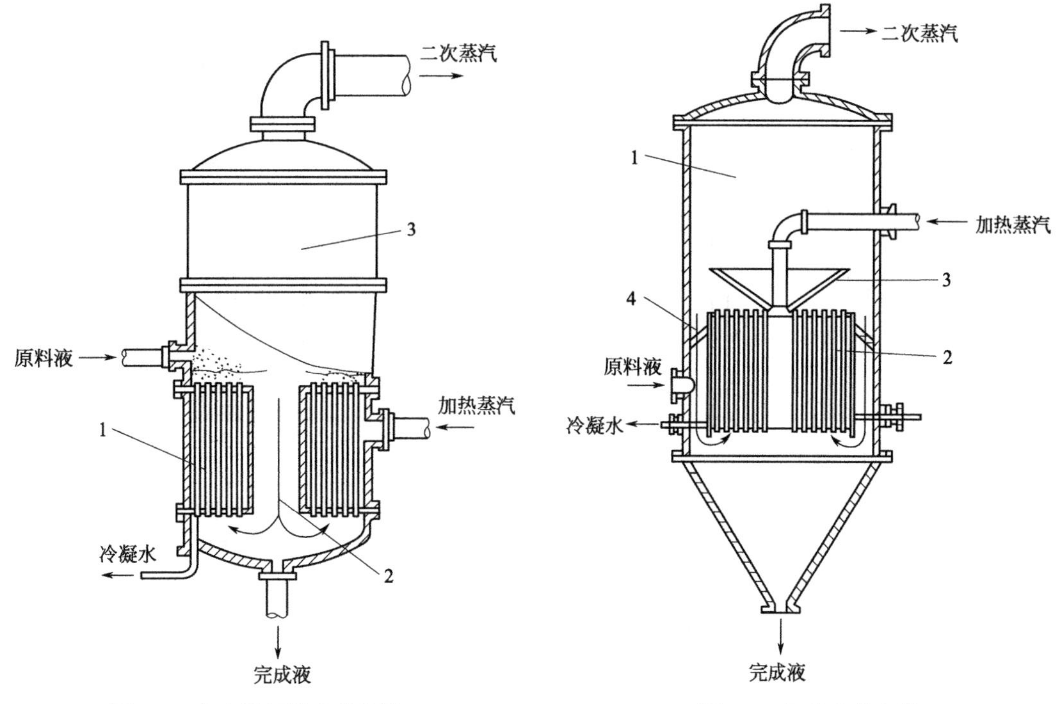

图 4-5　中央循环管式蒸发器

1—加热室；2—中央循环管；3—蒸发室

图 4-6　悬筐式蒸发器

1—蒸发室；2—加热室；3—除沫器；4—环形循环

（3）外加热式蒸发器　如图 4-7 所示，加热室与蒸发室分开安装。这样，一方面降低了整个设备的高度，便于清洗和更换加热室；另一方面由于循环管没有受到蒸汽加热，增大了循环管内和加热管内溶液的密度差，从而加快了溶液的自然循环速率，同时还便于检修和更换。

（4）列文蒸发器　如图 4-8 所示，由加热室、沸腾室、分离室和循环管组成，特别之处在于加热室上部增设了直管作为沸腾室，这样，加热室中溶液由于受到附加的液柱静压强的作用，使溶液不在加热室中沸腾，当溶液一升到沸腾室时，所受压力降低后，才开始沸腾，可减少溶液在加热管壁上因沸腾浓缩而析出结晶可结垢的机会，传热效果好。

列文蒸发器的特点是加热室、循环室温差大，密度差大，循环速率大；因液体静压强引起的温度差损失大，因此要求加热蒸汽压强高。

2. 强制循环型蒸发器

上述几种蒸发器均为自然循环型蒸发器，循环速率一般较低，尤其在蒸发黏稠溶液（易结垢及有大量结晶析出）时就更低。为提高循环速率，可用循环泵进行强制循环。这种蒸发器（图 4-9）的循环速率可达 1.5～5m/s。

其优点是：传热系数大，利于处理黏度较大、易结垢、易结晶的物料。但该蒸发器的动力消耗较大，每平方米传热面积消耗的功率为 0.4～0.8kW。

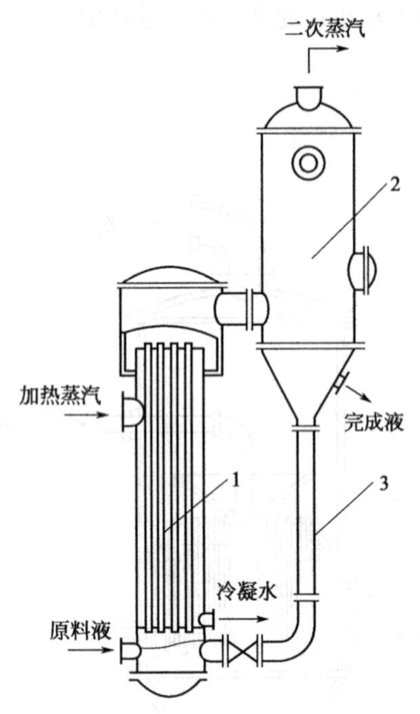

图 4-7 外加热式蒸发器

1—加热室；2—蒸发室；3—循环管

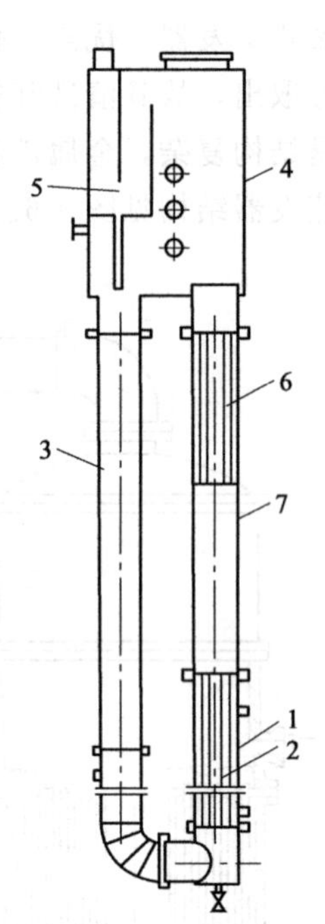

图 4-8 列文蒸发器

1—加热室；2—加热管；3—循环管；

4—蒸发室；5—除沫器；6—挡板；7—沸腾室

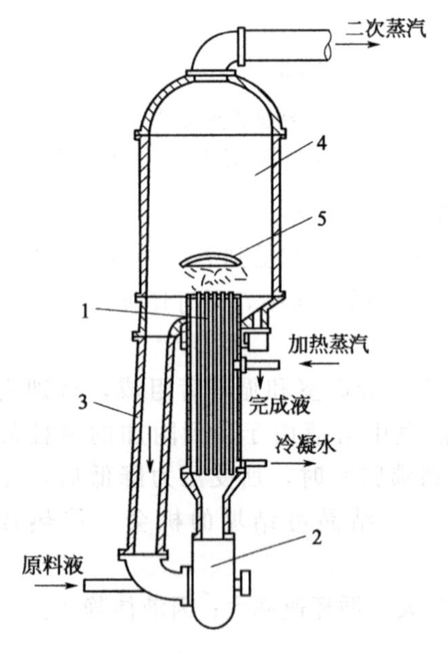

图 4-9 强制循环型蒸发器

1—加热管；2—循环泵；3—循环管；

4—蒸发室；5—除沫器

3. 膜式蒸发器

(1) 升膜式蒸发器

① 结构。见图 4-10，加热室实际上就是一个加热管很长的立式换热器，原料液从底部进来，受热沸腾后迅速汽化，蒸汽在管内高速上升，原料液受高速上升蒸汽的带动，沿管壁成膜状上升，继续受热汽化，气液在分离室分离。

② 特点。溶液在蒸发器内不循环，溶液在加热管壁上呈薄膜形式，蒸发速率快（数秒钟或十几秒），传热效率高。

(2) 降膜式蒸发器　见图 4-11，与升膜式基本相同，区别在于原料液由加热室顶部送入，在重力作用下沿管壁成膜状下降并进行蒸发，在这种蒸发器中，每根加热管顶部必须有降膜分布器，以保证每根管内壁都能为原料液所润湿。

(3) 升-降膜式蒸发器　如图 4-12 所示，预热后的原料液先经升膜加热管上升，然后由降膜加热管下降，再在分离室中和二次蒸汽分离后即得完成液。多用于蒸发过程中溶液黏度变化大、水分蒸发量不大和厂房高度受到限制的场合。

(4) 刮板式薄膜蒸发器　这类蒸发器（图 4-13）的缺点是结构复杂（制造、安装和维修工作量大），加热面积不大，且动力消耗大。

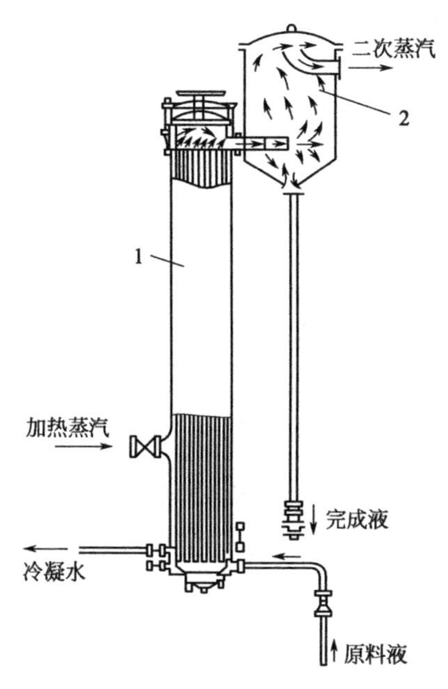

图 4-10　升膜式蒸发器
1—蒸发器；2—分离室

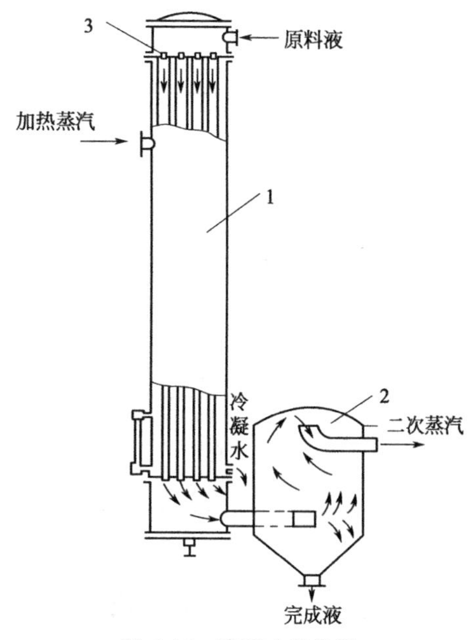

图 4-11　降膜式蒸发器
1—蒸发器；2—分离室；3—液膜分布器

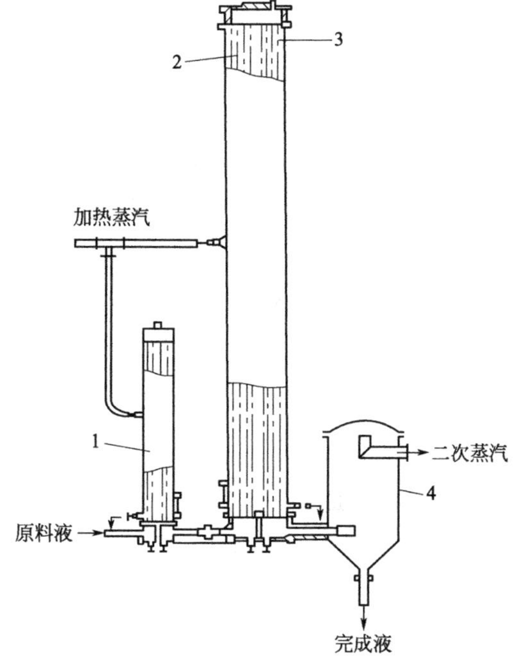

图 4-12　升-降膜式蒸发器
1—预热器；2—升膜加热室；
3—降膜加热室；4—分离室

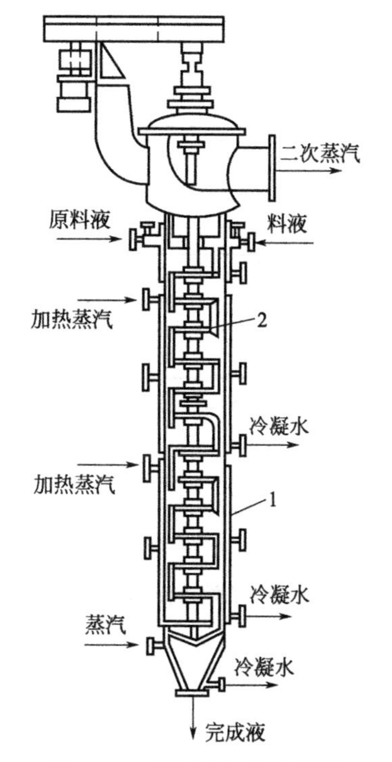

图 4-13　刮板式薄膜蒸发器

二、蒸发器的选用

在选用时，除了要求结构简单、易于制造、清洗和维修方便外，还应结合物料的工艺特性，包括物料的黏性、热敏性、腐蚀性、结晶和结垢性等要求，选择适宜的型式。

表 4-2 列举了常见蒸发器的主要性能，供选型时参考。

表 4-2 常见蒸发器的主要性能

器形式	造价	传热系数		溶液在管内的速率/(m/s)	停留时间	完成液浓度能否恒定	浓缩比	处理量	能否适应物料的工艺特性					
		稀溶液	高黏度						稀溶液	高黏度	易产泡沫	易结垢	有结晶	热敏性
升膜式	廉	高	良好	0.4～1.0	短	较难	高	大	适	尚适	好	尚适	不适	良好
降膜式	廉	良好	高	0.4～1.0	短	尚能	高	大	较适	好	适	不适	不适	良好
刮板式	最高	高	良好	—	短	尚能	高	小	较适	好		适	适	良好
平管式	最廉	良好	低	—	长	能	良好	一般	适	适	适	不适	不适	不适
中央循环管式	最廉	良好	低	0.1～0.5	长	能	良	一般	适	适	适	尚适	稍适	尚适
外热式	廉	高	良好	0.4～1.5	较长	能	良好	较大	适	尚适	较好	尚适	稍适	尚适
列文式	高	高	良好	1.5～2.5	较长	能	良好	较大	适	尚适	较好	尚适	稍适	尚适

任务三 获取蒸发知识

单效蒸发设计计算内容有：

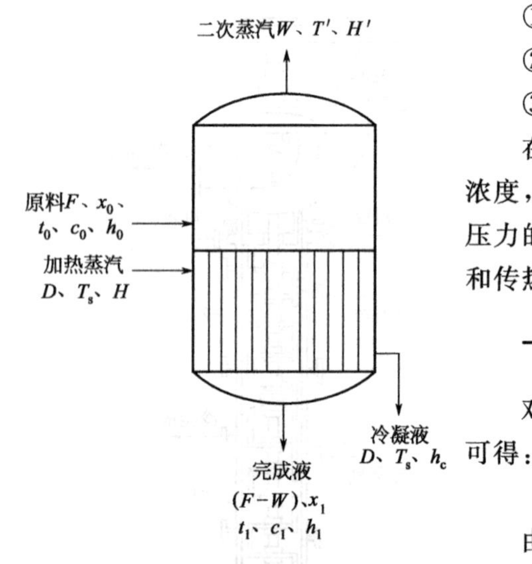

图 4-14 单效蒸发器

① 确定水的蒸发量；

② 加热蒸汽消耗量；

③ 蒸发器所需传热面积。

在给定生产任务和操作条件，如进料量、温度和浓度，完成液的浓度，加热蒸汽的压力和冷凝器操作压力的情况下，上述任务可通过物料衡算、热量衡算和传热速率方程求解。

一、蒸发水量的计算

对图 4-14 所示蒸发器进行溶质的物料衡算，可得：

$$Fx_0=(F-W)x_1=Lx_1$$

由此可得水的蒸发量：

$$W=F\times\left(1-\frac{x_0}{x_1}\right) \tag{4-1}$$

完成液的浓度：

$$x_1=\frac{Fx_0}{F-W} \tag{4-2}$$

式中 F——原料液量，kg/h；

W——蒸发水量，kg/h；

L——完成液量，kg/h；

x_0——原料液中溶质的质量分数；

x_1——完成液中溶质的质量分数。

二、加热蒸汽消耗量的计算

加热蒸汽用量可通过对图 4-14 作热量衡算求得：

$$DH+Fh_0=WH'+Lh_1+Dh_c+Q_L \tag{4-3}$$

或

$$Q=D(H-h_c)=WH'+Lh_1-Fh_0+Q_L \tag{4-3a}$$

式中　H——加热蒸汽的焓，kJ/kg；

H'——二次蒸汽的焓，kJ/kg；

h_0——原料液的焓，kJ/kg；

h_1——完成液的焓，kJ/kg；

h_c——加热室排出冷凝液的焓，kJ/h；

Q——蒸发器的热负荷或传热速率，kJ/h；

Q_L——热损失，可取 Q 的某一百分数，kJ/kg。

考虑溶液浓缩热不大，并将 H'取 t_1 下饱和蒸汽的焓，则式(4-3a) 可写成：

$$D=\frac{Fc_0(t_1-t_0)+Wr'+Q_L}{r} \tag{4-4}$$

式中，c_0 为原料液的比热容，kJ/(kg·℃)；t_0、t_1 分别为原料液和完成液的温度，℃；r、r'分别为加热蒸汽和二次蒸汽的汽化潜热，kJ/kg。

若原料由预热器加热至沸点后进料（沸点进料），即 $t_0=t_1$，并不计热损失，则式(4-4)可写为：

$$D=\frac{Wr'}{r} \tag{4-5}$$

或

$$\frac{D}{W}=\frac{r'}{r} \tag{4-5a}$$

式中，D/W 为单位蒸汽消耗量，它表示加热蒸汽的利用程度，也称蒸汽的经济性。由于蒸汽的汽化潜热随压力变化不大，故 $r=r'$。对单效蒸发而言，$D/W=1$，即蒸发一千克水需要约一千克加热蒸汽，实际操作中由于存在热损失等原因，$D/W\approx1$。可见单效蒸发的能耗很大，是很不经济的。

三、蒸发器传热面积的计算

蒸发器的传热面积可通过传热速率方程求得，即：

$$Q=KA\Delta t_m \tag{4-6}$$

或

$$A=\frac{Q}{K\Delta t_m} \tag{4-6a}$$

式中　A——蒸发器的传热面积，m^2；

K——蒸发器的总传热系数，W/(m^2·K)；

Δt_m——传热平均温度差,℃

Q——蒸发器的热负荷，W 或 kJ/kg。

式(4-6) 中，Q 可通过对加热室作热量衡算求得。若忽略热损失，Q 即为加热蒸汽冷凝放出的热量，即

$$Q=D(H-h_c)=Dr \tag{4-7}$$

但在确定 Δt_m 和 K 时，却有别于一般换热器的计算方法。

1. 传热平均温度差的确定

在蒸发操作中，蒸发器加热室一侧是蒸汽冷凝 T，另一侧为液体沸腾 t_1，因此其传热平均温度差应为：

$$\Delta t_m = T - t_1 \tag{4-8}$$

式中　T——加热蒸汽的温度，℃；

t_1——操作条件下溶液的沸点，℃。

应该指出，溶液的沸点，不仅受蒸发器内液面压力影响，而且受溶液浓度、液位深度等因素影响。因此，在计算 Δt_m 时需考虑这些因素。

(1) 溶液浓度的影响　溶液中由于有溶质存在，因此其蒸气压比纯水的低。换言之，一定压强下水溶液的沸点比纯水高，它们的差值称为溶液的沸点升高，以 Δ' 表示。

影响 Δ' 的主要因素为溶液的性质及其浓度。一般，有机物溶液的 Δ' 较小；无机物溶液的 Δ' 较大；稀溶液的 Δ' 不大，但随浓度增大，Δ' 值增高较大。

例如，7.4%的 NaOH 溶液在 101.33kPa 下，其沸点为 102℃，Δ' 仅为 2℃，而 48.3%的 NaOH 溶液，其沸点为 140℃，Δ' 高达 40℃。

各种溶液的沸点由实验确定，也可由手册或本书附录查取。

(2) 压强的影响　当蒸发操作在加压或减压条件下进行时，若缺乏实验数据，则似按下式估算 Δ'，即

$$\Delta' = f\Delta'_{常} \tag{4-9}$$

式中　Δ'——操作条件下的溶液沸点升高，℃；

$\Delta'_{常}$——常压下的溶液沸点升高，℃；

f——校正系数，无量纲，其值可由式(4-10) 计算，

$$f = 0.0162\frac{(T'+273)^2}{r'} \tag{4-10}$$

式中　T'——操作压力下二次蒸汽的饱和温度，℃；

r'——操作压力下二次蒸汽的汽化潜热，kJ/kg。

(3) 液柱静压头的影响　通常，蒸发器操作需维持一定液位，这样液面下的压力比液面上的压力（分离室中的压力）高，即液面下的沸点比液面上的高，二者之差称为液柱静压头引起的温度差损失，以 Δ'' 表示。

为简便计，以液层中部（料液一半）处的压力进行计算。根据流体静力学方程，液层中部的压力 p_{av} 为：

$$p_{av} = p' + \frac{\rho_{av} g h}{2} \tag{4-11}$$

式中　p'——溶液表面的压力，即蒸发器分离室的压力，Pa；

ρ_{av}——溶液的平均密度，kg/m^3；

h——液层高度，m。

则由液柱静压引起的沸点升高 Δ'' 为

$$\Delta'' = t_{av} - t_b \tag{4-12}$$

式中　t_{av}——平均压力 p_{av} 下相对应的溶液的沸点，℃；

t_b——p' 压力（分离室压力）下溶液的沸点，℃。

近似计算时，式(4-12) 中的 t_{av} 和 t_b 可分别用相应压力下水的沸点代替。

(4) 管道阻力的影响　倘若设计计算中温度以另一侧的冷凝器的压力（即饱和温度）为基准，则还需考虑二次蒸汽从分离室到冷凝器之间的压降所造成的温度差损失，以 Δ''' 表示。显然，Δ''' 值与二次蒸汽的速度、管道尺寸以及除沫器的阻力有关。由于此值难于计算，一般取经验值为 1℃，即 $\Delta'''=1$℃。

考虑了上述因素后，操作条件下溶液的沸点 t_1，即可用下式求取：

$$t_1=t_c'+\Delta'+\Delta''+\Delta''' \tag{4-13}$$

或

$$t_1=t_c'+\Delta \tag{4-13a}$$

式中　t_c'——冷凝器操作压力下的饱和水蒸汽温度，℃；

Δ——总温度差损失，$\Delta=\Delta'+\Delta''+\Delta'''$，℃。

蒸发计算中，通常把（4-8）的平均温度差称为有效温度差，而把 $T-t_c'$ 称为理论温差，即认为是蒸发器蒸发纯水时的温差。

2. 总传热系数 K 的确定

蒸发器的总传热系数可按下式计算

$$K=\frac{1}{\dfrac{1}{\alpha_i}+R_i+\dfrac{b}{\lambda}+R_0+\dfrac{1}{\alpha_0}} \tag{4-14}$$

式中　α_i——管内溶液沸腾的对流传热系数，W/(m^2·℃)；

α_0——管外蒸汽冷凝的对流传热系数，W/(m^2·℃)；

R_i——管内污垢热阻，m^2·℃/W；

R_0——管外污垢热阻，m^2·℃/W；

$\dfrac{b}{\lambda}$——管壁热阻，m^2·℃/W。

式(4-14) 中 α_0、R_0 及 b/λ 在传热一章中均已阐述，本章不再赘述。只是 R_i 和 α_i 成为蒸发设计计算和操作中的主要问题。由于蒸发过程中，加热面处溶液中的水分汽化，浓度上升，因此溶液很易超过饱和状态，溶质析出并包裹固体杂质，附着于表面，形成污垢，所以 R_i 往往是蒸发器总热阻的主要部分。为降低污垢热阻，工程中常采用的措施有：加快溶液循环速度，在溶液中加入晶种和微量的阻垢剂等。设计时，污垢热阻 R_i 目前仍需根据经验数据确定。至于管内溶液沸腾对流传热系数 α_i 也是影响总传热系数的主要因素。影响 α_i 的因素很多，如溶液的性质，沸腾传热的状况，操作条件和蒸发器的结构等。目前虽然对管内沸腾作过不少研究，但其所推荐的经验关联式并不大可靠，再加上管内污垢热阻变化较大，因此，目前蒸发器的总传热系数仍主要靠现场实测，以作为设计计算的依据。

显然，此值与二次蒸汽的速度、管道尺寸以及除沫器的阻力有关。由于此值难以计算，一般取经验值为 1℃。

考虑了上述因素后，操作条件下溶液的沸点 t_1，即可用下式求取：

$$t_1=T+\Delta$$

四、蒸发器生产强度的计算

1. 蒸发器的生产能力

蒸发器的生产能力用单位时间内蒸发的水分量来表示，其单位为 kg/h。

$$Q=KA(T-t_1)$$

2. 蒸发器的生产强度

$$U=\frac{W}{A}$$

若原料液为沸点进料，且忽略蒸发器各种热损失，则：

$$U=\frac{W}{A}=\frac{K\Delta t_m}{r}$$

3. 提高生产强度的途径

（1）提高传热温度差

① 提高加热蒸汽压力

② 采用真空操作。真空操作会使溶液的沸点降低，可以提高温度差和生产强度，还可防止或减少热敏性物料的分解。但应指出，真空操作时，势必要增加真空泵的功率消耗和操作费用，还会使溶液黏度增大，造成沸腾传热系数下降。因此，一般冷凝器中的操作压强为10～20kPa。

（2）提高总传热系数　总传热系数值主要取决于溶液的性质、沸腾状态、操作条件和蒸发器的结构等。因此，合理设计蒸发器以实现良好的溶液循环流动，及时排除加热室中不凝性气体，定期清洗蒸发器（加热室内管）。

五、蒸发器的节能措施

1. 额外蒸汽的引出

在多效蒸发操作中，有时将二次蒸汽引出一部分作为其他加热设备的热源，这部分蒸汽称为额外蒸汽。同时，由于进入冷凝器的二次蒸汽量减少，也降低了冷凝器的热负荷。引出额外蒸汽的蒸发流程见图4-15。

2. 冷凝水的闪蒸

上一效的冷凝水温度较高，可将其通过闪蒸器减压至下一效加热室的压力，则冷凝水由于过热将闪蒸产生部分蒸汽。将它和上一效的二次蒸汽一起作为下一效的加热蒸汽，就相当于提高了生蒸汽的经济性。冷凝水的闪蒸流程见图4-16。

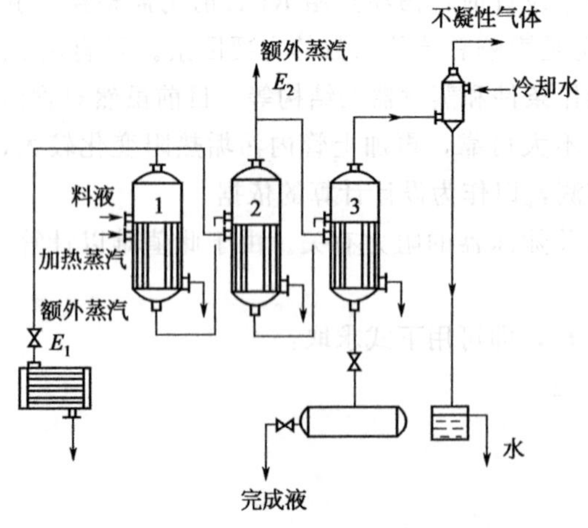

图4-15　引出额外蒸汽的蒸发流程

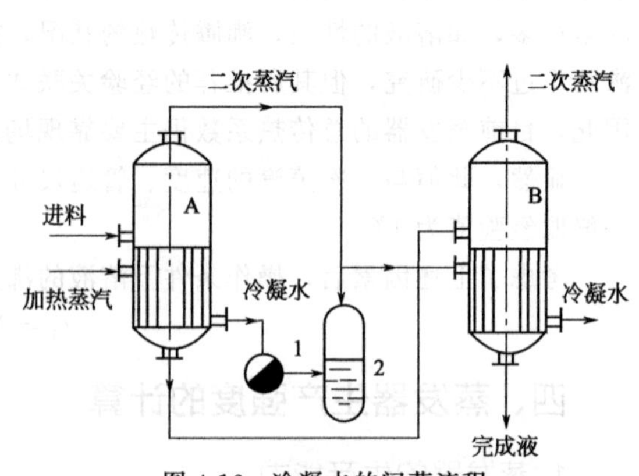

图4-16　冷凝水的闪蒸流程

A，B—蒸发器；1—冷凝水排出器；2—冷凝水闪蒸器

3. 热泵蒸发

将蒸发室排出的二次蒸汽进入压缩机内提高压力，使其饱和温度超过溶液的沸点，再送回蒸发室作加热室的加热蒸汽，这种方法称为热泵蒸发。这种操作只需在蒸发开始时需加热蒸汽，操作稳定后就不再需要加热蒸汽。

热泵蒸发只需提供使二次蒸汽升压的动力，既节省大量的加热蒸汽又可节约冷却水，但不适用沸点升高较大的溶液蒸发。二次蒸汽再蒸发流程见图 4-17。

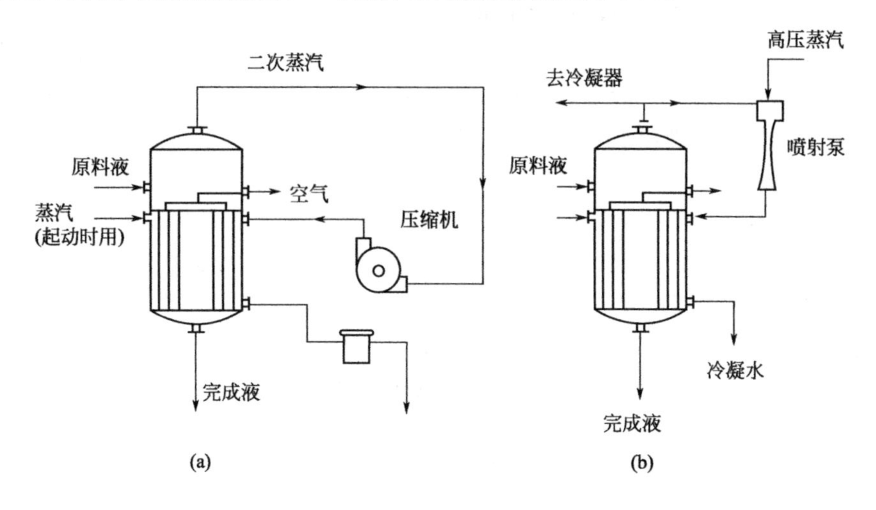

图 4-17 二次蒸汽再蒸发流程

4. 多级多效闪蒸

稀溶液经加热器加热至一定温度后进入减压的闪蒸室，闪蒸出部分水而溶液被浓缩；闪蒸产生的蒸汽用来预热进加热器的稀溶液以回收其热量，本身变为冷凝液后排出。

优点：多级闪蒸可以利用低压蒸汽作为热源，设备简单紧凑，不需要高大的厂房，蒸发过程在闪蒸室中进行，解决了物料在加热管管壁结垢的问题，其经济性也较高，近年来应用渐广。

缺点是动力消耗较大，需要较大的传热面积，也不适用于沸点上升较大物料的蒸发。闪蒸示意图见图 4-18。

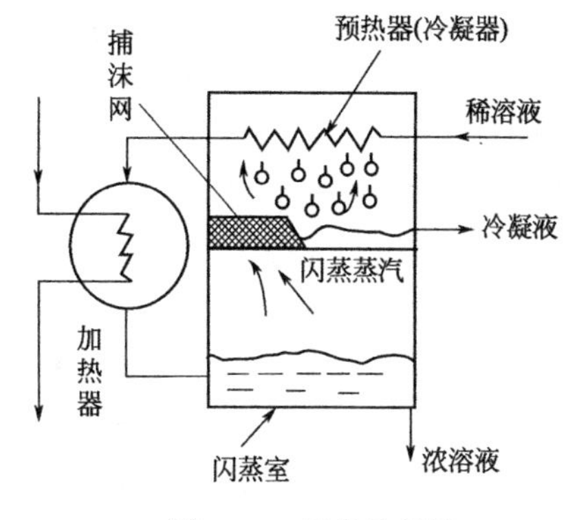

图 4-18 闪蒸示意图

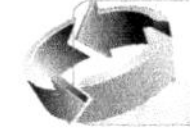

技能训练 蒸发器仿真操作训练

●实训目标

掌握蒸发器的仿真操作。

●实训准备

了解蒸发器工作原理、熟悉操作流程。

●实训步骤

1. 工艺流程说明

（1）多效蒸发工作原理简述　在大规模工业生产过程中，蒸发大量的水分必需消耗大量的加热蒸汽。为了减少加热蒸汽消耗量，可采用多效蒸发操作。将加热蒸汽通入一蒸发器，则液体受热而沸腾，所产生的二次蒸汽，其压力和温度必较原加热蒸汽（为了易于区别，在多效蒸发中常将第一效的加热蒸汽称为生蒸气）的为低。因此可引入前效的二次蒸汽作为后效的加热介质，即后效的加热室成为前效二次蒸汽的冷凝器，仅第一效需要消耗生蒸汽，这就是多效蒸发的操作原理，一般多效蒸发装置的末效或后几效总是在真空下操作。将多个蒸发器连接起来一同操作，即组成一个多效蒸发器。每一蒸发器称为一效，通入生蒸汽的蒸发器称为第一效，利用第一效的二次蒸汽以加热的，称为第二效，以此类推。由于各效（末效除外）的二次蒸汽都作为下一效蒸发器的加热蒸汽，故提高了生蒸汽的利用率（又称经济程度），即单效蒸发或多效蒸发装置中所蒸发的水量相等，但前者需要的生蒸汽量远大于后者。例如，若第一效为沸点进料，并忽略热损失、各种温度差损失以及不同压力下蒸发潜热的差别，则理论上在双效蒸发中，1kg的加热蒸汽在第一效中可以产生1kg的二次蒸汽，后者在第二效中又可蒸发1kg的水，因此，1kg的加热蒸汽在双效中可以蒸发2kg的水，则$D/W=0.5$。同理，在三效蒸发器中，1kg的加热蒸汽可蒸发3kg的水，则$D/W=0.333$。但实际上由于热损失、温度差损失等原因，单位蒸汽消耗量并不能达到如此经济的数值。

（2）工艺流程简介　本仿真培训系统以NaOH水溶液三效并流蒸发的工艺作为仿真对象。仿真范围内主要设备为蒸发器、换热器、真空泵、简单罐和阀门等。

原料NaOH水溶液（沸点进料，沸点为143.8℃）经流量调节器FIC101控制流量（10000kg/h）后，进入蒸发器F101A，料液受热而沸腾，产生136.9℃的二次蒸汽，料液从蒸发器底部经阀门LV101流入第二效蒸发器F101B。压力为500kPa、温度为151.7℃左右的加热蒸汽经流量调节器FIC102控制流量（2063.4kg/h）后，进入F101A加热室的壳程，冷凝成水后经阀门VG08排出。第一效蒸发器F101A蒸发室压力控制在327kPa，溶液的液面高度通过液位控制器LIC101控制在1.2m。第一效蒸发器产生的二次蒸汽经过蒸发器顶部阀门VG13后，进入第二效蒸发器F101B加热室的壳程，冷凝成水后经阀门VG07排出。从第一效流入第二效的料液，受热汽化产生112.7℃的二次蒸汽，料液从蒸发器底部经阀门LV102流入第三效蒸发器F101C。第二效蒸发器F101B蒸发室压力控制在163kPa，溶液的液面高度通过液位控制器LIC102控制在1.2m。第二效蒸发器产生的二次蒸汽经过蒸发器顶部阀门VG14后，进入第三效蒸发器F101C加热室的壳程，冷凝成水后经阀门VG06排出。从第二效流入第三效的料液，受热汽化产生60.1℃的二次蒸汽，料液从蒸发器底部经阀门LV103流入积液罐F102。第三效蒸发器F101C蒸发室压力控制在20kPa，溶液的液面高度通过液位控制器LIC103控制在1.2m。完成液不满足工业生产要求时，经阀门VG10卸液。第三效产生的二次蒸汽送往冷凝器被冷凝而除去。真空泵用于保持蒸发装置的末效或后几效在真空下操作。

2. 操作步骤

（1）冷态开车操作规程　分别打开冷却水阀VG05、VG04；

开真空泵A、泵前阀VG11，控制冷凝器压力；

开阀门VG15，控制蒸发器压力；

开启排冷凝水阀门 VG12；

开疏水阀 VG06、VG07 和 VG08；

手动调节 FV101，使 FIC101 指示值稳定到 10000kg/h，FV101 投自动（设定值为 10000kg/h）；

开阀门 LV101，调整 F101A 液位在 1.2m 左右，LIC101 投自动（设定值为 1.2m）；

当 F101A 压力大于 1atm 时，开阀门 VG13；

开阀门 LV102，调整 F101B 液位在 1.2m 左右，LIC102 投自动（设定值为 1.2m）；

当 F101B 压力大于 1atm 时，开阀门 VG14；

调整阀门 VG10 的开度，使 F101C 中的料液保持一定的液位高度；

手动调节 FV102，使 FIC102 指示值稳定到 2063.4kg/h，FV102 投自动（设定值为 2063.4kg/h）；

调整阀门 VG13 开度，使 F101A 压力控制在 3.22atm，温度控制在 143.8℃；

调整阀门 VG14 开度，使 F101B 压力控制在 1.60atm，温度控制在 124.5℃；

F101C 温度控制在 86.8℃。

（2）正常工况下工艺参数

① 原料液入口流量 FIC101 为 10000kg/h；

② 加热蒸汽流量 FIC102 为 2063.4kg/h，压力 PI105 为 500kPa；

③ 第一效蒸发室压力 PI101 为 3.22atm，二次蒸汽温度 TI101 为 143.8℃；

④ 第一效加热室液位 LIC101 为 1.2m；

⑤ 第二效蒸发室压力 PI102 为 1.60atm，二次蒸汽温度 TI102 为 124.5℃；

⑥ 第二效加热室液位 LIC102 为 1.2m；

⑦ 第三效蒸发室压力 PI103 为 0.25atm，二次蒸汽温度 TI103 为 86.8℃；

⑧ 第二效加热室液位 LIC103 为 1.2m；

⑨ 冷凝器压力 PIC104 为 0.20atm。

（3）停车操作规程　关闭 LIC103，打开泄液阀 VG10；

调整 VG10 开度，使 FIC101 中保持一定的液位高度；

关闭 FV102，停热物流进料；

关闭 FV101，停冷物流进料；

全开排气阀 VG13；

调整 LV101 的开度，使 F101A 的液位接近 0；

当 F101A 中压力接近 1atm 时，关闭阀门 VG13；

关闭阀门 LV101；

调整 VG14 开度，当 F101B 中压力接近 1atm 时，关闭阀门 VG14；

调整 LV102 开度，使 F101B 液位为 0；

关闭阀门 LV102；

逐渐开大 VG10 泄液；

关闭阀门 VG10、VG15；

关闭真空泵 A、泵前阀 VG11；

关闭冷却水阀 VG05、VG04；

关闭冷凝水阀 VG12；

关闭疏水阀 VG08、VG07、VG06。

(4) 事故操作规程

① 冷物流进料调节阀卡。原因：冷物流进料调节阀 FV101 卡；

现象：进料量减少，蒸发器液位下降，温度降低、压力减少；

处理：打开旁路阀 V3，保持进料量至正常值。

② F101A 液位超高。原因：F101A 液位超高；

现象：F101A 液位 LIC101 超高，蒸发器压力升高、温度增加；

处理：调整 LV101 开度，使 F101A 液位稳定在 1.2m。

③ 真空泵 A 故障。原因：运行真空泵 A 停；

现象：画面真空泵 A 显示为开，但冷凝器 E101 和末效蒸发器 F101C 压力急剧上升；

处理：启动备用真空泵 B。

●思考与分析

(1) 蒸发操作不同于一般换热过程的主要点有哪些？

(2) 提高蒸发器内液体循环速度的意义是什么？降低单程汽化率的目的是什么？

(3) 为什么要尽可能扩大管内沸腾时的气液环状流动的区域？

(4) 提高蒸发器生产强度的途径有哪些？

(5) 试分析比较单效蒸发器的间歇蒸发和连续蒸发的生产能力的大小。(设原料液浓度、温度、完成液浓度、加热蒸汽压强以及冷凝器操作压强均相等。)

(6) 多效蒸发的效数受哪些限制？

(7) 试比较单效与多效蒸发之优缺点？

本章小结

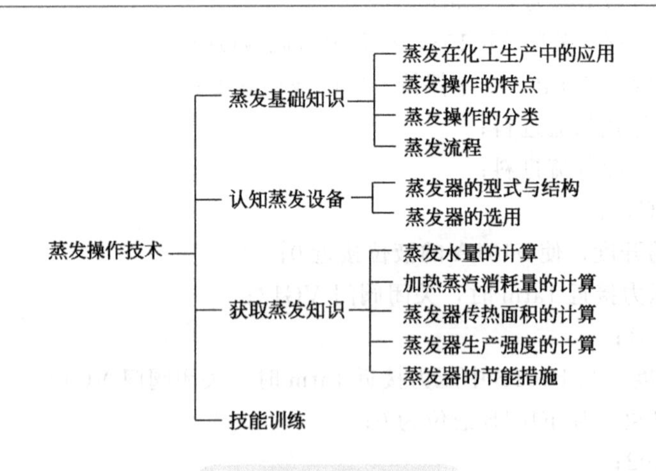

复习与思考

1. 蒸发操作与蒸馏操作的区别在哪里？

2. 何谓沸腾蒸发？何谓自然蒸发？何谓生蒸汽？何谓二次蒸汽？

3. 常见循环型和单程型蒸发器有哪些？

4. 蒸发操作能连续进行必须具备哪两个条件？

5. 何谓温度差损失？产生温度差损失的原因有哪些？

6. 常见多效蒸发流程有哪些？

计算题

1. 在葡萄糖水溶液浓缩过程中，每小时的加料量为 3000kg，浓度由 15%（质量分数）浓缩到 70%（质量分数）。试求每小时蒸发水量和完成液量。

2. 固体 NaOH 的比热容为 1.31kJ/(kg·K)，试分别估算 NaOH 水溶液质量分数为 10%和 25%时的比热。

3. 已知单效常压蒸发器每小时处理 2000kg NaOH 水溶液，溶液浓度由 15%（质量分数）浓缩到 25%（质量分数）。加热蒸汽压力为 392kPa（绝压），冷凝温度下排出。分别按 20℃加料和沸点加料（溶液的沸点为 113℃）。求此两种情况下的加热蒸汽消耗量和单位蒸汽消耗量。假设蒸发器的热损失可以忽略不计。

4. 传热面积为 $52m^2$ 的蒸发器，在常压下每小时蒸发 2500kg 7%（质量分数）的某种水溶液。原料液的温度为 95℃，常压下的沸点为 103℃。完成液的浓度为 45%（质量分数）。加热蒸汽表压力为 196kPa，热损失为 110000W。试估算蒸发器的总传热系数。

5. 已知 25%（质量分数）的 NaCl 水溶液在 101.3kPa 压力下的沸点为 107℃，在 19.6kPa 绝对压力下的沸点为 65.8℃。试利用杜林规则计算此溶液在 49kPa 绝对压力下的沸点。

6. 试计算 30%（质量分数）的 NaOH 水溶液，在 450mmHg（绝压）下由于溶液的蒸汽压降低所引起的温度差损失。

7. 某单效蒸发器的液面高度为 2m，溶液的密度为 $1250kg/m^3$。试通过计算比较在下列操作条件下，因液层静压力所引起的温度差损失：（1）操作压力为常压；（2）操作压力为 330mmHg（绝压）。

8. 用单效蒸发器浓缩 $CaCl_2$ 水溶液，操作压力为 $101.3kN/m^2$，已知蒸发器中 $CaCl_2$ 溶液的质量分数为 40.83%，其密度为 $1340kg/m^3$。若蒸发时的液面高度为 1m。试求此时溶液的沸点。

9. 在单效蒸发器中，每小时将 5000kg 的 NaOH 水溶液从 10%（质量分数）浓缩到 30%（质量分数），原料液温度 50℃。蒸发室的真空度为 500mmHg，加热蒸汽的表压为 39.23kPa。蒸发器的传热系数为 $2000W/(m^2 \cdot K)$。热损失为加热蒸汽放热量的 5%。不计液柱静压力引起的温度差损失。试求蒸发器的传热面积及加热蒸汽消耗量。当地大气压力为 101.3kPa。

10. 用单效蒸发器处理 $NaNO_3$ 溶液。溶液由 5%（质量分数）浓缩到 25%（质量分数）。蒸发室压力为 300mmHg（绝压），加热蒸汽为 39.2kPa（表压）。总传热系数为 $2170W/(m^2 \cdot K)$，加料温度为 40℃，原料液比热容为 3.77kJ/(kg·K)，热损失为蒸发器传热量的 5%。不计液柱静压力影响，求每小时得浓溶液 2 吨所需蒸发器的传热面积及加热蒸汽消耗量。

11. 在一单效蒸发器中于大气压下蒸发某种水溶液。原料液在沸点 105℃下加入蒸发器中。若加热蒸汽压力为 245kPa（绝压）时，蒸发器的生产能力为 1200kg/h（以原料液计）。当加热蒸汽改为 343.2kPa（绝压）时，试求其生产能力。假设总传热系数和完成液浓度均不变化，热损失可以忽略。

项目五
干燥操作技术

学习目标

●熟悉湿空气性质；掌握固体物料干燥过程的相平衡；掌握干燥过程基本计算；了解典型干燥设备的工作原理、结构特点。

●掌握干燥基本操作。

在化工、制药、纺织、造纸、食品、农产品加工等行业，常常需要将固体物料中的湿分除去，以便于贮藏、运输及进一步加工，达到生产规定的要求。

除去固体物料中湿分的方法称为去湿。去湿的方法很多，其中用加热的方法使水分或其他溶剂汽化，除去固体物料中湿分的操作，称为固体的干燥。工业上干燥有多种方法，其中，对流干燥在工业上应用最为广泛。本项目将主要介绍以空气为干燥介质、湿分为水分的对流干燥。

任务一　干燥器的结构及应用

一、干燥器的分类

在工业生产中，由于被干燥物料的形状和性质不同，生产规模或生产能力也相差较大，对干燥产品的要求也不尽相同，因此，所采用干燥器的型式也是多种多样的。图 5-1～图 5-6为常见的几种干燥器，它们的构造、原理、性能特点及应用场合见表 5-1。

表 5-1　干燥器的性能特点及应用场合

类型	构造及原理	性能特点	应用场合
厢式干燥器	多层长方形浅盘叠置在框架上，湿物料在浅盘中，厚度通常为 10～100mm，一般浅盘的面积为 0.3～1m²。新鲜空气由风机抽入，经加热后沿挡板均匀地进入各层之间，平行流过湿物料表面，带走物料中的湿分	构造简单，设备投资少，适应性强，物料损失小，盘易清洗。但物料得不到分散，干燥时间长，热利用率低，产品质量不均匀，装卸物料的劳动强度大	多应用在小规模、多品种、干燥条件变动大，干燥时间长的场合、如实验室或中间试验的干燥装置

续表

类型	构造及原理	性能特点	应用场合
洞道式干燥器	干燥器为一较长的通道，被干燥物料放置在小车内、运输带上、架子上或自由地堆置在运输设备上，沿通道向前移动，并一次通过通道。空气连续地在洞道内被加热并强制地流过物料	可进行连续或半连续操作；制造和操作都比较简单，能量的消耗也不大	适用于具有一定形状的比较大的物料，如皮革、木材、陶瓷等的干燥
转筒式干燥器	湿物料从干燥机一端投入后，在筒内抄板器的翻动下，物料在干燥器内均匀分布与分散，并与并流（逆流）的热空气充分接触。在干燥过程中，物料在带有倾斜度的抄板和热气流的作用下，可调控地运动至干燥机另一段星形卸料阀排出成品	生产能力大，操作稳定可靠，对不同物料的适应性强，操作弹性大，机械化程度较高。但设备笨重，一次性投资大；结构复杂，传动部分需经常维修，拆卸困难；物料在干燥器内停留时间长，且物料颗粒之间的停留时间差异较大	主要用于处理散粒状物料，亦可处理含水量很高的物料或膏糊状物料，也可以干燥溶液、悬浮液、胶体溶液等流动性物料
气流式干燥器	直立圆筒形的干燥管，其长度一般为10～20m，热空气（或烟道气）进入干燥管底部，将加料器连续送入的湿物料吹散，并悬浮在其中。一般物料在干燥管中的停留时间为0.5～3s，干燥后的物料随气流进入旋风分离器，产品由下部收集	干燥速率大，接触时间短，热效率高；操作稳定，成品质量稳定；结构相对简单，易于维修，成本费用低。但对除尘设备要求严格，系统流动阻力大，对厂房要求有一定的高度	适宜于干燥热敏性物料或临界含水量低的细粒或粉末物料
流化床干燥器	湿物料由床层的一侧加入，由另一侧导出。热气流由下方通过多孔分布板均匀地吹入床层，与固体颗粒充分接触后，由顶部导出，经旋风器回收其中夹带的粉尘后排出。颗粒在热气流中上下翻动，彼此碰撞和混合，气、固间进行传热、传质，以达到干燥目的	传热、传质速率高，设备简单，成本费用低，操作控制容易。但操作控制要求高。而且由于颗粒在床中高度混合，可能引起物料的反混和短路，从而造成物料干燥不充分	适用于处理粉粒状物料，而且粒径最好在30～60μm范围
喷雾干燥器	热空气与喷雾液滴都由干燥器顶部加入，气流作螺旋形流动旋转下降，液滴在接触干燥室内壁前已完成干燥过程，大颗粒收集到干燥器底部后排出，细粉随气体进入旋风器分出。废气在排空前经湿法洗涤塔（或其他除尘器）以提高回收率，并防止污染	干燥过程极快，可直接获得干燥产品，因而可省去蒸发、结晶、过滤、粉碎等工序；能得到速溶的粉末或空心细颗粒；易于连续化、自动化操作。但热效率低，设备占地面积大，设备成本费高，粉尘回收麻烦	适用于士林蓝及士林黄染料等

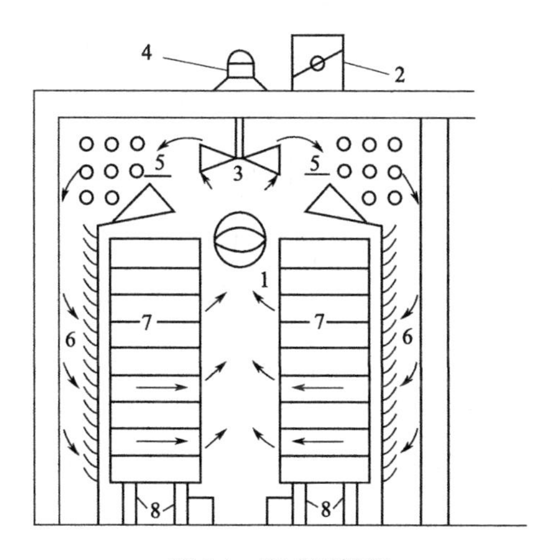

图 5-1　厢式干燥器

1—空气入口；2—空气出口；3—风扇；4—电动机；5—加热器；6—挡板；7—盘架；8—移动轮

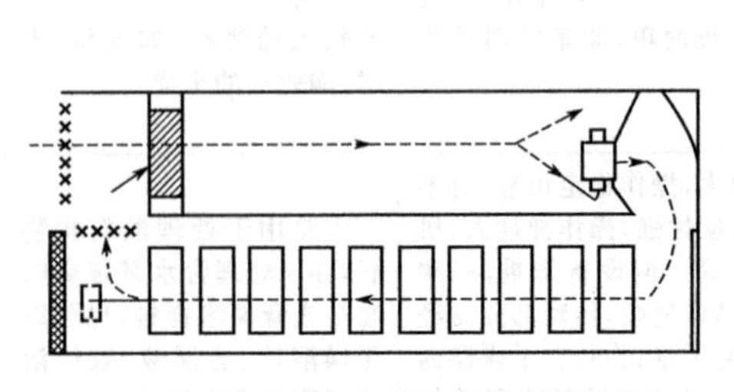

图 5-2　洞道式干燥器示意图

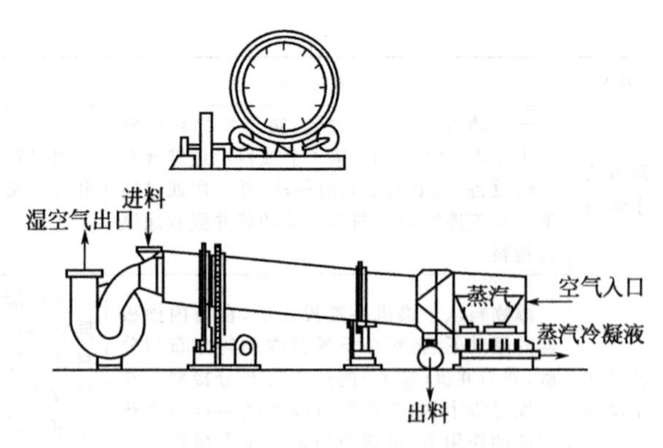

图 5-3　转筒式干燥器示意图

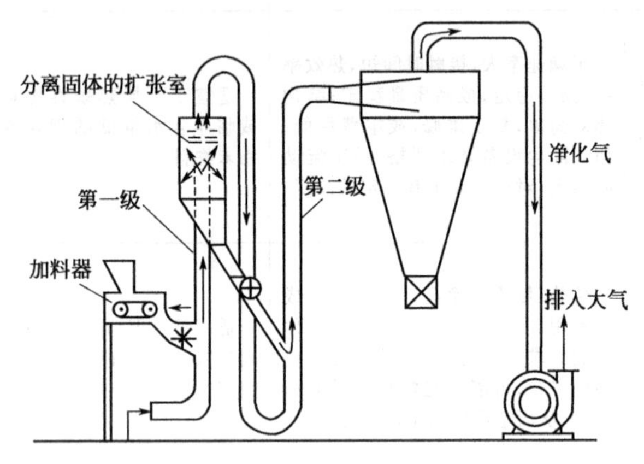

图 5-4　二段气流式干燥器示意图

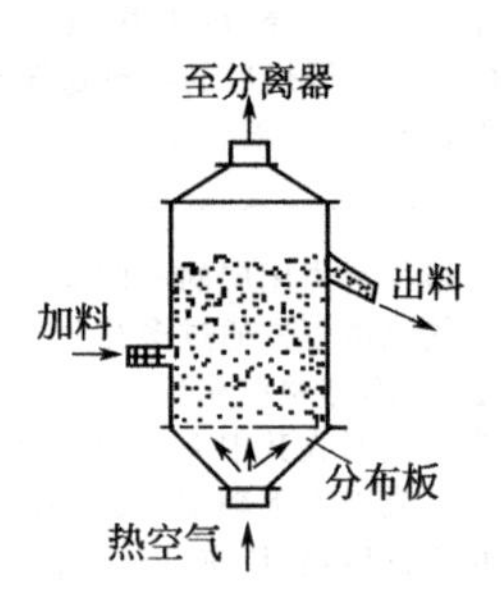

图 5-5　单层圆筒流化床干燥器示意图

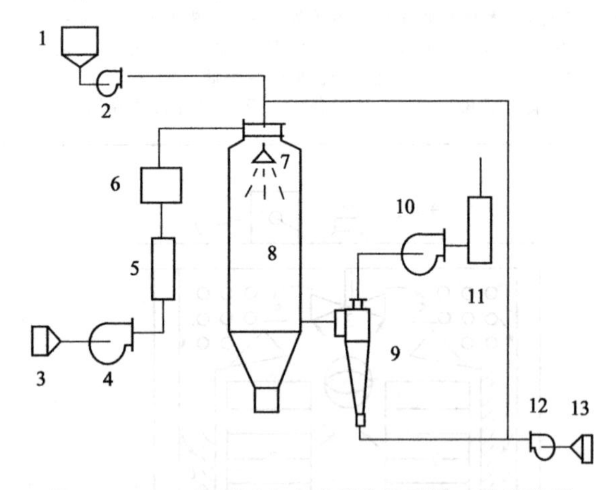

图 5-6　YPG-Ⅱ型压力式喷雾造粒干燥工艺流程图

1—高位槽；2—隔膜泵；3,13—空气过滤器；4—送风机；5—蒸汽加热器；6—电加热器；7—喷嘴；8—干燥塔；9—旋风分离器；10—引风机；11—尾气过滤器；12—高压风机

二、固体物料的去湿方法

除去固体物料中湿分的方法称为去湿。去湿的方法很多，常用的有以下几种：

1. 机械分离法

即通过压榨、过滤和离心分离等方法去湿。这是一种耗能较少、较为经济的去湿方法，但湿分的除去不完全，多用于处理含液量大的物料，适于初步去湿。

2. 吸附脱水法

即用固体吸附剂，如氯化钙、硅胶等吸去物料中所含的水分。这种方法去除的水分量很少，且成本较高。

3. 干燥法

即利用热能，使湿物料中的湿分汽化而去湿的方法。按照热能供给湿物料的方式，干燥法可分为：

(1) 传导干燥　热能通过传热壁面以传导方式传给物料，产生的湿分蒸汽被气相（又称干燥介质）带走，或用真空泵排走。例如纸制品可以铺在热滚筒上进行干燥。

(2) 对流干燥　使干燥介质直接与湿物料接触，热能以对流方式加入物料，产生的蒸汽被干燥介质带走。

(3) 辐射干燥　由辐射器产生的辐射能以电磁波形式到达物体的表面，为物料吸收而重新变为热能，从而使湿分汽化。例如用红外线干燥法将自行车表面油漆烘干。

(4) 介电加热干燥　将需要干燥电解质物料置于高频电场中，电能在潮湿的电介质中变为热能，可以使液体很快升温汽化。这种加热过程发生在物料内部，故干燥速率较快，例如微波干燥食品。

干燥法耗能较大，工业上往往将机械分离法与干燥法联合起来除湿，即先用机械方法尽可能除去湿物料中的大部分湿分，然后再利用干燥方法继续除湿。

任务二　干燥的基础知识

一、对流干燥的方法

典型的对流干燥工艺流程如图 5-7 所示，空气经加热后进入干燥器，气流与湿物料直接接触，空气沿流动方向温度降低，湿含量增加，废气自干燥器另一端排出。

对流干燥过程中，物料表面温度 θ_i 低于气相主体温度 t，因此热量以对流方式从气相传递到固体表面，再由表面向内部传递，这是个传热过程；固体表面水汽分压 p_i 高于气相主体中水汽分压，因此水汽由固体表面向气相扩散，这是一个传质过程。可见对流干燥过程是传质和传热同时进行的过程，见图 5-8。

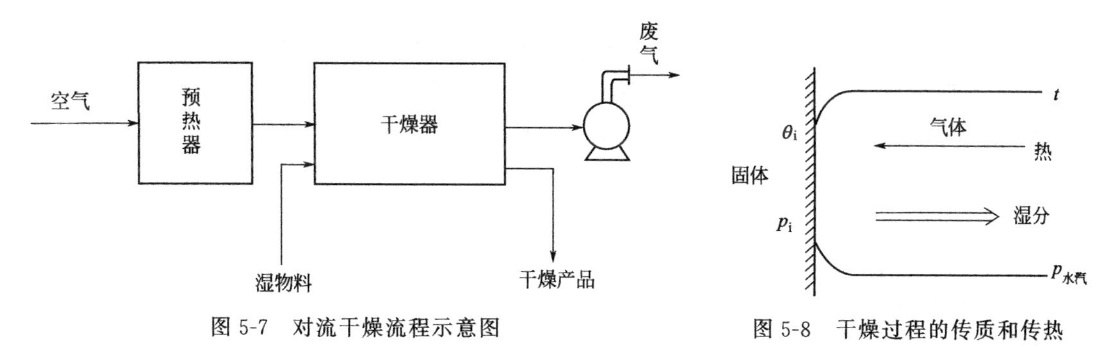

图 5-7　对流干燥流程示意图

图 5-8　干燥过程的传质和传热

显然，干燥过程中压差（$p_{水汽}-p_i$）越大，温差（$t-\theta_i$）越高，干燥过程进行得越快，因此干燥介质及时将汽化的水汽带走，以维持一定的扩散推动力。

二、空气的性质

1. 湿度 H

湿度 H 是湿空气中所含水蒸气的质量与绝干空气质量之比，单位 kg 水/kg 干空气。

（1）定义式

$$H=\frac{M_v n_v}{M_a n_a}=\frac{18n_v}{29n_a}=0.622\times\frac{n_v}{n_a} \tag{5-1}$$

式中　M_a——干空气的摩尔质量，kg/kmol；
M_v——水蒸气的摩尔质量，kg/kmol；
n_a——湿空气中干空气的物质的量，kmol；
n_v——湿空气中水蒸气的物质的量，kmol。

（2）以分压比表示

$$H=0.622\times\frac{p_v}{p-p_v} \tag{5-2}$$

式中　p_v——水蒸气分压，N/m²；
p——湿空气总压，N/m²。

（3）饱和湿度 H_s　若湿空气中水蒸气分压恰好等于该温度下水的饱和蒸汽压 p_s，此时的湿度为在该温度下空气的最大湿度，称为饱和湿度，以 H_s 表示。

$$H_s=0.622\times\frac{p_s}{p-p_s} \tag{5-3}$$

式中，p_s 为同温度下水的饱和蒸汽压，N/m²。

由于水的饱和蒸汽压只与温度有关，故饱和湿度是湿空气总压和温度的函数。

2. 相对湿度 φ

当总压一定时，湿空气中水蒸气分压 p_v 与一定总压下空气中水汽分压可能达到的最大值之比的百分数，称为相对湿度。

（1）定义式

$$\varphi=\frac{p_v}{p_s}\times100\%\quad(p_s\leqslant p) \tag{5-4a}$$

$$\varphi=\frac{p_v}{p}\times100\%\quad(p_s>p) \tag{5-4b}$$

（2）意义　相对湿度表明了湿空气的不饱和程度，反映湿空气吸收水汽的能力。

$\varphi=1$（或 100%），表示空气已被水蒸气饱和，不能再吸收水汽，已无干燥能力。φ 越小，即 p_v 与 p_s 差距越大，表示湿空气偏离饱和程度越远，干燥能力越大。

（3）H、φ、t 之间的函数关系

$$H=0.622\times\frac{\varphi p_s}{p-\varphi p_s} \tag{5-5}$$

可见，对水蒸气分压相同，而温度不同的湿空气，若温度越高，则 p_s 值越大，φ 值越小，干燥能力越强。

以上介绍的是表示湿空气中水分含量的两个性质，下面介绍的是与热量衡算有关的性质。

3. 湿比热 C_H

定义：将1kg干空气和其所带的Hkg水蒸气的温度升高1℃所需的热量，简称湿热，单位为kJ/(kg干空气·℃)。

$$C_H=C_a+C_vH=1.01+1.88H \tag{5-6}$$

式中　C_a——干空气比热，其值约为1.01kJ/(kg干空气·℃)；

C_v——水蒸气比热，其值约为1.88kJ/(kg干空气·℃)。

4. 焓 I

湿空气的焓为单位质量干空气的焓和其所带Hkg水蒸气的焓之和，单位为kJ/kg干空气。

计算基准：0℃时干空气与液态水的焓等于零。

$$I=c_gt+(r_0+c_vt)H=r_0H+(c_g+c_vH)t=2492H+(1.01+1.88H)t \tag{5-7}$$

式中，r_0为0℃时水蒸气汽化潜热，其值为2492kJ/kg。

5. 湿空气比容 υ_H

定义：每单位质量绝干空气中所具有的空气和水蒸气的总体积，单位为m^3/kg干气。

$$\upsilon_H=\upsilon_g+\upsilon_wH=(0.773+1.244H)\times\frac{273+t}{273}\times\frac{101.3\times10^2}{p} \tag{5-8}$$

由式(5-8)可见，湿比容随其温度和湿度的增加而增大。

6. 露点 t_d

(1) 定义　一定压力下，将不饱和空气等降温至饱和，出现第一滴露珠时的温度。

$$H=0.622\times\frac{p_d}{p-p_d} \tag{5-9}$$

式中，p_d为露点t_d时饱和蒸汽压，也就是该空气在初始状态下的水蒸气分压p_v。

(2) 计算 t_d

$$p_d=\frac{Hp}{0.622+H} \tag{5-9a}$$

计算得到p_d，查其相对应的饱和温度，即为该湿含量H和总压p时的露点t_d。

(3) 同样地，由露点t_d和总压p可确定湿含量H。

$$H=0.622\times\frac{p_d}{p-p_d} \tag{5-9b}$$

7. 干球温度 t、湿球温度 t_w

(1) 干球温度t　在空气流中放置一支普通温度计，所测得空气的温度为t，相对于湿球温度而言，此温度称为空气的干球温度。

(2) 湿球温度t_w　如图5-9所示，用水润湿纱布包裹普通温度计的感温球，即为湿球温度计。将它置于一定温度和湿度的流动的空气中，达到稳态时所测得的温度称为空气的湿球温度，以t_w表示。

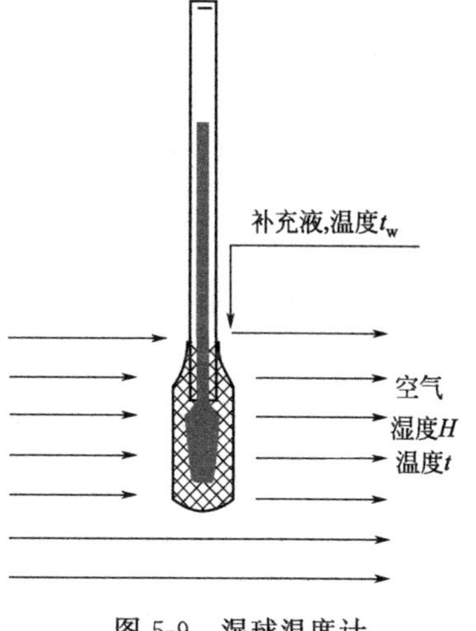

图5-9　湿球温度计

当不饱和空气流过湿球表面时，由于湿纱布表面的饱和蒸汽压大于空气中的水蒸气分压，在湿纱布表面和气体之间存在着湿度差，这一湿度差使湿纱布表面的水分汽化被气流带走，水分汽化所需潜热，首先取自湿纱布中水分的显热，使其表面降温，于是在湿纱布表面与气流之间又形成了温度差，这一温度差将引起空气向湿纱布传递热量。

当单位时间由空气向湿纱布传递的热量恰好等于单位时间自湿纱布表面汽化水分所需的热量时，湿纱布表面就达到稳态温度，即湿球温度。经推导得：

$$t_w = t - \frac{k_H r_w}{\alpha}(H_w - H) \tag{5-10}$$

式中 H_w——湿空气在温度 t_w 下的饱和湿度，kg 水/kg 干气；

H——空气的湿度，kg 水/kg 干气；

k_H——以湿度差为推动力的传质系数，kg/(m²·s·ΔH)；

α——空气向湿纱布的对流传热膜系数，W/(m²·℃)。

实验表明：当流速足够大时，热、质传递均以对流为主，且 k_H 及 α 都与空气速率的 0.8 次幂成正比，一般在气速为 3.8～10.2m/s，α/k_H 近似为一常数（对水蒸气与空气的系统，α/k_H=0.96～1.005）。此时，湿球温度 t_w 为湿空气温度 t 和湿度 H 的函数。

注意：湿球温度不是状态函数；在测量湿球温度时，空气速率一般需大于 5m/s，使对流传热起主要作用，相应减少热辐射和传导的影响，使测量较为精确。

8. 绝热饱和温度 t_{as}

绝热饱和过程中，气、液两相最终达到的平衡温度称为绝热饱和温度。

图 5-10 表示了不饱和空气在与外界绝热的条件下和大量的水接触，若时间足够长，使传热、传质趋于平衡，则最终空气被水蒸气所饱和，空气与水温度相等，即为该空气的绝热饱和温度。

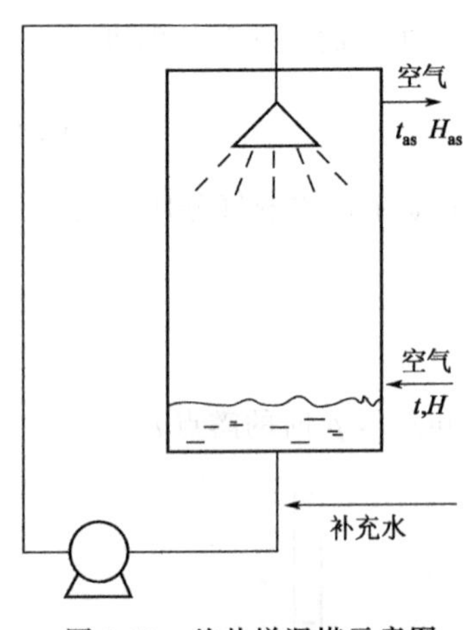

图 5-10 绝热增湿塔示意图

此时气体的湿度为 t_{as} 下的饱和湿度 H_{as}。以单位质量的干空气为基准，在稳态下对全塔作热量衡算：

$$c_H(t - t_{as}) = (H_{as} - H) r_{as}$$

或

$$t_{as} = t - \frac{r_{as}}{c_H}(H_{as} - H) \tag{5-11}$$

式(5-11) 表明，空气的绝热饱和温度 t_{as} 是空气湿度 H 和温度 t 的函数，是湿空气的状态参数，也是湿空气的性质。当 t、t_{as} 已知时，可用式(5-11) 来确定空气的湿度 H。

在绝热条件下，空气放出的显热全部变为水分汽化的潜热返回气体中，对于 1kg 空气来说，水分汽化的量等于其湿度差（$H_m - H$），由于这些水分汽化时，除潜热外，还将温度为 t_{as} 的显热也带至气体中。所以，绝热饱和过程结束时，气体的焓比原来增加了 $4.187t_{as}(H_{as} - H)$。但此值和气体的焓相比很小，可忽略不计，故绝热饱和过程又可当作等过焓程处理。

对于空气和水的系统，湿球温度可视为等于绝热饱和温度。因为在绝热条件下，用湿空气干燥湿物料的过程中，气体温度的变化是趋向于绝热饱和温度 t_{as} 的。如果湿物料足够润湿，则其表面温度也就是湿空气的绝热饱和温度 t_{as}，亦即湿球温度 t_w，而湿球温度是很容易测定的，因此湿空气在等焓过程中的其他参数的确定就比较容易了。

比较干球温度 t、湿球温度 t_w、绝热饱和温度 t_{as} 及露点 t_d 可以得出：

不饱和湿空气：$t>t_w(t_{as})>t_d$

饱和湿空气：$t=t_w(t_{as})=t_d$

【例 5-1】 已知湿空气的总压为 101.3kN/m²，相对湿度为 50%，干球温度为 20℃。试求：(1) 湿度 H；(2) 水蒸气分压 p；(3) 露点 t_d；(4) 焓 I；(5) 如将 500kg/h 干空气预热至 117℃，求所需热量 Q；(6) 每小时送入预热器的湿空气体积 V。

解： $p=101.3\text{kN/m}^2$，$\varphi=50\%$，$t=20℃$，由饱和水蒸气表查得，水在 20℃时饱和蒸汽压为 $p_s=2.34\text{kN/m}^2$

(1) 湿度 H

$$H=0.622\times\frac{\varphi p_s}{p-\varphi p_s}=0.622\times\frac{0.50\times2.34}{101.3-0.5\times2.34}=0.00727(\text{kg/kg 干空气})$$

(2) 水蒸气分压

$$p=\varphi p_s=0.5\times2.34=1.17(\text{kN/m}^2)$$

(3) 露点 t_d

露点是空气在湿度 H 或水蒸气分压 p 不变的情况下，冷却达到饱和时的温度。所以可由 $p=1.17\text{kN/m}^2$ 查饱和水蒸气表，得到对应的饱和温度 $t_d=9℃$。

(4) 焓 I

$$\begin{aligned}I&=(1.01+1.88H)t+2492H\\&=(1.01+1.88\times0.00727)\times20+2492\times0.00727\\&=38.6\ (\text{kJ/kg 干空气})\end{aligned}$$

(5) 热量 Q

$$\begin{aligned}Q&=500\times(1.01+1.88\times0.00727)\times(117-20)\\&=49648\ (\text{kJ/h})=13.8\text{kW}\end{aligned}$$

(6) 湿空气体积 V

$$\begin{aligned}V&=500v_H=500\times(0.773+1.224H)\times\frac{t+273}{273}\\&=500\times(0.773+1.244\times0.00727)\times\frac{20+273}{273}\\&=419.7\ (\text{m}^3/\text{h})\end{aligned}$$

三、物料中所含水分的性质

1. 结合水分与非结合水分

根据物料与水分结合力的状况，可将物料中所含水分分为结合水分与非结合水分。

(1) 结合水分　包括物料细胞壁内的水分、物料内毛细管中的水分及以结晶水的形态存在于固体物料之中的水分等。这种水分是借化学力或物理化学力与物料相结合的，由于结合力强，其蒸汽压低于同温度下纯水的饱和蒸汽压，致使干燥过程的传质推动力降低，故除去结合水分较困难。

(2) 非结合水分　包括机械地附着于固体表面的水分，如物料表面的吸附水分、较大孔隙中的水分等。物料中非结合水分与物料的结合力弱，其蒸汽压与同温度下纯水的饱和蒸汽压相同，因此，干燥过程中除去非结合水分较容易。

用实验方法直接测定某物料的结合水分与非结合水分较困难，但根据其特点，可利用平衡关系外推得到。在一定温度下，由实验测定的某物料的平衡曲线，将该平衡曲线延长与 $\varphi=100\%$ 的纵轴相交（如图 5-11 所示），交点以下的水分为该物料的结合水分，因其蒸汽压低于同温下纯水的饱和蒸汽压。交点以上的水分为非结合水分。

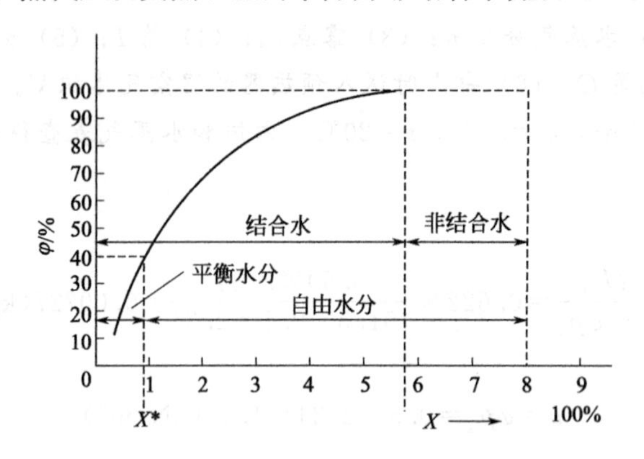

图 5-11　物料中所含水分的性质

物料所含结合水分或非结合水分的量仅取决于物料本身的性质，而与干燥介质状况无关。

2. 平衡水分与自由水分

根据物料在一定的干燥条件下，其中所含水分能否用干燥方法除去来划分，可分为平衡水分与自由水分。

（1）平衡水分　物料中所含有的不因和空气接触时间的延长而改变的水分，这种恒定的含水量称为该物料在一定空气状态下的平衡水分，用 X^* 表示。

当一定温度 t、相对湿度 φ 的未饱和的湿空气流过某湿物料表面时，由于湿物料表面蒸汽压大于空气中水蒸气分压，则湿物料的水分向空气中汽化，直到物料表面蒸汽压与空气中水蒸气分压相等时为止，即物料中的水分与该空气中水蒸气达到平衡状态，此时物料所含水分即为该空气条件（t、φ）下物料的平衡水分。平衡水分随物料的种类及空气的状态不同而异。对于同一物料，当空气温度一定，改变其 φ 值，平衡水分也将改变。

（2）自由水分　物料中超过平衡水分的那一部分水分，称为该物料在一定空气状态下的自由水分。

若平衡水分用 X^* 表示，则自由水分为（$X-X^*$）。

四、物料中含水量的表示方法

1. 湿基含水量

湿物料中所含水分的质量分率称为湿物料的湿基含水量，单位为 kg/kg 湿料。

$$w=\frac{\text{湿物料中的水分的质量}}{\text{湿物料总质量}}$$

2. 干基含水量

不含水分的物料通常称为绝对干料，湿物料中的水分的质量与绝对干料质量之比称为湿物料的干基含水量，单位为 kg/kg 干物料。

$$X=\frac{\text{湿物料中的水分的质量}}{\text{湿物料中绝干物料的质量}}$$

两者的关系

$$X=\frac{w}{1-w} \tag{5-12}$$

$$w=\frac{X}{1+X} \tag{5-13}$$

任务三　干燥计算

一、干燥过程的物料衡算

1. 水分蒸发量

对图 5-12 所示的连续干燥器作水分的物料衡算。以 1h 为基准，若不计干燥过程中物料损失量，则在干燥前后物料中绝对干料的质量不变，即：

$$G_c=G_1(1-w_1)=G_2(1-w_2) \tag{5-14}$$

式中　G_1——进干燥器的湿物料的质量，kg/h；

G_2——出干燥器的湿物料的质量，kg/h。

由式(5-14) 可以得出 G_1、G_2 之间的关系

$$G_1=G_2\times\frac{1-w_2}{1-w_1}；\ G_2=G_1\times\frac{1-w_1}{1-w_2}$$

式中，w_1、w_2 为干燥前后物料的湿基含水量，kg 水/kg 料。

干燥器的总物料衡算为：

$$G_1=G_2+W \tag{5-15}$$

则蒸发的水分量为：

$$W=G_1-G_2=G_1\times\frac{w_1-w_2}{1-w_2}=G_2\times\frac{w_1-w_2}{1-w_1}$$

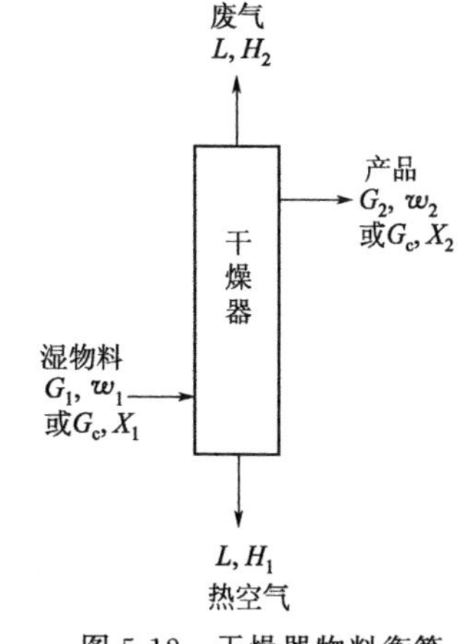

图 5-12　干燥器物料衡算

式中，W 为水分蒸发量，kg/h。

若以干基含水量表示，则水分蒸发量可用下式计算：

$$W=G_c(X_1-X_2) \tag{5-16}$$

也可得出：

$$W=L(H_2-H_1)=G_c(X_1-X_2) \tag{5-17}$$

式中　L——干空气的质量流量，kg/h；

G_c——湿物料中绝干物料的质量，kg/h；

H_1，H_2——进、出干燥器的湿物料的湿度，kg 水/kg 干空气；

X_1，X_2——干燥前后物料的干基含水量，kg 水/kg 干物料。

2. 干空气消耗量

由式(5-17) 可得干空气的质量：

$$L=\frac{W}{H_2-H_1}=\frac{G_c(X_1-X_2)}{H_2-H_1} \tag{5-18}$$

蒸发 1kg 水分所消耗的干空气量，称为单位空气消耗量，其单位为 kg 绝干空气/kg 水分，用 l 表示，则：

$$l=L/W=1/(H_2-H_1) \tag{5-19}$$

如果以 H_0 表示空气预热前的湿度，而空气经预热器后，其湿度不变，故 $H_0=H_1$，则有：

$$l=1/(H_2-H_0) \tag{5-19a}$$

由上可见，单位空气消耗量仅与 H_2、H_0 有关，与路径无关。

【例 5-2】 某干燥器处理湿物料量为 800kg/h。要求物料干燥后含水量由 30%减至 4%（均为湿基）。干燥介质为空气，初温为 15℃，相对湿度为 50%，经预热器加热至 120℃，试求：(1) 水分蒸发量 W；(2) 空气消耗量 L、单位空气消耗量 l；(3) 如鼓风机装在进口处，求鼓风机之风量 V。

解：(1) 水分蒸发量 W

$$W=G_1\times\frac{w_1-w_2}{1-w_2}=800\times\frac{0.3-0.04}{1-0.04}=216.7\ (\text{kg/h})$$

(2) 空气消耗量 L、单位空气消耗量 l

由式(5-5) 可得空气在 $t_0=15℃$、$\varphi_0=50\%$ 时的湿度 $H_0=0.005$kg 水/kg 干空气，在 $t_2=45℃$、$\varphi_2=80\%$ 时的湿度为 $H_2=0.052$kg 水/kg 干空气，空气通过预热器湿度不变，即

$$H_0=H_1$$

$$L=\frac{W}{H_2-H_1}=\frac{W}{H_2-H_0}=\frac{216.7}{0.052-0.005}=4610\ (\text{kg 干空气/h})$$

$$l=\frac{1}{H_2-H_0}=\frac{1}{0.052-0.005}=21.3\ (\text{kg 绝干空气/kg 水分})$$

(3) 风量 V

$$v_H=(0.773+1.244H_0)\times\frac{t_0+273}{273}$$

$$=(0.773+1.244\times0.005)\times\frac{15+273}{273}$$

$$=0.822(\text{m}^3/\text{kg 干空气})$$

$$V=Lv_H=4610\times0.822=3790(\text{m}^3/\text{h})$$

二、干燥过程的热量衡算

通过干燥系统的热量衡算可以求得：预热器消耗的热量；向干燥器补充的热量；干燥过程消耗的总热量。这些内容可作为计算预热器传热面积、加热介质用量、干燥器尺寸以及干燥系统热效应等的依据。

1. 热量衡算的基本方程

若忽略预热器的热损失，对图 5-13 预热器列焓衡算，得：

$$LI_0+Q_p=LI_1$$

故单位时间内预热器消耗的热量为：

$$Q_p=L(I_1-I_0) \tag{5-20}$$

再对图 5-13 的干燥器列焓衡算，得：

$$LI_1+GI_1'+Q_D=LI_2+GI_2'+Q_L$$

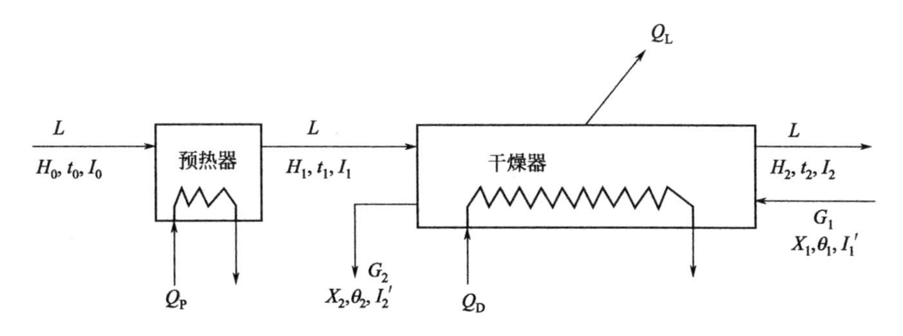

图 5-13　干燥器的热量衡算

式中　Q_L——热损失，kg/s；

I_0，I_1，I_2——湿空气进、出预热器及出干燥器的焓，kJ/kg 干空气；

I_1'，I_2'——湿物料的焓，kJ/kg 干物料。

故单位时间内向干燥器补充的热量为：

$$Q_D=L(I_2-I_1)+G(I_2'-I_1')+Q_L \tag{5-21}$$

联立式(5-20)、式(5-21) 得：

$$Q=Q_p+Q_D=L(I_2-I_0)+G(I_2'-I_1')+Q_L \tag{5-22}$$

式(5-20)～式(5-22) 为连续干燥系统中热量衡算的基本方程式。为了便于分析和应用，将式(5-21) 式作如下处理。假设：

(1) 新鲜空气中水汽的焓等于离开干燥器废气中水汽的焓，即：

$$I_{v_2}=I_{v_0}$$

(2) 湿物料进出干燥器时的比热取平均值 c_m。

根据焓的定义，可写出湿空气进出干燥系统的焓为：

$$\begin{aligned}I_0&=c_g(t_0-0)+H_0c_v(t_0-0)+H_0r_0\\&=c_gt_0+H_0c_vt_0+H_0r_0\\&=c_gt_0+I_{v_0}H_0\end{aligned}$$

同理：

$$I_2=c_gt_2+I_{v_2}H_2$$

上两式相减并将假设 (1) 代入，为了简化起见，取湿空气的焓为 I_{v_2}，故：

$$I_2-I_0=c_g(t_2-t_0)+I_{v_2}(H_2-H_0)$$

或：

$$\begin{aligned}I_2-I_0&=c_g(t_2-t_0)+(r_0'+c_{v_2}t_2)(H_2-H_0)\\&=1.01(t_2-t_0)+(2490+1.88t_2)(H_2-H_0)\end{aligned} \tag{5-23}$$

湿物料进出干燥器的焓分别为：

$$I_1'=c_{m_1}\theta_1$$

$$I_2'=c_{m_2}\theta_2$$　（焓以 0℃为基准温度，物料基准状态——绝干物料）

式中　c_{m_1}，c_{m_2}——分别为湿物料进、出干燥器时的比热，kg/(kg 绝热干料·℃)；

θ_1，θ_2——分别为湿物料进入和离开干燥器时温度，℃。

将假设 (2) 代入下式：

$$I_2'-I_1'=c_m(\theta_2-\theta_1) \tag{5-24}$$

将式(5-22)、式(5-23) 及 $L=\dfrac{W}{H_2-H_1}$代入式(5-21) 得

$$Q=Q_p+Q_D=L(I_2-I_0)+G(I_2'-I_1')+Q_L$$
$$=L[1.01(t_2-t_0)+(2490+1.88t_2)(H_2-H_0)]+Gc_m(\theta_2-\theta_1)+Q_L$$
$$=1.01L(t_2-t_0)+W(2490+1.88t_2)+Gc_m(\theta_2-\theta_1)+Q_L \qquad (5\text{-}25)$$

分析式(5-25) 可知，向干燥系统输入的热量用于：

加热空气；蒸发水分；加热物料；热损失。

上述各式中的湿物料比热 c_m 可由绝干物料比热 c_g 及纯水的比热 c_w 求得，即：

$$c_m=c_g+Xc_w$$

2. 空气通过干燥器时的状态变化

干燥过程既有热量传递又有质量传递，情况复杂，一般根据空气在干燥器内焓的变化，将干燥过程分为等焓过程与非等焓过程两大类。

(1) 等焓干燥过程　等焓干燥过程又称绝热干燥过程，等焓干燥条件：

①不向干燥器中补充热量；②忽略干燥器的热损失；③物料进出干燥器的焓值相等。

将上述假设代入式(5-25)，得：

$$L(I_1-I_0)=L(I_2-I_0)$$

即：
$$I_1=I_2$$

上式说明空气通过干燥器时焓恒定，实际操作中很难实现这种等焓过程，故称为理想干燥过程，但它能简化干燥的计算，并能在 H-I 图上迅速确定空气离开干燥器时的状态参数。

(2) 非等焓干燥器过程　非等焓干燥器过程又称实际干燥过程。由于实际干燥过程不具备等焓干燥条件，所以：

$$L(I_1-I_0)\neq L(I_2-I_0)$$
$$I_1\neq I_2$$

非等焓过程中空气离开干燥器时状态点可用计算法或图解法确定。

【例 5-3】 用连续干燥器干燥含水 1.5%的物料 9200kg/h，物料进口温度 25℃，产品出口温度 34.4℃，含水 0.2%（均为湿基），其比热为 1.84kJ/(kg·℃)，空气的干球温度为 26℃、湿球温度为 23℃，在预热器加热到 95℃后进入干燥器，空气离开干燥器的温度为 65℃，干燥器的热损失为 71900kJ/h。试求：(1) 产品量；(2) 空气用量；(3) 预热器所需热量。

解：(1) 产品量

$$W=G_1\times\frac{w_1-w_2}{1-w_2}=9200\times\frac{0.015-0.002}{1-0.002}=120(\text{kg/h})$$

则产品量为：$G_2=G_1-W=9200-120=9080$ (kg/h)

(2) 空气用量

$$L=\frac{W}{H_2-H_1}$$

式中，$H_1=H_0$，由 $t_0=26$℃，$t_w=23$℃，查湿度图得：$H_1=H_0=0.017$

由于
$$\frac{t_1-t_2}{H_2-H_1}=\frac{q_1+q_1-q_d-c_w\theta_1+r_0}{c_H}$$

其中，$q_1=\dfrac{G_2}{W}c_m(\theta_2-\theta_1)=\dfrac{9080}{120}\times1.84\times(34.4-25)=1308.73$ [kJ/(h·kg 水)]

在入口温度 $\theta_1=25$℃时，水的比热 $c_w=4.18$kJ/(kg·℃)，于是，

$$c_w\theta_1=4.18\times25=104.5\ [\text{kJ/(h·kg 水)}]$$

已知，$q_1=\dfrac{71900}{120}=599.17\ [\text{kJ/(h·kg 水)}]$，$q_d=0$，

$r_0=2490\text{kJ/kg}$

$c_H=1.01+1.88H_1=1.01+1.88\times0.017=1.042\ [\text{kJ/(kg·℃)}]$

将有关数据代入式(10-44) 得：

$$\frac{95-65}{H_2-0.017}=\frac{1308.73+599.17-0-104.5+2490}{1.042}$$

解得：$H_2=0.024$kg 水/kg 干空气

故空气用量 L 为：$L=\dfrac{W}{H_2-H_1}=\dfrac{120}{0.024-0.027}=17142.9\ \text{(kg/h)}$

(3) 预热器需要加入的热量

$$\begin{aligned}Q_p&=L(I_1-I_0)=L(1.01+1.88H_0)(t_1-t_0)\\&=17142.9\times(1.01+1.88\times0.017)\times(95-26)\\&=1.232\times10^5\text{(kJ/h)}\\&=342\text{kW}\end{aligned}$$

3. 干燥系统的热效率

干燥过程中，蒸发水分所消耗的热量与从外热源所获得的热量之比为干燥器的热效率。即：

$$\eta=\frac{Q_{汽化}}{Q_T}\tag{5-26}$$

式中，蒸发水分所需的热量 $Q_{汽化}$ 可用式(5-23) 计算。

$$Q_{汽化}=W(2490+1.88t_2-4.187\theta_1)\tag{5-27}$$

从外热源获得的热量 $Q_T=Q_p+Q_D$，

如干燥器中空气所放出的热量全部用来汽化湿物料中的水分，即空气沿绝热冷却线变化，则：

$$Q_{汽化}=Lc_{H_2}(t_1-t_2)\tag{5-28}$$

且干燥器中无补充热量，$Q_D=0$，则：

$$Q_T=Q_P=Lc_{H_1}(t_1-t_0)$$

若忽略湿比热的变化，则干燥过程的热效率可表示为：

$$\eta=\frac{t_1-t_2}{t_1-t_0}\tag{5-29}$$

热效率越高表示热利用率越好，若空气离开干燥器的温度较低，而湿度较高，则干燥操作的热效率高。但空气湿度增加，使物料与空气间的推动力下降。

一般来说，对于吸水性物料的干燥，空气出口温度应较高，而湿度应较低，即相对湿度要低。在实际干燥操作中，空气离开干燥器的温度 t_2 需比进入干燥器时的绝热饱和温度高 20～50℃，这样才能保证在干燥系统后面的设备内不析出水滴，否则可能使干燥产品返潮，且易造成管路的堵塞和设备材料的腐蚀。

三、干燥速率和干燥时间

1. 干燥速率

干燥速率：单位时间内在单位干燥面积上汽化的水分量 W，如用微分式表示则为：

$$U=\frac{dW}{A d\tau} \tag{5-30}$$

式中　U——干燥速率，$kg/(m^2 \cdot h)$；

W——汽化水分量，kg；

A——干燥面积，m^2；

τ——干燥所需时间，h。

而

$$dW=-G_c dX$$

所以

$$U=\frac{dW}{A d\tau}=-\frac{G_c dX}{A d\tau} \tag{5-31}$$

式中　G_c——湿物料中绝对干料的量，kg；

X——干基的含水量，kg 水/kg 干物料。

负号表示物料含水随着干燥时间的增加而减少。

2. 干燥曲线与干燥速率曲线

干燥过程的计算内容包括确定干燥操作条件、干燥时间及干燥器尺寸，为此，需求出干燥过程的干燥速率。但由于干燥机理及过程皆很复杂，直至目前研究得尚不够充分，所以干燥速率的数据多取自实验测定值。为了简化影响因素，测定干燥速率的实验在恒定条件下进行。如用大量的空气干燥少量的湿物料时可以认为接近于恒定干燥情况。

图 5-14 为干燥过程中物料含水量 X 与干燥时间 τ 的关系曲线，此曲线称为干燥曲线。

图 5-15 为物料干燥速率 U 与物料含水量 X 关系曲线，称为干燥速率曲线。

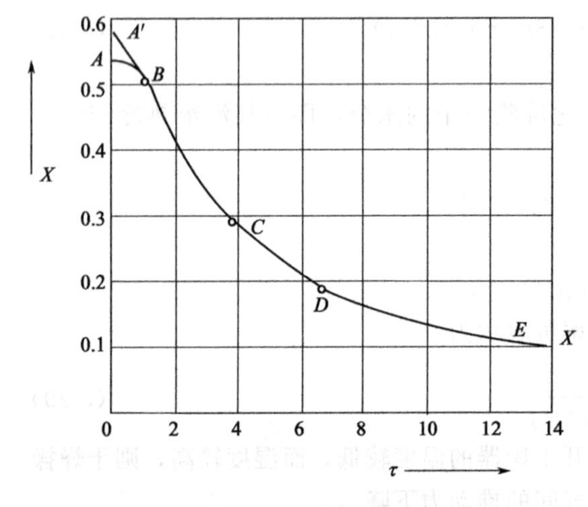

图 5-14　恒定干燥条件下的干燥曲线

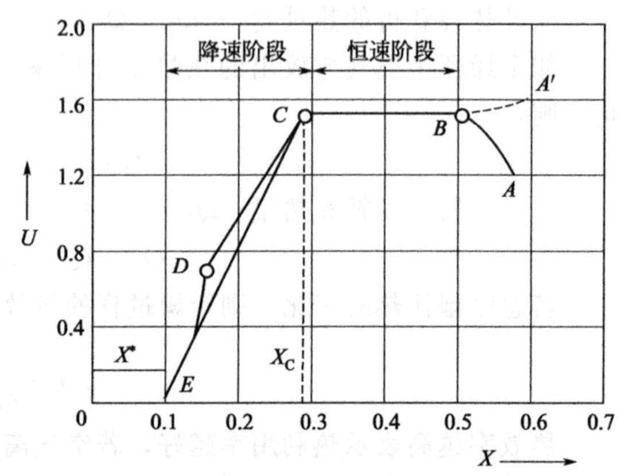

图 5-15　恒定干燥条件下的干燥速率曲线

由干燥速率曲线可以看出，干燥过程分为恒速干燥和降速干燥两个阶段。

(1) 恒速干燥阶段　此阶段的干燥速率如图 5-15 中 BC 段所示。这一阶段中，物料表面充满非结合水分，其性质与液态纯水相同。在恒定干燥条件下，物料的干燥速率保持恒定，其值不随物料含水量多少而变。

在恒速干燥阶段中，由于物料内部水分扩散速率大于表面水分汽化速率，空气传给物料的热量等于水分汽化所需的热量。物料表面的温度始终保持为空气的湿球温度，这阶段干燥速率的大小，主要取决于空气的性质，而与湿物料的性质关系很小。

图中 AB 段为物料预热段，此段所需时间很短，干燥计算中往往忽略不计。

（2）降速干燥阶段　如图 5-15 所示，干燥速率曲线的转折点（C 点）称为临界点，该点的干燥速率 U_C 仍等于等速阶段的干燥速率，与该点对应的物料含水量，称为临界含水量 X_C。当物料的含水量降到临界含水量以下时，物料的干燥速率亦逐渐降低。

图 5-15 中 CD 段为第一降速阶段，这是因为物料内部水分扩散到表面的速率已小于表面水分在湿球温度下的汽化速率，这时物料表面不能维持全面湿润而形成“干区”，由于实际汽化面积减小，从而以物料全部外表面积计算的干燥速率下降。

图中 DE 段称为第二降速阶段，由于水分的汽化面随着干燥过程的进行逐渐向物料内部移动，从而使热、质传递途径加长，阻力增大，造成干燥速率下降。到达 E 点后，物料的含水量已降到平衡含水量 X^*（即平衡水分），再继续干燥亦不可能降低物料的含水量。

降速干燥阶段的干燥速率主要决定于物料本身的结构、形状和大小等，而与空气的性质关系很小。这时空气传给湿物料的热量大于水分汽化所需的热量，故物料表面的温度不断上升，而最后接近于空气的温度。

3. 恒定干燥条件下干燥时间的计算

恒定干燥条件，即干燥介质的温度、湿度、流速及与物料的接触方式，在整个干燥过程中均保持恒定。

在恒定干燥情况下，物料从最初含水量 X_1 干燥至最终含水量 X_2 所需的时间 τ_1，可根据在相同情况下测定的如图 5-15 所示的干燥速率曲线和干燥速率表达式(5-31) 求取。

（1）恒速干燥阶段　设恒速干燥阶段的干燥速率为 U_c，根据干燥速率定义，有：

$$\tau_1=\frac{G_c}{AU_c}(X_1-X_2) \tag{5-32}$$

（2）降速干燥阶段　在此阶段中，物料的干燥速率 U 随着物料中自由水分含量（$X-X^*$）的变化而变化，可将从实验测得的干燥速率曲线表示成如下的函数形式：

$$\tau_2=\frac{G_c}{A}\int_{X_2}^{X_c}\frac{\mathrm{d}X}{U} \tag{5-33}$$

可用图解积分法（需具备干燥速率曲线）计算。当缺乏物料在降速阶段的干燥速率数据时，可用近似计算处理，这种近似计算法的依据，是假定在降速阶段中干燥速率与物料中的自由水分含量（$X-X^*$）成正比，即用临界点 C 与平衡水分点 E 所连结的直线 CE 代替降速干燥阶段的干燥速率曲线。

于是，降速干燥阶段所需的干燥时间 τ_2 为

$$\tau_2=\frac{G_c}{AK_X}\ln\frac{X_c-X^*}{X_2-X^*} \tag{5-34}$$

$$K_X=\frac{U_c}{X_c-X^*}$$

【例 5-4】 用一间歇干燥器将一批湿物料从含水量 $w_1=27\%$ 干燥到 $w_2=5\%$（均为湿基），湿物料的质量为 200kg，干燥面积为 $0.025\mathrm{m^2/kg}$ 干物料，装卸时间 $\tau'=1\mathrm{h}$，试确定每批物料的干燥周期。[从该物料的干燥速率曲线可知 $X_c=0.2$　$X^*=0.05$　$U_c=1.5\mathrm{kg/(m^2\cdot h)}$]

解： 绝对干物料量 $G_c=G_1(1-w_1)=200\times(1-0.27)=146$（kg）

干燥总面积 $A=146\times0.025=3.65$（$\mathrm{m^2}$）

$$X_1=\frac{w_1}{1-w_1}=\frac{0.27}{1-0.27}=0.37 \qquad X_2=\frac{w_2}{1-w_2}=\frac{0.05}{1-0.05}=0.053$$

恒速阶段 τ_1 由 $X_1=0.37$ 至 $X_c=0.2$

$$\tau_1=\frac{G_c}{U_cA}(X_1-X_c)=\frac{146}{1.5\times3.65}\times(0.37-0.2)=4.53\ (\text{h})$$

降速阶段 τ_2 由 $X_c=0.2$ 至 $X^*=0.05$

$$K_X=\frac{U_c}{X_c-X^*}=\frac{1.5}{0.2-0.05}=10\ [\text{kg}/(\text{m}^2\cdot\text{h})]$$

$$\tau_2=\frac{G_c}{K_XA}\ln\frac{X_c-X^*}{X_2-X^*}=\frac{146}{10\times3.65}\times\ln\frac{0.2-0.05}{0.053-0.05}=15.7\ (\text{h})$$

每批物料的干燥周期 τ：$\tau=\tau_1+\tau_2+\tau'=4.53+15.7+1=21.2\ (\text{h})$

任务四　干燥操作

一、干燥操作条件的确定

干燥器操作条件的确定，通常需由实验测定或可按下述一般选择原则考虑。

1. 干燥介质的选择

干燥介质的选择，决定于干燥过程的工艺及可利用的热源。基本的热源有饱和水蒸气、液态或气态的燃料和电能。对流干燥介质可采用空气、惰性气体、烟道气和过热蒸汽。

当干燥操作温度不太高、且氧气的存在不影响被干燥物料的性能时，可采用热空气作为干燥介质。对某些易氧化的物料，或从物料中蒸发出易爆的气体时，则宜采用惰性气体作为干燥介质。烟道气适用于高温干燥，但要求被干燥的物料不怕污染，而且不与烟气中的 SO_2 和 CO_2 等气体发生作用。由于烟道气温度高，故可强化干燥过程，缩短干燥时间。此外还应考虑介质的经济性及来源。

2. 流动方式的选择

在逆流操作中，物料移动方向和介质的流动方向相反，整个干燥过程中的干燥推动力较均匀，适用于：①物料含水量高时，不允许采用快速干燥的场合；②耐高温的物料；③要求干燥产品的含水量很低时。

在错流操作中，干燥介质与物料间运动方向互相垂直。各个位置上的物料都与高温、低湿的介质相接触，因此干燥推动力比较大，又可采用较高的气体速率，所以干燥速率很高，适用于：①无论在高或低的含水量时，都可以进行快速干燥的场合；②耐高温的物料；③因阻力大或干燥器构造的要求不适宜采用并流或逆流操作的场合。

3. 干燥介质进入干燥器时的温度

为了强化干燥过程和提高经济效益，干燥介质的进口温度宜保持在物料允许的最高温度范围内，但也应考虑避免物料发生变色、分解等理化变化。对于同一种物料，允许的介质进口温度随干燥器型式不同而异。例如，在厢式干燥器中，由于物料是静止的，因此应选用较低的介质进口温度；在转筒、沸腾、气流等干燥器中，由于物料不断地翻动，致使干燥温度较高、较均匀、速度快、时间短，因此介质进口温度可高些。

4. 干燥介质离开干燥器时的相对湿度和温度

增高干燥介质离开干燥器的相对湿度 φ_2，以减少空气消耗量及传热量，即可降低操作费用；但因 φ_2 增大，也就是介质中水汽的分压增高，使干燥过程的平均推动力下降，为了保持相同的干燥能力，就需增大干燥器的尺寸，即加大了投资费用。所以，最适宜的 φ_2 值应通过经济衡算来决定。

对于同一种物料，若所选的干燥器的类型不同，适宜的 φ_2 值也不同。例如，对气流干燥器，由于物料在器内的停留时间很短，就要求有较大的推动力以提高干燥速率，因此一般离开干燥器的气体中水蒸气分压需低于出口物料表面水蒸气分压的50%～80%。对于某些干燥器，要求保证一定的空气速率，因此考虑气量和 φ_2 的关系，即为了满足较大气速的要求，可使用较多的空气量而减少 φ_2 值。

干燥介质离开干燥器的温度 t_2 与 φ_2 应同时予以考虑。若 t_2 较低，而 φ_2 又较高，此时湿空气可能会在干燥器后面的设备和管路中析出水滴，因此破坏了干燥的正常操作。对气流干燥器，一般要求 t_2 较物料出口温度高10～30℃，或 t_2 较入口气体的绝热饱和温度高20～50℃。

5. 物料离开干燥器时的温度

物料出口温度 θ_2 与很多因素有关，但主要取决于物料的临界含水量 X_C 及干燥第二阶段的传质系数。X_C 值愈低，物料出口温度 θ_2 也愈低；传质系数愈高，θ_2 愈低。

二、典型干燥器的操作

根据被干燥物料的形状、物理性质、热能的来源以及操作的自动化程度，可使用不同类型的干燥设备。

1. 流化干燥器的操作

(1) 开炉前首先检查送风机和引风机，检查其有无摩擦和碰撞声，轴承的润滑油是否充足，风压是否正常。

(2) 对流化干燥器投料前应先打开加热器疏水阀、风箱室的排水阀和炉底的放空阀，然后渐渐开大蒸汽阀门进行烤炉，除去炉内湿气，直到炉内石子和炉壁达到规定的温度结束烤炉操作。

(3) 停下送风机和引风机，敞开人空孔，向炉内铺撒物料，料层高度约250mm，此时已完成开炉的准备工作。

(4) 再次开动送风机和引风机，关闭有关阀门，向炉内送热风，并开动给料机抛撒潮湿物料，要求进料由少渐多，物料分布均匀。

(5) 根据进料量，调节风量和热风温度，保证成品干湿度合格。

(6) 经常检查卸出的物料有无结块，观察炉内物料面的沸腾情况，调节各风箱室的进风量和风压大小。

(7) 经常检查风机的轴承温度、机身有无振动以及风道有无漏风，发现问题及时解决。

(8) 经常检查引风机出口带料情况和尾气管线腐蚀程度，问题严重应及时解决。

2. 喷雾干燥设备的操作

(1) 喷雾干燥设备包括数台不同化工设备，因此，在投产前应做好如下准备工作。

① 检查供料泵、雾化器、送风机是否运转正常；

② 检查蒸汽、溶液阀门是否灵活好用，各管路是否畅通；

③ 清理塔内积料和杂物，铲除壁挂疤；

④ 排出加热器和管路中积水，并进行预热，然后向塔内送热风；

⑤ 清洗雾化器，使流道畅通。

(2) 启动供料泵向雾化器输送溶液时，观察压力大小和输送量，以保证雾化器的需要。

(3) 经常检查、调节雾化器喷嘴的位置和转速，确保雾化颗粒大小合格。

(4) 经常查看和调节干燥塔负压数值，一般控制在100～300Pa。

(5) 定时巡回检查各转动设备的轴承温度和润滑情况，检查其运转是否平稳，有无摩擦和撞击声。

(6) 检查各种管路与阀门是否泄漏，各转动设备的密封装置是否泄漏，做到及时调整。

技能训练 干燥操作实训

●实训目标

1. 了解气流常压干燥设备的基本流程和工作原理。
2. 测定湿物料（纸板或其他）在恒定干燥工况下不同时刻的含水量。
3. 掌握干燥操作方法。

●实训准备

1. 湿物料的干基含水量

不含水分的物料通常称为绝对干料，湿物料中的水分的质量与绝对干料质量之比，称为湿物料的干基含水量。

$$X=\frac{\text{湿物料中的水分的质量}}{\text{湿物料绝干物料的质量}}$$

物料干燥过程除与干燥介质（如空气）的性质和操作条件有关外，还受物料中所含湿分性质的影响。

2. 干燥曲线

湿物料的平均干基含水量与干燥时间的关系曲线即为干燥曲线，它说明了在相同的干燥条件下将某物料干燥到某一含水量所需的干燥时间，以及干燥过程中物料表面温度随干燥时间的变化关系。

●实训装置

如图5-16所示，空气由风机输送经孔板流量计、电加热器入干燥室，然后入风机使用。电加热器由晶体管继电器控制，使空气的温度恒定。干燥室前方装湿球温度计，干燥室后也装有温度计，用以测量干燥室内的空气状况。风机出口端的温度计用于测量流经孔板时的空气温度，此温度是计算流量的一个参数。空气流速由阀4（形阀）调节，任何时候此阀都不允许全关，否则电加热器就会因空气不流动而过引起损坏。当然，如果全开了两个片式阀15则除外，风机进口端的片式阀用以控制系统所吸入的生气量，面出端的片式阀则用于调节系统向外界排出的废气量。如试样量较多，可适当打开这两个阀门，使系统内空气湿度恒定，若试样数量不多，也不开启。

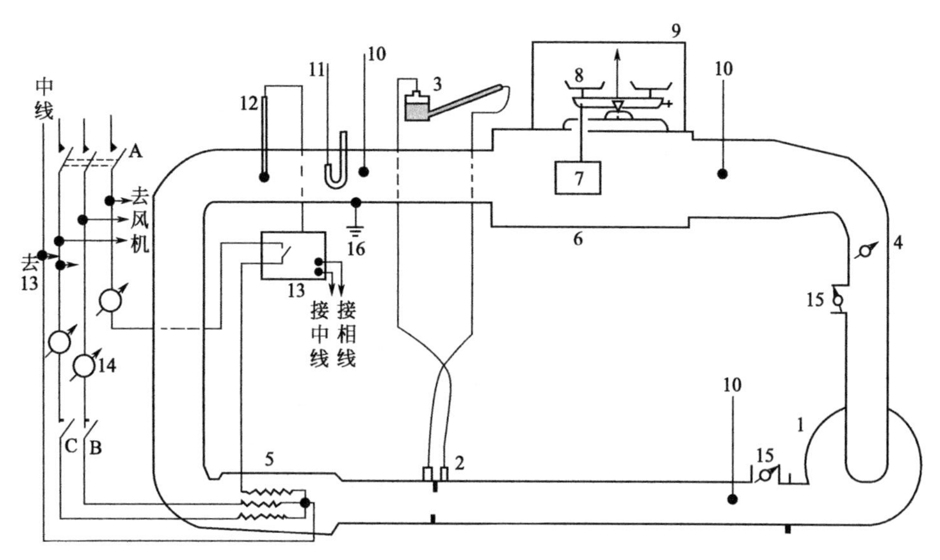

图 5-16　干燥实验装置流程图

1—风机；2—孔板流量计；3—孔板压差计；4—风速调节阀；5—电加热器；6—干燥室；7—试样；8—天平；9—防风罩；10—干球温度计；11—湿球温度计；12—导电温度计；13—晶体管继电器；14—电流表；15—片式阀门；16—接地保护线；A，B，C—组合开关

●实训步骤

（1）事先将试样放在电热干燥箱内，用 90℃左右温度烘约 2h，冷却后称量，得出试样绝干质量（G_C）。

（2）实训前将试样加水约 90g（对 150×100×7 的浆板试样而言）稍候片刻，让水分扩散至整个试样，然后称取湿试样质量。

（3）检查天平是否灵活，并配平衡。往湿球温度计加水。

（4）启动风机，调节阀门至预定风速值。

（5）开加热器，调节温度控制器，调节温度至预定值，待温度稳定后再开干燥室门，将湿试样放置在干燥器内的托架上，关好干燥室门。

（6）立即加砝码使天平接近平衡但砝码稍轻，待水分干燥至天平指针平衡时开动第一个秒表（实训使用 2 个秒表）。

（7）减去 3g 砝码，待水分再干燥至天平指针平衡时，停第一个秒表同时立即开动第二个秒表，以后再减 3g 砝码，如此往复进行，至试样接近平衡水分时为止。

（8）停加热器，停风机，待干燥室温度降至接近室温，打开干燥室门，取出被干燥物料。关好干燥室门。

注意：湿球温度计要保持有水，水从喇叭口处加入，实训过程中视蒸发情况中途加水一两次。

●数据整理

1. 计算湿物料干基含水量 X

$$X=\frac{\text{湿物料中水分的质量}}{\text{湿物料中绝干物料的质量}}$$

以序号 i——$i+1$ 为例

$$X_i=\frac{G_{s,i}-G_c}{G_c} \qquad X_{i+1}=\frac{G_{s,i+1}-G_c}{G_c}$$

2. 画出时间-含水量（τ-X）及时间-温度（τ-t）的关系曲线

本章小结

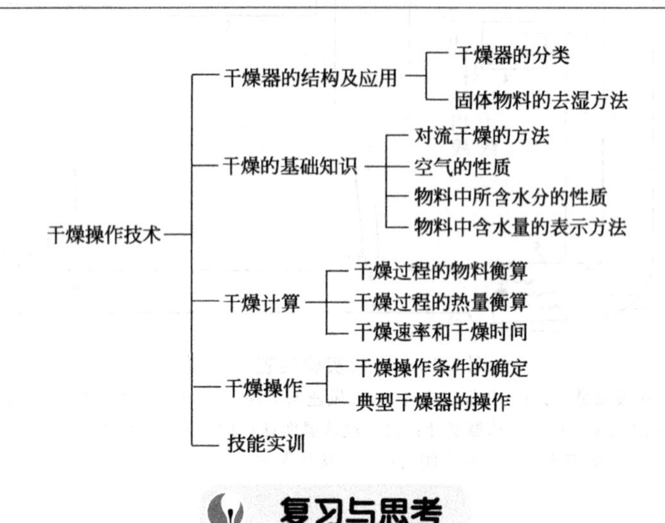

复习与思考

1. 对流干燥操作进行的必要条件是什么？

2. 对流干燥过程中干燥介质的作用是什么？

3. 湿空气有哪些性质参数？如何定义？

4. 湿空气湿度大，则其相对湿度也大，这种说法对吗？为什么？

5. 干球温度、湿球温度、露点三者有何区别？它们的大小顺序如何？在什么条件下，三者数值相等？

6. 湿物料含水量的表示方法有哪几种？如何相互换算？

7. 何谓平衡水分、自由水分、结合水分及非结合水分？如何区分？

8. 干燥过程有哪几个阶段？它们各有何特点？

9. 什么叫临界含水量？

10. 恒定干燥条件下干燥时间如何计算？

11. 厢式干燥器、气流干燥器及流化床干燥器的主要优缺点及适用场合如何？

计算题

1. 已知湿空气的总压为100kPa，温度为60℃，相对湿度为40%，试求：(1) 湿空气中水汽的分压；(2) 湿度；(3) 湿空气的密度。

2. 将 $t_0=25$℃、$\varphi=50\%$的常压新鲜空气与循环废气混合，混合气加热至90℃后用于干燥某湿物料。废气的循环比为0.75，废气的状态为：$t_2=50$℃、$\varphi=80\%$。流量为1000kg/h的湿物料，经干燥后湿基含水量由0.2降至0.05。假设系统热损失可忽略，干燥操作为等焓干燥过程。试求：（1）新鲜空气耗量；（2）进入干燥器时湿空气的温度和焓；（3）预热器的加热量。

3. 将温度 $t_0=26℃$、焓 $I_0=66kJ/kg$ 绝干气的新鲜空气送入预热器，预热到 $t_1=95℃$ 后进入连续逆流干燥器，空气离开干燥器的温度 $t_2=65℃$。湿物料初态为：$q_1=25℃$、$w_1=0.015$、$G_{c1}=9200kg$ 湿物料/h，终态为：$q_2=34.5℃$、$w_2=0.002$。绝干物料比热容 $c_s=1.84kJ/(kg$ 绝干物料·℃)。若每汽化 1kg 水分的总热损失为 580kJ，试求：（1）干燥产品量 G_2'；（2）作出干燥过程的操作线；（3）新鲜空气消耗量；（4）干燥器的热效率。

4. 对 10kg 某湿物料在恒定干燥条件下进行间歇干燥，物料平铺在 0.8m×1m 的浅盘中，常压空气以 2m/s 的速度垂直穿过物料层。空气 $t=75℃$，$H=0.018kg/kg$ 绝干空气，2.5h 后物料的含水量从 $X_1=0.25kg/kg$ 绝干物料降至 $X_2=0.15kg/kg$ 绝干物料。此干燥条件下物料的 $X_c=0.1kg/kg$ 绝干物料、$X^*=0$。假设降速段干燥速率与物料含水量呈线性关系。（1）求将物料干燥至含水量为 0.02kg/kg 绝干物料所需的总干燥时间；（2）空气的 t、H 不变而流速加倍，此时将物料由含水量 0.25kg/kg 绝干物料干燥至 0.02kg/kg 绝干物料需 1.4h，求此干燥条件下的 X_c。

5. 某湿物料经过 5.5h 恒定干燥后，含水量由 $G_1=0.35kg/kg$ 绝干物料降至 $G_2=0.10kg/kg$ 绝干物料，若物料的临界含水量 $X_c=0.15kg/kg$ 绝干物料、平衡含水量 $X^*=0.04kg/kg$ 绝干物料。假设在降速阶段中干燥速率与物料的自由含水量（$X-X^*$）成正比。若在相同的干燥条件下，要求将物料含水量由 $X_1=0.35kg/kg$ 绝干物料降至 $X_2'=0.05kg/kg$ 绝干物料，试求所需的干燥时间。

项目六
精馏操作技术

学习目标

●了解精馏操作分类，各种类型的塔板的特点、性能及板式塔设计原则；理解板式塔的流体力学性能对精馏操作的影响；掌握精馏原理及双组分连续精馏塔计算。

●能正确选择精馏操作的条件，对精馏过程进行正确的调节控制；能进行精馏塔的开、停车操作和事故分析。

化工生产中所处理的原料、中间产物、粗产品等几乎都是混合物，而且大部分是均相物系。为进一步加工和使用，常需要将这些混合物分离为较纯净或几乎纯态的物质。精馏是分离均相液体混合物的重要方法之一，属于气液相间的相际传质过程。在化工生产中，尤其在石油化工、有机化工、高分子化工、精细化工、医药、食品等领域更是广泛应用。

任务一　精馏塔的结构及应用

一、精馏塔的分类及工业应用

完成精馏的塔设备称为精馏塔。塔设备为气液两相提供充分的接触时间、面积和空间，以达到理想的分离效果。根据塔内气液接触部件的结构型式，可将塔设备分为两大类：板式塔和填料塔。

板式塔：塔内沿塔高装有若干层塔板，相邻两板有一定的间隔距离。塔内气液两相在塔板上互相接触，进行传热和传质，属于逐级接触式塔设备。本项目重点介绍板式塔。

填料塔：塔内装有填料，气液两相在被润湿的填料表面进行传热和传质，属于连续接触式塔设备。

二、板式塔的结构类型及性能评价

1. 板式塔的结构

板式塔结构如图 6-1 所示。它是由圆柱形壳体，塔板，气体和液体进、出口等部件组成的。操作时，塔内液体依靠重力作用，自上而下流经各层塔板，并在每层塔板上保持一定的液层，最后由塔底排出。气体则在压力差的推动下，自下而上穿过各层塔板上的液层，在液层中气液两相密切而充分接触，进行传质传热，最后由塔顶排出。在塔中，使两相呈逆流流动，以提供最大的传质推动力。

塔板是板式塔的核心构件，其功能是提供气液两相保持充分接触的场所，使之能在良好的条件下进行传质和传热过程。

2. 塔板的类型

塔板有错、逆流两种，见表 6-1。

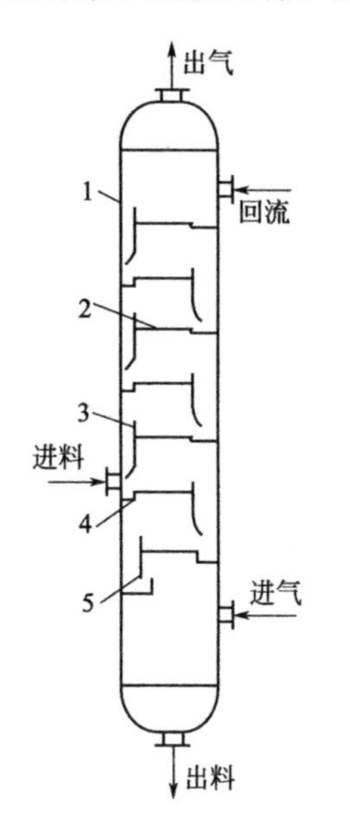

图 6-1 板式塔结构

1—塔体；2—塔板；3—溢流堰；4—受液盘；5—降液管

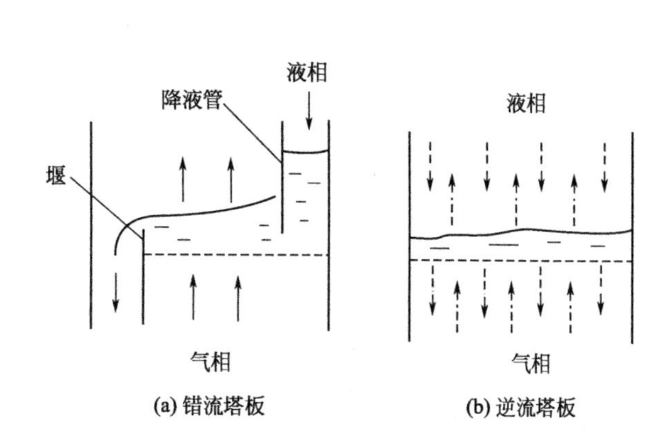

图 6-2 塔板分类

表 6-1 塔板的分类

分类	结构	特点	应用
错流塔板	塔板间设有降液管。液体横向流过塔板，气体经过塔板上的孔道上升，在塔板上气、液两相呈错流接触，如图 6-2(a)所示	适当安排降液管位置和溢流堰高度，可以控制板上液层厚度，从而获得较高的传质效率。但是降液管约占塔板面积的 20%，影响塔的生产能力，而且，液体横过塔板时要克服各种阻力，引起液面落差，液面落差大时，能引起板上气体分布不均匀，降低分离效率	应用广泛
逆流塔板	塔板间无降液管，气、液同时由板上孔道逆向穿流而过，如图 6-2(b)所示	结构简单、板面利用充分，无液面落差，气体分布均匀，但需要较高的气速才能维持板上液层，操作弹性小，效率低	应用不及错流塔板广泛

本项目只介绍错流塔板。按照塔板上气液接触元件不同，可分为多种型式，见表 6-2。

表 6-2 塔板的类型

分类		结构	特点
泡罩塔板		每层塔板上开有圆形孔，孔上焊有若干短管作为升气管。升气管高出液面，故板上液体不会从中漏下。升气管上盖有泡罩，泡罩分圆形和条形两种，多数选用圆形泡罩，其尺寸一般为Φ80mm、100mm、150mm三种，其下部周边开有许多齿缝，见图6-3	优点：低气速下操作不会发生严重漏液现象，有较好的操作弹性；塔板不易堵塞，对于各种物料的适应性强。 缺点：塔板结构复杂，金属耗量大，造价高；板上液层厚，气体流径曲折，塔板压降大，生产能力及板效率低。 近年来已很少应用
筛板		在塔板上开有许多均匀分布的筛孔，其结构见图6-4，筛孔在塔板上作正三角形排列，孔径一般为3～8mm，孔心距与孔径之比常在2.5～4.0。板上设置溢流堰，以使板上维持一定厚度的液层	优点：结构简单，金属耗量小，造价低廉；气体压降小，板上液面落差也较小，其生产能力及板效率较高。 缺点：操作弹性范围较窄，小孔筛板容易堵塞，不宜处理易结焦、黏度大的物料。 近年来对大孔（直径10mm以上）筛板的研究和应用有所进展
浮阀塔板		阀片可随气速变化而升降。阀片上装有限位的三条腿，插入阀孔后将阀腿底脚旋转90°，限制操作时阀片在板上升起的最大高度，使阀片不被气体吹走。阀片周边冲出几个略向下弯的定距片。浮阀的类型很多，常用的有F1型、V4型及T型等，如图6-5所示	优点：结构简单，制造方便，造价低。塔板的开孔面积大，生产能力强。操作弹性大。塔板效率高。 缺点：不易处理易结焦、黏度大的物料；操作中有时会发生阀片脱落或卡死等现象，使塔板效率和操作弹性下降。 应用广泛
喷射型塔板	舌形塔板	在塔板上开出许多舌形孔，向塔板液流出口处张开，张角20°左右。舌片与板面成一定的角度，按一定规律排布，塔板出口不设溢流堰，降液管面积也比一般塔板大，如图6-6所示	优点：开孔率较大，故可采用较大空速，生产能力强；传质效率高；塔板压降小。 缺点：操作弹性小；板上液流易将气泡带到下层塔板，使板效率下降
	浮舌塔板	将固定舌片用可上下浮动的舌片替代，结构见图6-7	生产能力强，操作弹性大，压降小
	斜孔塔板	在塔板上冲有一定形状的斜孔，斜孔开口方向与液流方向垂直，相邻两排斜孔的开口方向相反，如图6-8所示	生产能力比浮阀塔强30%左右，结构简单，加工制造方便，是一种性能优良的塔板
	网孔塔板	在塔板上冲压出许多网状定向切口，网孔的开口方向与塔板水平夹角约为30°，有效张口高度为2～5mm，如图6-9所示	具有处理能力大、压力降低、塔板效率高等优点，特别适用于大型化生产

工业上常用的几种塔板的性能比较见表6-3。

表 6-3 常见塔板的性能比较

塔板类型	相对生产能力	相对塔板效率	操作弹性	压力降	结构	成本
泡罩塔板	1.0	1.0	中	高	复杂	1.0
筛板	1.2～1.4	1.1	低	低	简单	0.4～0.5
浮阀塔板	1.2～1.3	1.1～1.2	大	中	一般	0.7～0.8
舌形塔板	1.3～1.5	1.1	小	低	简单	0.5～0.6
斜孔塔板	1.5～1.8	1.1	中	低	简单	0.5～0.6

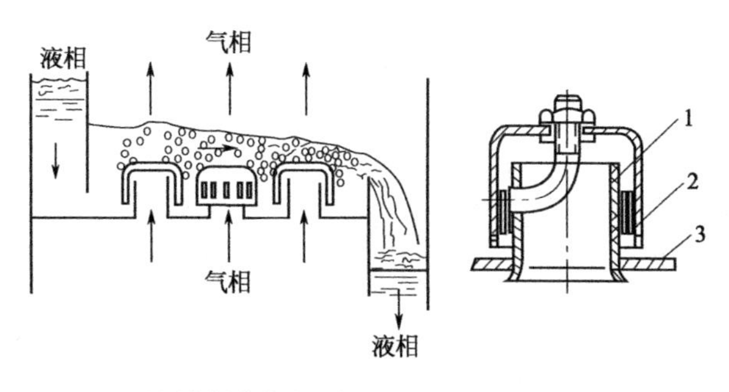

(a) 泡罩塔板操作状态示意图 (b) 圆形泡罩

图 6-3 泡罩塔板

1—升气管；2—泡罩；3—塔板

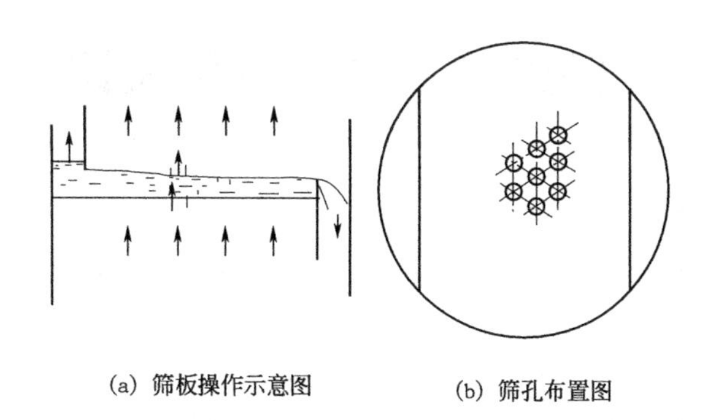

(a) 筛板操作示意图 (b) 筛孔布置图

图 6-4 筛板

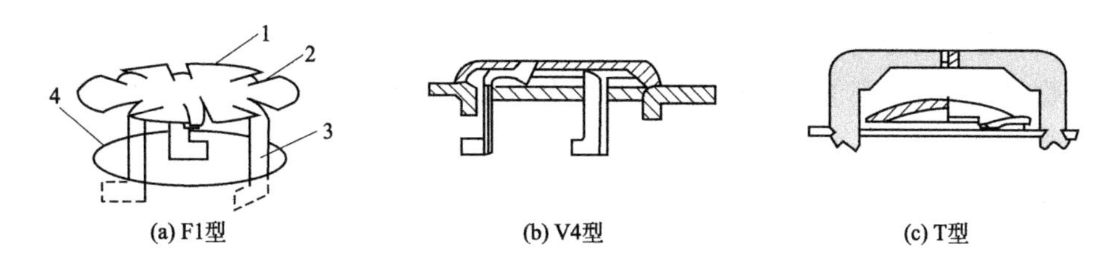

(a) F1型 (b) V4型 (c) T型

图 6-5 浮阀塔板型式

1—浮阀片；2—凸缘；3—浮阀“腿”；4—塔板上的孔

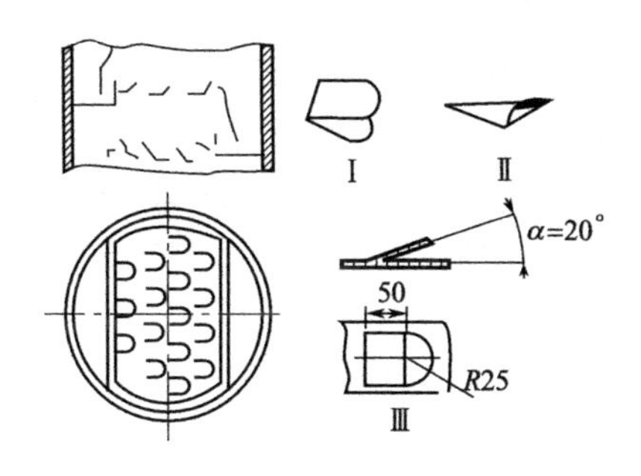

图 6-6 舌形塔板

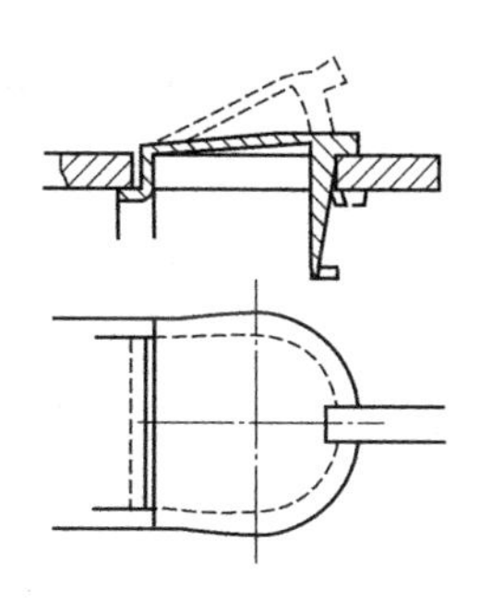

图 6-7 浮舌塔板

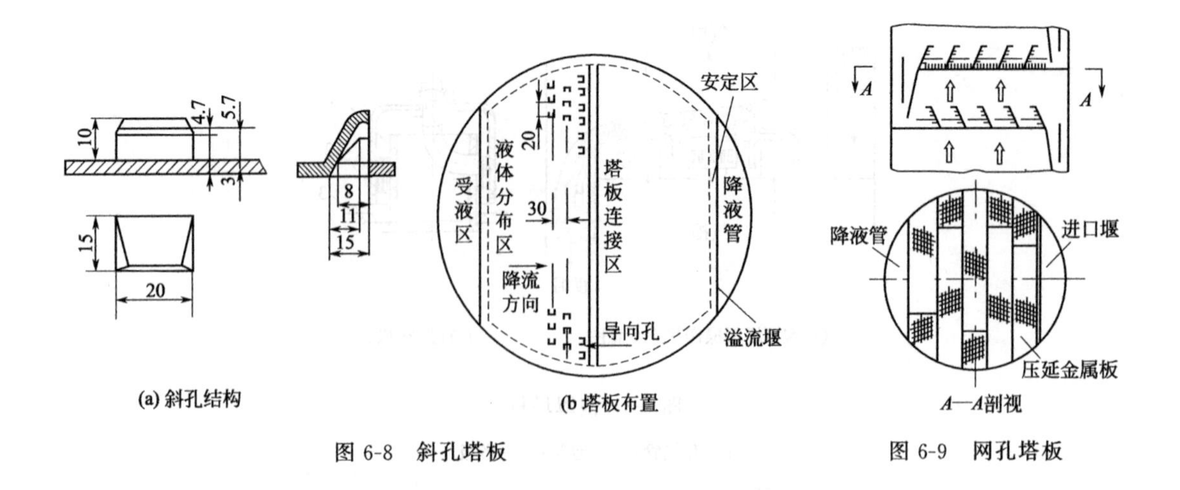

图 6-8　斜孔塔板　　　　图 6-9　网孔塔板

任务二　精馏基础知识

一、蒸馏及精馏

蒸馏是分离液体均相混合物的最早实现工业化的典型单元操作。它是通过加热造成气液两相体系，利用混合物中各组分挥发性不同而达到分离的目的。

液体均具有挥发而成为蒸气的能力，但不同液体在一定温度下的挥发能力各不相同。例如：一定温度下，乙醇比水挥发得快。如果在一定压力下，对乙醇和水混合液进行加热，使之部分汽化，因乙醇的沸点低，易于汽化，故在产生的蒸气中，乙醇的含量将高于原混合液中乙醇的含量。若将汽化的蒸气全部冷凝，便可获得乙醇含量高于原混合液的产品，使乙醇和水得到某种程度的分离。

混合物中挥发能力高的组分称为易挥发组分或轻组分，把挥发能力低的组分称为难挥发组分或重组分。

工业蒸馏过程有多种分类方法，见表 6-4。本项目主要讨论双组分连续精馏操作过程。

表 6-4　蒸馏操作的分类

分类		特点及应用
按蒸馏方式分类	平衡蒸馏	平衡蒸馏和简单蒸馏，只能达到有限程度的提浓而不可能满足高纯度的分离要求。常用于混合物中各组分的挥发度相差较大、对分离要求又不高的场合
	简单蒸馏	
	精馏	精馏借助回流技术来实现高纯度和高回收率的分离操作
	特殊精馏	特殊精馏适用于普通精馏难以分离或无法分离的物系
按操作压力分类	加压精馏 常压精馏 真空精馏	常压下为气态(如空气)或常压下沸点为室温的混合物，常采用加压蒸馏；对于常压下沸点较高(一般高于 150℃)或高温下易发生分解、聚合等变质现象的热敏性物料宜采用真空蒸馏，以降低操作温度
按被分离混合物中组分的数目分类	两组分精馏 多组分精馏	工业生产中，绝大多数为多组分精馏，多组分精馏过程更复杂
按操作流程分类	间歇精馏 连续精馏	间歇操作是不稳定操作，主要应用于小规模、多品种或某些有特殊要求的场合，工业中以连续精馏为主

二、双组分理想溶液的气液相平衡

根据溶液中同分子间与异分子间作用力的差异，溶液可分为理想溶液和非理想溶液。理想溶液实际上并不存在，但是在低压下当组成溶液的物质分子结构及化学性质相近时，如苯-甲苯、甲醇-乙醇、正己烷-正庚烷以及石油化工中所处理的大部分烃类混合物等可视为理想溶液。

溶液的气液相平衡是精馏操作分析和过程计算的重要依据。气液相平衡是指溶液与其上方蒸气达到平衡时气液两相间各组分组成之间的关系。

1. 双组分气液相平衡图

用相图来表达气液相平衡关系比较直观、清晰，而且影响精馏的因素可在相图上直接反映出来，对于双组分精馏过程的分析和计算非常方便。精馏中常用的相图有以下两种。

（1）沸点-组成图

① 结构。t-x-y 图数据通常由实验测得。以苯-甲苯混合液为例，在常压下，其 t-x-y 图如图 6-10 所示，以温度 t 为纵坐标，液相组成 x_A 和气相组成 y_A 为横坐标（x、y 均指易挥发组分的摩尔分数）。图中有两条曲线，下曲线表示平衡时液相组成与温度的关系，称为液相线，上曲线表示平衡时气相组成与温度的关系，称为气相线。两条曲线将整个 t-x-y 图分成三个区域，液相线以下代表尚未沸腾的液体，称为液相区。气相线以上代表过热蒸气区。被两曲线包围的部分为气液共存区。

② 应用。在恒定总压下，组成为 x、温度为 t_1（图中的点 A）的混合液升温至 t_2（点 J）时，溶液开始沸腾，产生第一个气泡，相应的温度 t_2 称为泡点，产生的第一个气泡组成为 y_1（点 C）。同样，组成为 y、温度为 t_4（点 B）的过热蒸气冷却至温度 t_3（点 H）时，混合气体开始冷凝产生第一滴液滴，相应的温度 t_3 称为露点，凝结出第一个液滴的组成为 x_1（点 Q）。F、E 两点为纯苯和纯甲苯的沸点。

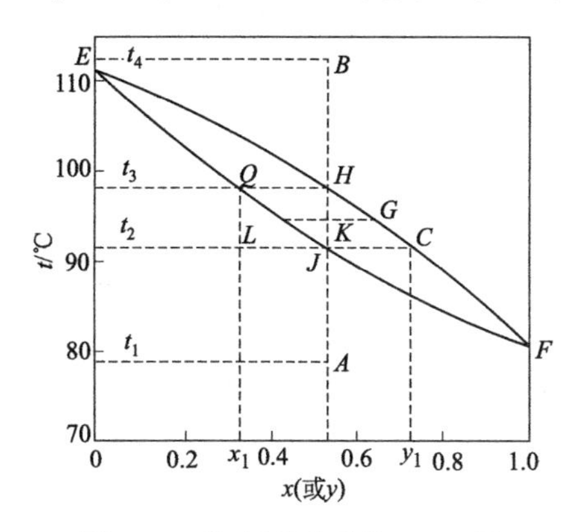

图 6-10　苯-甲苯物系的 t-x-y 图

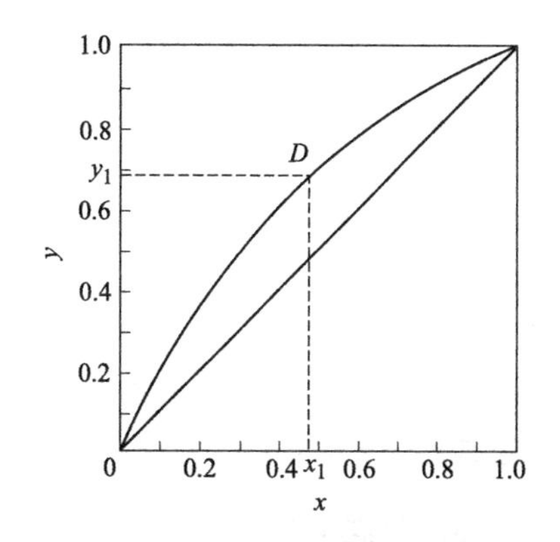

图 6-11　苯-甲苯物系的 y-x 图

应用 t-x-y 图，可以求取任一沸点的气液相平衡组成。当某混合物系的总组成与温度位于点 K 时，则此物系被分成互成平衡的气液两相，其液相和气相组成分别用 L、G 两点表示。两相的量由杠杆规则确定。

操作中，根据塔顶、塔底温度确定产品的组成，判定是否合乎质量要求；反之，则可以根据塔顶、塔底产品的组成，判定温度是否合适。

（2）气液相平衡图　在两组分精馏的图解计算中，应用一定总压下的 y-x 图非常方便快捷。

y-x 图表示在恒定的外压下，蒸气组成 y 和与之相平衡的液相组成 x 之间的关系。

图 6-11是 101.3kPa 的总压下，苯-甲苯混合物系的 y-x 图，它表示不同温度下互成平衡的气液两相组成 y 与 x 的关系。图中任意点 D 表示组成为 x_1 的液相与组成为 y_1 的气相互相平衡。图中对角线 $y=x$，为辅助线。两相达到平衡时，气相中易挥发组分的浓度大于液相中易挥发组分的浓度，即 $y>x$，故平衡线位于对角线的上方。平衡线离对角线越远，说明互成平衡的气液两相浓度差别越大，溶液就越容易分离。常见两组分物系常压下的平衡数据，可从物理化学或化工手册中查得。

2. 相对挥发度

溶液中两组分的挥发度之比称为两组分的相对挥发度，用 α 表示。例如，α_{AB}表示溶液中组分 A 对组分 B 的相对挥发度，根据定义：

$$\alpha_{AB}=\frac{\nu_A}{\nu_B}=\frac{p_A/x_A}{p_B/x_B}=\frac{p_A x_B}{p_B x_A} \tag{6-1}$$

若气体服从道尔顿压分压定律，则：

$$\alpha_{AB}=\frac{p y_A x_B}{p y_B x_A}=\frac{y_A x_B}{y_B x_A} \tag{6-2}$$

对于理想溶液，因其服从拉乌尔定律，则：

$$\alpha=\frac{p_A^0}{p_B^0} \tag{6-3}$$

式(6-3) 说明理想溶液的相对挥发度等于同温度下纯组分 A 和纯组分 B 的饱和蒸气压之比。p_A^0、p_B^0 随温度而变化，但 p_A^0/p_B^0 随温度变化不大，故一般可将 α 视为常数，计算时可取其平均值。

3. 相平衡方程

对于二元体系，$x_B=1-x_A$，$y_B=1-y_A$，通常认为 A 为易挥发组分，B 为难挥发组分，略去下标 A、B，则式(6-2) 可得：

$$y=\frac{\alpha x}{1+(\alpha-1)x} \tag{6-4}$$

式(6-4) 称为相平衡方程，在精馏计算中用其来表示气液相平衡关系更为简便。

由式(6-4) 可知，当 $\alpha=1$ 时，$y=x$，气液相组成相同，二元体系不能用普通精馏法分离；当 $\alpha>1$ 时，分析式(6-4) 可知，$y>x$。α 越大，y 比 x 大得越多，互成平衡的气液两相浓度差别越大，组分 A 和 B 越易分离。因此由 α 值的大小可以判断溶液是否能用普通精馏方法分离及分离的难易程度。

三、精馏原理

平衡蒸馏仅通过一次部分汽化，只能部分地分离混合液中的组分，若进行多次的部分汽化和部分冷凝，便可使混合液中各组分几乎完全分离。

1. 多次部分汽化和多次部分冷凝

如图 6-12 所示，组成为 x_F 的原料液加热至泡点以上，如温度为 t_1，使其部分汽化，并将气相和液相分开，气相组成为 y_1，液相组成为 x_1，且必有 $y_1>x_F>x_1$。若将组成为 y_1 的气相混合物进行部分冷凝，则可得到气相组成为 y_2 与液相组成为 x_2 的平衡两相，且 $y_2>y_1$；若将组成为 y_2 的气相混合物进行部分冷凝，则可得到气相组成为 y_3 与液相组成

为 x_3 的平衡两相，且 $y_3>y_2>y_1$。

同理，若将组成为 x_1 的液体加热，使之部分汽化，可得到气相组成为 y'_2 与液相组成为 x'_2 的平衡液两相，且 $x'_2<x_1$；若将组成为 x'_2 的液体进行部分汽化，则可得到气相组成为 y'_3 与液相组成为 x'_3 的平衡两相，且 $x'_3<x'_2<x_1$。

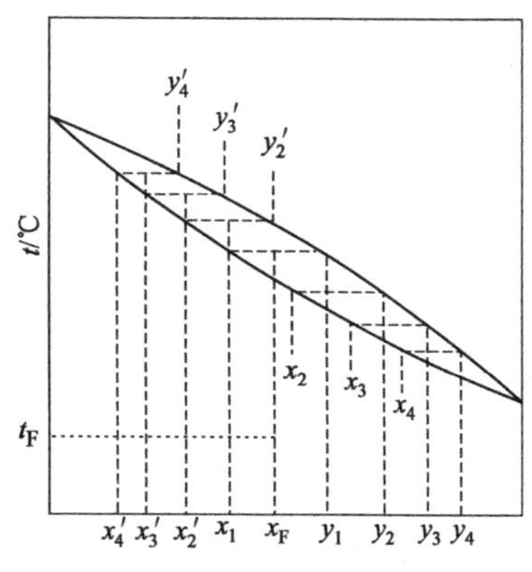

图 6-12 多次部分汽化和多次部分冷凝示意图

结论：气体混合物经多次部分冷凝，所得气相中易挥发组分含量就越高，最后可得到几乎纯态的易挥发组分。液体混合物经多次部分汽化，所得到液相中易挥发组分的含量就越低，最后可得到几乎纯态的难挥发组分。

存在问题：每一次部分汽化和部分冷凝都会产生部分中间产物，致使最终得到的纯产品量极少，而且设备庞杂，能量消耗大。为解决上述问题，工业生产中精馏操作采用精馏塔进行，同时并多次进行部分汽化和多次部分冷凝。

2. 塔板上气液两相的操作分析

图 6-13 为板式塔中任意第 n 块塔板的操作情况。如原料液为双组分混合物，下降液体来自第 $n-1$ 块板，其易挥发组分的浓度为 x_{n-1}，温度为 t_{n-1}。上升蒸气来自第 $n+1$ 块板，其易挥发组分的浓度为 y_{n+1}，温度为 t_{n+1}。当气液两相在第 n 块板上相遇时，$t_{n+1}>t_{n-1}$，因而上升蒸气与下降液体必然发生热量交换，蒸气放出热量，自身发生部分冷凝，而液体吸收热量，自身发生部分汽化。由于上升蒸气与下降液体的浓度互相不平衡，如图 6-14所示，液相部分汽化时易挥发组分向气相扩散，气相部分冷凝时难挥发组分向液相扩散。结果下降液体中易挥发组分浓度降低，难挥发组分浓度升高；上升蒸气中易挥发组分浓度升高，难挥发组分浓度下降。

若上升蒸气与下降液体在第 n 块板上接触时间足够长，两者温度将相等，都等于 t_n，气液两相组成 y_n 与 x_n 相互平衡，称此塔板为理论塔板。实际上，塔板上的气液两相接触时间有限，气液两相组成只能趋于平衡。

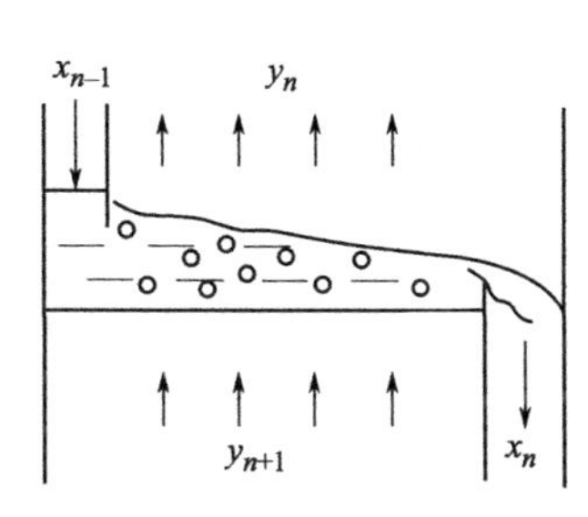

图 6-13 塔板上的传质分析

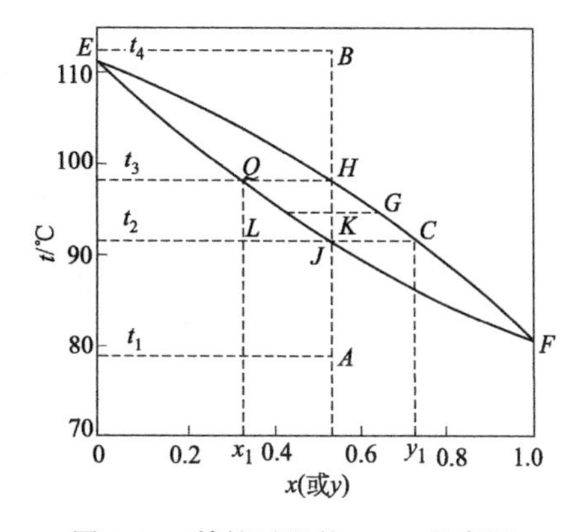

图 6-14 精馏过程的 t-x-y 示意图

由以上分析可知，气液相通过一层塔板，同时发生一次部分汽化和一次部分冷凝。通过多层塔板，即同时进行了多次部分汽化和多次部分冷凝，最后，在塔顶得到的气相为较纯的易挥发组分，在塔底得到的液相为较纯的难挥发组分，从而达到所要求的分离程度。

3. 精馏必要条件

为实现分离操作，除了需要有足够层数塔板的精馏塔之外，还必须从塔底引入上升蒸气流（气相回流）和从塔顶引入下降的液流（液相回流），以建立气液两相体系。塔底上升蒸气和塔顶液相回流是保证精馏操作过程连续稳定进行的必要条件。没有回流，塔板上就没有气液两相的接触，就没有质量交换和热量交换，也就没有轻、重组分的分离。

四、精馏操作流程

精馏过程可连续操作，也可间歇操作。精馏装置系统一般都由精馏塔、塔顶冷凝器、塔底再沸器等相关设备组成，有时还要配原料预热器、产品冷却器、回流用泵等辅助设备。

连续精馏装置流程如图 6-15 所示。以板式塔为例，原料液预热至指定的温度后从塔的中段适当位置加入精馏塔，与塔上部下降的液体汇合，然后逐板下流，最后流入塔底，部分液体作为塔底产品，其主要成分为难挥发组分，另一部分液体在再沸器中被加热，产生蒸气，蒸气逐板上升，最后进入塔顶冷凝器中，经冷凝器冷凝为液体，进入回流罐，一部分液体作为塔顶产品，其主要成分为易挥发组分，另一部分回流作为塔中的下降液体。

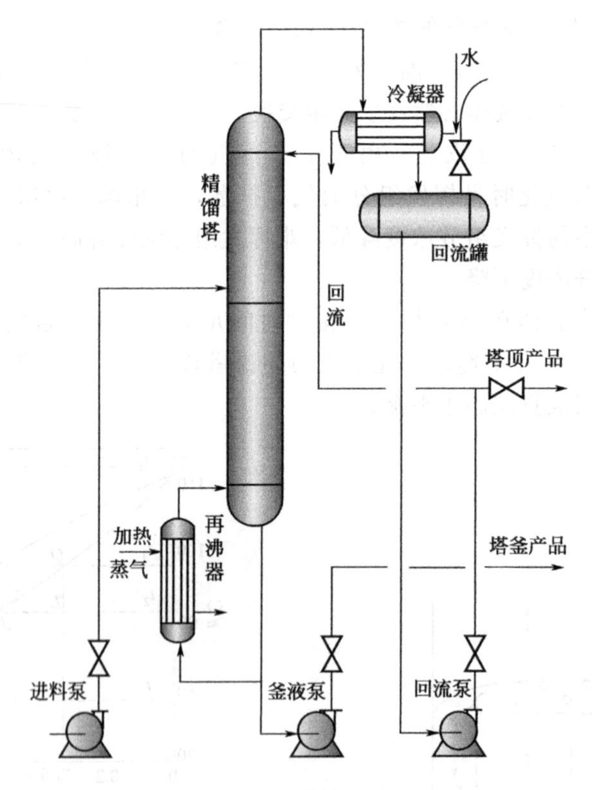

图 6-15　连续精馏流程

通常，将原料加入的那层塔板称为加料板。加料板以上部分，起精制原料中易挥发组分的作用，称为精馏段，塔顶产品称为馏出液。加料板以下部分（含加料板），起提浓原料中难挥发组分的作用，称为提馏段，从塔釜排出的液体称为塔底产品或釜残液。

任务三　精馏计算

一、全塔物料衡算

通过对精馏塔的全塔物料衡算，可以确定馏出液及釜液的流量及组成。

稳定连续操作的精馏塔作全塔物料衡算，见图 6-16，并以单位时间为基准。

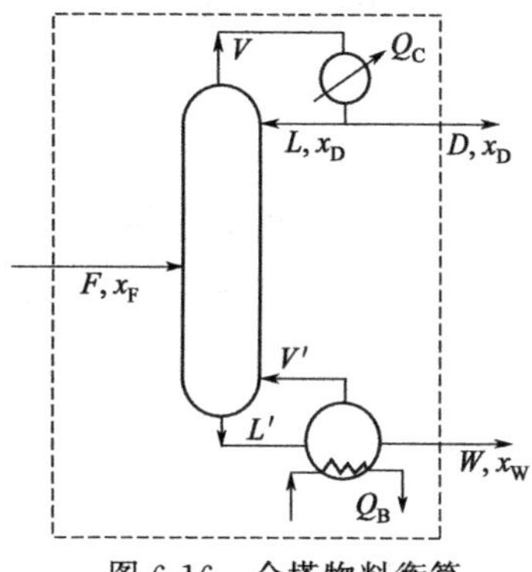

图 6-16　全塔物料衡算

总物料衡算：　$F=D+W$　(6-5)

易挥发组分衡算：　$Fx_F=Dx_D+Wx_W$　(6-6)

式中　F，D，W——原料、塔顶产品和塔底产品的流量，kmol/h；

x_F，x_D，x_W——原料、塔顶产品和塔底产品中易挥发组分的摩尔分数。

式(6-5)、式(6-6) 称为全塔物料衡算式。应用全塔物料衡算式可确定产品流量及组成。

一般称$\frac{D}{F}\times 100\%$为馏出液的采出率，$\frac{Dx_D}{Fx_F}\times 100\%$为易挥发组分的回收率。

【例 6-1】 每小时将 15000kg 含苯 40%和含甲苯 60%的溶液，在连续精馏塔中进行分离，要求将混合液分离为含苯 97%的馏出液和釜残液中含苯不高于 2%（以上均为质量分数）。操作压力为 101.3kPa。试求馏出液及釜残液的流量及组成，以千摩尔流量及摩尔分数表示。

解： 将质量分数换算成摩尔分数

$$x_F=\frac{\frac{0.4}{78}}{\frac{0.4}{78}+\frac{0.6}{92}}=0.44$$

$$x_W=\frac{\frac{0.02}{78}}{\frac{0.02}{78}+\frac{0.98}{92}}=0.0235$$

$$x_D=\frac{\frac{0.97}{78}}{\frac{0.97}{78}+\frac{0.03}{92}}=0.974$$

原料液平均摩尔质量：$M_m=0.44\times 78+0.56\times 92=85.8$ (kmol/h)

原料液的摩尔流量：$F=\frac{15000}{85.8}=175$ (kmol/h)

由全塔物料衡算式

$$F=D+W$$

$$Fx_F=Dx_D+Wx_W$$

代入数据

$$175=D+W$$
$$175\times0.44=0.974D+0.0235W$$

解出：
$$D=76.7\text{kmol/h}$$
$$W=98.3\text{kmol/h}$$

二、操作线方程

精馏塔内任意板下降液相组成 x_n 及由其下一层板上升的蒸气组成 y_{n+1} 之间关系称为操作关系。描述精馏塔内操作关系的方程称为操作线方程。由于精馏过程既涉及传热又涉及传质，影响因素很多，为了简化精馏过程，得到操作关系，进行恒摩尔假定。

（一）恒摩尔流假定

1. 恒摩尔流假定成立的条件

若在精馏塔塔板上气、液两相接触时有 $n$kmol 的蒸气冷凝，相应就有 $n$kmol 的液体汽化，这样恒摩尔流的假定才能成立。为此，必须满足的条件是：

① 各组分的摩尔汽化潜热相等；

② 气液接触时因温度不同而交换的显热可以忽略；

③ 塔设备保温良好，热损失也可忽略。

2. 恒摩尔流假定内容

（1）恒摩尔汽化　精馏操作时，在精馏塔的精馏段内，每层板的上升蒸气摩尔流量都是相等的，在提馏段内也是如此：

精馏段 $V_1=V_2=V_3=\cdots=V=$常数

提馏段 $V_1'=V_2'=V_3'=\cdots=V'=$常数

但两段的上升蒸气摩尔流量却不一定相等。

（2）恒摩尔液流　精馏操作时，在塔的精馏段内，每层板下降的液体摩尔流量都相等，在提馏段内也是如此：

精馏段 $L_1=L_2=L_3=\cdots=L=$常数

提馏段 $L_1'=L_2'=L_3'=\cdots=L'=$常数

但两段的下降液体摩尔流量不一定相等。

（二）操作线方程

在连续精馏塔中，因原料液不断从塔的中部加入，致使精馏段和提馏段具有不同的操作关系，应分别予以讨论。

1. 精馏段操作线方程

对图 6-17 中虚线范围（包括精馏段的第 $n+1$ 层板以上塔段及冷凝器）作物料衡算，以单位时间为基准，即

总物料衡算：　$V=L+D$

易挥发组分衡算：　$Vy_{n+1}=Lx_n+Dx_D$

式中　V——精馏段上升蒸气的摩尔流量，kmol/h；

L——精馏段下降液体的摩尔流量，kmol/h；

y_{n+1}——精馏段第（$n+1$）层板上升蒸气中易挥发组分的摩尔分数；

x_n——精馏段第 n 层板下降液体中易挥发组分的摩尔分数。

整理：

$$y_{n+1}=\frac{L}{L+D}x_n+\frac{D}{L+D}x_D \tag{6-7}$$

令回流比 $R=L/D$ 并代入上式，得精馏段操作线方程：

$$y_{n+1}=\frac{R}{R+1}x_n+\frac{x_D}{R+1} \tag{6-8}$$

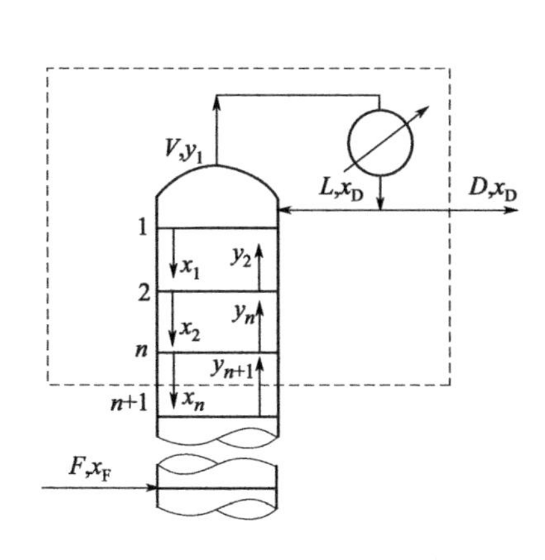

图 6-17　精馏段操作线方程推导

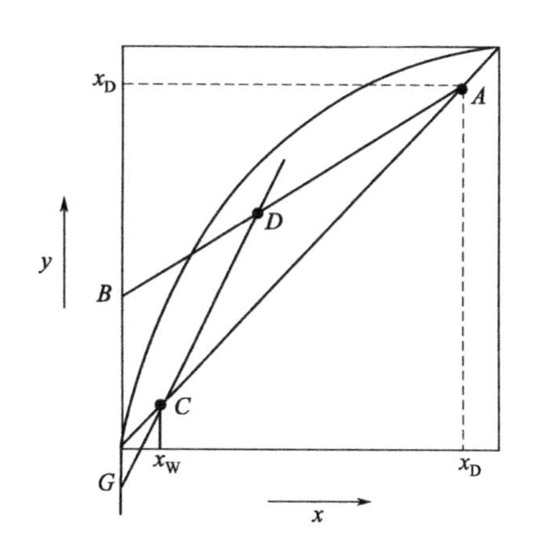

图 6-18　精馏塔的操作线

精馏段操作线方程反映了一定操作条件下精馏段内的操作关系，即精馏段内自任意第 n 层板下降的液相组成 x_n 与其相邻的下一层板（第 $n+1$ 层板）上升气相组成 y_{n+1} 之间的关系。在稳定操作条件下，精馏段操作线方程为一直线。斜率为 $\frac{R}{R+1}$，截距为 $\frac{x_D}{R+1}$。由式(6-8) 可知，当 $x_n=x_D$ 时，$y_{n+1}=x_D$，即该点位于 y-x 图的对角线上，如图 6-18 中的点 A；又当 $x_n=0$ 时，$y_{n+1}=x_D/(R+1)$，即该点位于 y 轴上，如图中点 B，则直线 AB 即为精馏段操作线。

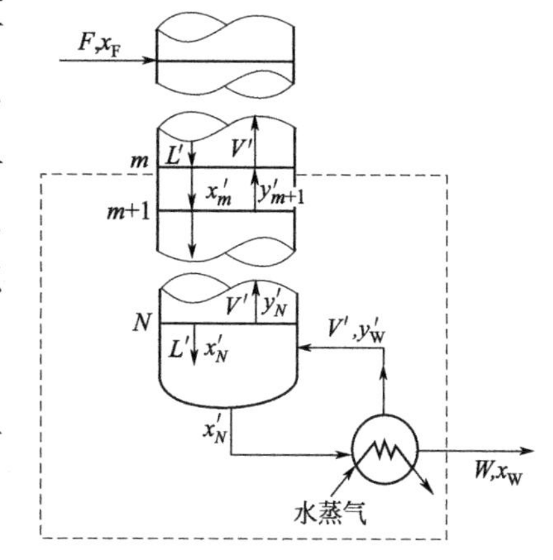

图 6-19　提馏段操作线方程指导

2. 提馏段操作线方程

按图 6-19 虚线范围（包括提馏段第 m 层板以下塔板及再沸器）作物料衡算，以单位时间为基础，即

总物料衡算：　$L'=V'+W$

易挥发组分衡算：　$L'x'_m=V'y'_{m+1}+Wx_W$

提馏段操作线方程：

$$y'_{m+1}=\frac{L'}{L'-W}x'_m-\frac{W}{L'-W}x_W \tag{6-9}$$

式中　L'——提馏段下降液体的摩尔流量，kmol/h；

V'——提馏段上升蒸气的摩尔流量，kmol/h；

x'_m——提馏段第 m 层板下降液相中易挥发组分的摩尔分数；

y'_{m+1}——提馏段第 $m+1$ 层板上升蒸气中易挥发组分的摩尔分数。

提馏段操作线方程反映了一定操作条件下，提馏段内的操作关系。在稳定操作条件下，提馏段操作线方程为一直线。斜率为$\frac{L'}{L'-W}$，截距为$\frac{W}{L'-W}$。由式(6-9) 可知，当 $x'_m=x_W$ 时，$y'_{m+1}=x_W$，即该点位于 y-x 图的对角线上，如图 6-18 中的点 C；当 $x'_m=0$ 时，$y'_{m+1}=-Wx_W/(L'-W)$，该点位于 y 轴上，如图 6-18 中点 G，则直线 CG 即为提馏段操作线。由图 6-18 可见，精馏段操作线和提馏段操作线相交于点 D。

应予指出，提馏段内液体摩尔流量 L'不仅与精馏段液体摩尔流量 L 的大小有关，而且它还受进料量及进料热状况的影响。

(三) 进料状况的影响

1. 精馏塔的进料热状况

在生产中，加入精馏塔中的原料可能有以下五种热状态：

① 冷液体进料 $t>t_{泡}$。

② 饱和液体进料 $t=t_{泡}$。

③ 气液混合物进料 $t_{泡}<t<t_{露}$。

④ 饱和蒸气进料 $t=t_{露}$。

⑤ 过热蒸气进料 $t>t_{露}$。

2. 进料热状况对进料板物流的影响

精馏塔内，由于原料的热状态不同，从而使精馏段和提馏段的液体流量 L 与 L'间的关系以及上升蒸气量 V 与 V'均发生变化。进料热状况对两段气液流量变化的影响如图 6-20 所示。

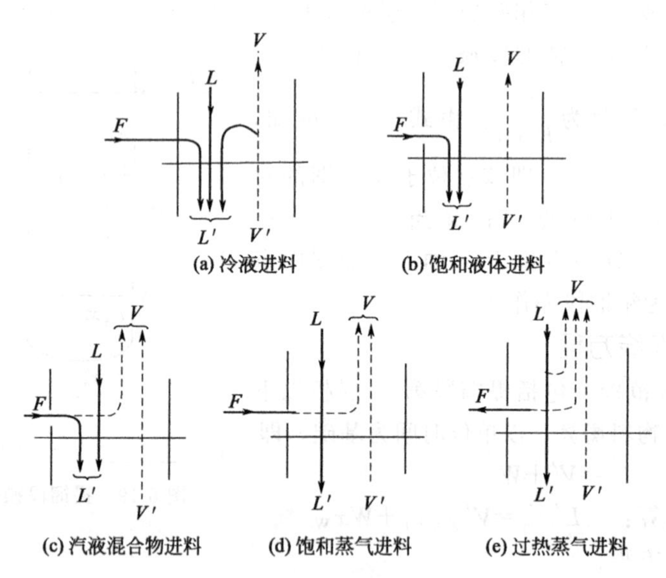

图 6-20 进料热状况对进料板上、下各流股的影响

3. 进料热状态参数 q

对加料板进行物料衡算及热量衡算可得

物料衡算：
$$F+V'+L=V+L'$$

热量衡算：
$$FI_F+V'I'_V+LI_L=VI_V+L'I'_L$$

式中 I_F——原料液焓，kJ/kmol；

I_V，I'_V——加料板上、下的饱和蒸气焓，kJ/kmol；

I_L，I'_L——加料板上、下的饱和液体焓，kJ/kmol。

由于加料板上下板温度及气液相组成都很相近，所以近似取

$$I_V=I'_V,\ I_L=I'_L$$

整理得

$$\frac{I_V-I_F}{I_V-I_L}=\frac{L'-L}{F} \tag{6-10}$$

令：
$$q=\frac{I_V-I_F}{I_V-I_L}=\frac{1\text{kmol 进料变为饱和蒸气所需的热量}}{\text{原料的千摩尔汽化潜热}}$$

q 称为进料热状况参数。q 值的意义为：每进料 1kmol/h 时，提馏段中的液体流量较精馏段中增大的摩尔流量值。对于泡点、露点、混合进料，q 值相当于进料中饱和液相所占的百分率。

根据 q 的定义，不同进料时的 q 值如下：

① 冷液 $q>1$；

② 饱和液体 $q=1$；

③ 气液混合物 $0<q<1$；

④ 饱和气体 $q=0$；

⑤ 过热气体 $q<0$。

对于各种进料状态，由式(6-10) 可知：

$$L'=L+qF \tag{6-11}$$

$$V=V'+(1-q)F \tag{6-12}$$

则提馏段操作线方程可改写为：

$$y'=\frac{L+qF}{L+qF-W}x'-\frac{W}{L+qF-W}x_W \tag{6-13}$$

【例 6-2】 用某精馏塔分离丙酮-正丁醇混合液。料液含 35%的丙酮，馏出液含 96%的丙酮（均为摩尔分数），加料量为 14.6kmol/h，馏出液量为 5.14kmol/h。进料为沸点状态。回流比为 2。求精馏段、提馏段操作线方程。

解： 精馏段操作线方程

$$y=\frac{R}{R+1}x+\frac{x_D}{R+1}=\frac{2}{2+1}x+\frac{0.96}{2+1}=0.67x+0.32$$

全塔物料衡算 $F=D+W$ $\qquad$ $14.6=5.14+W$

$Fx_F=Dx_D+Wx_W$ $\qquad$ $14.6\times0.35=0.96\times5.14+x_WW$

解得 $\qquad$ $W=9.46\text{kmol/h}$ $\qquad$ $x_W=0.019$

$$L'=L+F=2\times5.14+14.6=24.88\ (\text{kmol/h})$$

提馏段操作线方程

$$y=\frac{L'}{L'-W}x-\frac{Wx_W}{L'-W}=\frac{24.88}{24.88-9.46}x-\frac{0.019\times9.46}{24.88-9.46}=1.61x-0.012$$

4. 进料方程

（1）进料方程及提馏段操作线的绘制　由图 6-21 可知，提馏段操作线截距很小，因此提馏段操作线 cg 不易准确作出，而且这种作图方法不能直接反映出进料热状态的影响。因此通常的做法是先找出精馏段操作线与提馏段操作线的交点 d，再连接 cd 得到提馏段操作

线。精、提馏段操作线的交点可联立精、提馏段操作线方程得到：

$$y=\frac{q}{q-1}x-\frac{x_F}{q-1} \tag{6-14}$$

式(6-14) 即为精馏段操作线与提馏段操作线交点的轨迹方程，称为进料方程，也称 q 线方程。在进料热状况及进料组成确定的条件下，q 及 x_F 为定值，进料方程为一直线方程。将式(6-14) 与对角线方程联立，则交点坐标为 $x=x_F$，$y=x_F$，如图 6-21 中 e 点，过 e 点作斜率为 $q/(q-1)$ 的直线，ef 线，即为 q 线。q 线与提馏段操作线交于 d 点，d 点即是两操作线交点，连接 $c(x_W，x_W)$、d 两点可得提馏段操作线 cd。

(2) 进料状态对 q 线及操作线的影响 q 线方程还可分析进料热状态对精馏塔设计及操作的影响。进料热状况不同，q 线位置不同，从而提馏段操作线的位置也相应变化。

根据不同的 q 值，将五种不同进料热状况下的 q 线斜率值及其方位标绘在图 6-22 并列于表 6-5 中。

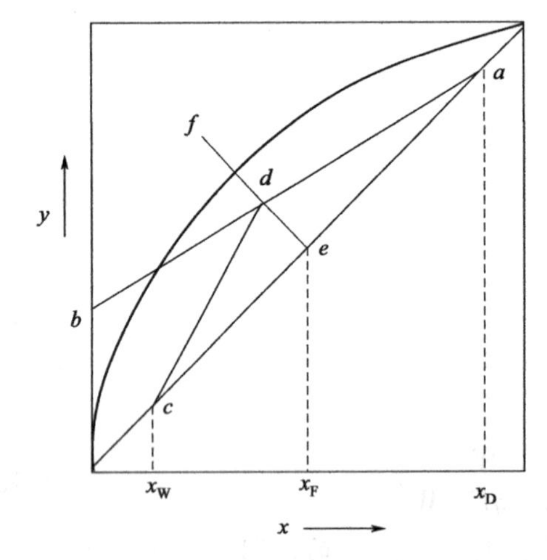

图 6-21　q 线与操作线

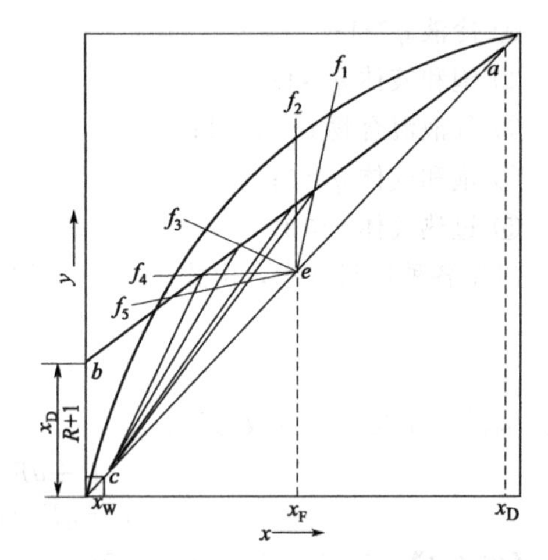

图 6-22　进料热状况对操作线的影响

表 6-5　进料热状况对 q 线的影响

进料热状况	进料的焓 I_F	q 值	$q/(q+1)$	q 线在 y-x 图上的位置
冷液体	$I_F>I_L$	>1	$+$	ef_1(↗)
饱和液体	$I_F=I_L$	1	∞	ef_2(↑)
气液混合物	$I_L<I_F<I_V$	$0<q<1$		ef_3(↖)
饱和蒸气	$I_F=I_V$	0	0	ef_4(←)
过热蒸气	$I_F>I_V$	<0	$+$	ef_5(↙)

三、理论塔板数的求法

塔板是气液两相传质、传热的场所，精馏操作要达到工业上的分离要求，精馏塔需要有足够层数的塔板。理论塔板数的计算，需要借助气液相平衡关系和塔内气液两相的操作关系。气液相平衡关系前面已经讨论了，为求理论塔板数，首先来研究塔内气液两相的操作关系。

精馏塔理论塔板数的计算，常用的方法有逐板计算法、图解法。在计算理论板数时，一般需已知原料液组成、进料热状态、操作回流比及所要求的分离程度，利用气液相平衡关系和操作线方程求得。

1. 逐板计算法

(1) 理论依据 对于理论塔板，离开塔板的气液相组成满足相平衡关系方程；而相邻两块塔板间相遇的气液相组成之间属操作关系，满足操作线方程。这样，交替地使用相平衡关系和操作线方程逐板计算每一块塔板上的气液相组成，所用相平衡关系的次数就是理论塔板数。

(2) 方法 见图 6-23，连续精馏塔，泡点进料，塔顶采用全凝器，泡点回流，塔釜采用间接蒸汽加热。从塔顶开始计算。

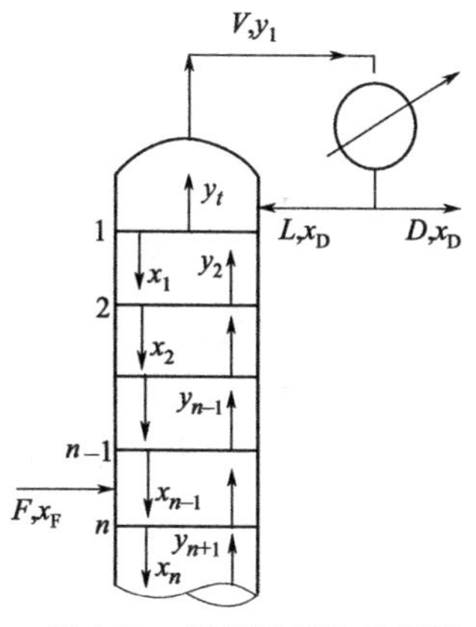

图 6-23 逐板计算法示意图

$$y_1=x_D \xrightarrow{\text{平衡关系}} x_1 \xrightarrow{\text{精馏段操作关系}} y_2$$

$$\xrightarrow{\text{平衡关系}} x_2 \xrightarrow{\text{精馏段操作关系}} y_3 \cdots x_n \leqslant x_F \text{（泡点进料）}$$

$$\xrightarrow{\text{提馏段操作关系}} y_{n+1} \xrightarrow{\text{平衡关系}} y_{n+1} \cdots x_N \leqslant x_W$$

注意：① 从 $y_1=x_D$ 开始，交替使用相平衡方程及精馏段操作线方程计算，直到 $x_n \leqslant x_F$ 为止，使用一次相平衡方程相当于有一块理论板，第 n 块板即为加料板，精馏段 $N_T=n-1$（块）。

② 当 $x_n \leqslant x_F$（泡点进料）时，交替使用相平衡方程及提馏段操作线方程计算，直到 $x_N \leqslant x_W$ 为止，使用相平衡方程的次数为 N_T，再沸器相当于一块理论板，总 $N_T=N-1$（块）。

逐板计算法较为烦琐，但计算结果比较精确，适用于计算机编程计算。

2. 图解法

图解法求取理论塔板数的基本原理与逐板计算法相同，只不过用简便的图解来代替繁杂的计算而已。图解的步骤如下，见图 6-24。

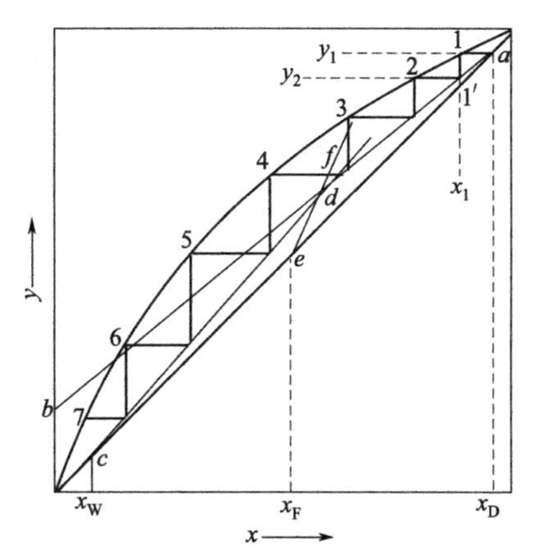

图 6-24 图解法求取理论塔板数

① 作 x-y 图，绘制精、提馏段操作线。

② 自对角线上的 a 点开始，在精馏段操作线与平衡线之间画水平线及垂直线组成的阶梯，即从 a 点作水平线与平衡线交于点 1，该点即代表离开第一层理论板的气液相平衡组成（x_1，y_1），故由点 1 可确定 x_1。由点 1 作垂线与精馏段操作线的交点 1′可确定 y_2。再由点 1′作水平线与平衡线交于点 2，由此点定出 x_2。如此重复在平衡线与精馏段操作线之间绘阶梯。当阶梯跨越两操作线交点 d 点时，则改在提馏段操作线与平衡线之间画阶梯，直至阶梯的垂线跨过点 $c(x_W，x_W)$ 为止。

③ 每个阶梯代表一块理论板。跨过点 d 的阶梯为进料板，最后一个阶梯为再沸器。总理论板层数为阶梯数减 1。

④ 阶梯中水平线的距离代表液相中易挥发组分的浓度经过一次理论板后的变化，阶梯中垂直线的距离代表气相中易挥发组分的浓度经过一次理论板的变化，因此阶梯的跨度也就代表了理论板的分离程度。阶梯跨度不同，说明理论板分离能力不同。

图解法简单直观，但计算精确度较差，尤其是对相对挥发度较小而所需理论塔板数较多的场合更是如此。

3. 确定最优进料位置

最优的进料位置一般应在塔内液相或气相组成与进料组成相近或相同的塔板上。当采用图解法计算理论板层数时，适宜的进料位置应为跨越两操作线交点所对应的阶梯。对于一定的分离任务，如此作图所需理论板数为最少，跨过两操作线交点后继续在精馏段操作线与平衡线之间作阶梯，或没有跨过交点过早更换操作线，都会使所需理论板层数增加。

对于已有的精馏装置，在适宜进料位置进料，可获得最佳分离效果。在实际操作中，如果进料位置不当，将会使馏出液和釜残液不能同时达到预期的组成。进料位置过高，使馏出液的组成偏低（难挥发组分含量偏高）；反之，进料位置偏低，使釜残液中易挥发组分含量增高，从而降低馏出液中易挥发组分的收率。

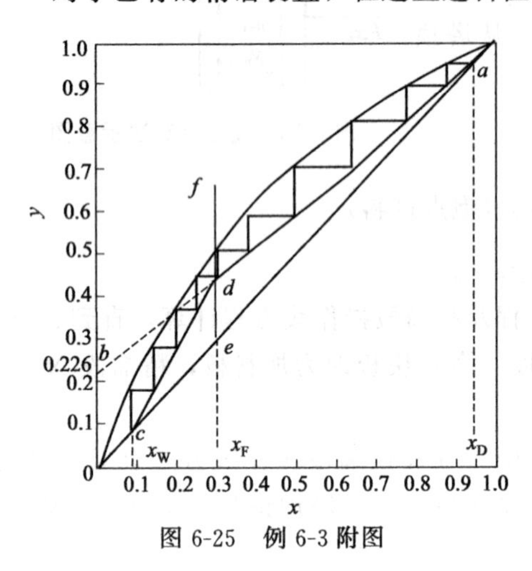

图 6-25 例 6-3 附图

【例 6-3】 将 $x_F=30\%$ 的苯-甲苯混合液送入常压连续精馏塔，要求塔顶馏出液中 $x_D=95\%$，塔釜残液 $x_W=10\%$（均为摩尔分数），泡点进料，操作回流比为 3.21。试用图解法求理论塔板数。

解：（1）查苯-甲苯相平衡数据作出相平衡曲线，如图 6-25 所示，并作出对角线；

（2）在 x 轴上找到 $x_D=0.95$，$x_F=0.30$，$x_W=0.10$ 三个点，分别引垂直线与对角线交于点 a、e、c；

（3）精馏段操作线截距 $x_D/(R+1)=0.95/(3.21+1)=0.226$，在 y 轴上找到点 $b(0,0.226)$，连接 a、b 两点得精馏段操作线；

（4）因为是泡点进料，过 e 点作垂直线与精馏段操作线交于点 d，连接 c、d 两点得提馏段操作线；

（5）从 a 点开始，在相平衡线与操作线之间作阶梯，直到 $x \leqslant x_W$ 即阶梯跨过点 c（0.10，0.10）为止。

由附图所示，所作的阶梯数为 10，第 7 个阶梯跨过精、提馏段操作线的交点。故所求的理论塔板数为 9（不含塔釜），进料板为第 7 板。

四、塔板效率与实际塔板数

1. 塔板效率

板效率分全塔效率和单板效率两种。

（1）全塔效率　全塔效率反映塔中各层塔板的平均效率，因此它是理论板层数的一个校正系数，其值恒小于 1。

由于影响板效率的因素很多而且复杂，如物系性质、塔板型式与结构和操作条件等。故目前对板效率还不易作出准确的计算。实际设计时一般采用来自生产及中间实验的数据或用经验公式估算。其中，比较典型、简易的方法是奥康奈尔的关联法，如图 6-26 所示，该曲线也可关联成如下形式，即：

$$E_T = 0.49(\alpha\mu_L)^{-0.245} \tag{6-15}$$

式中 α——塔顶与塔底平均温度下的相对挥发度；

μ_L——塔顶与塔底平均温度下的液体黏度。

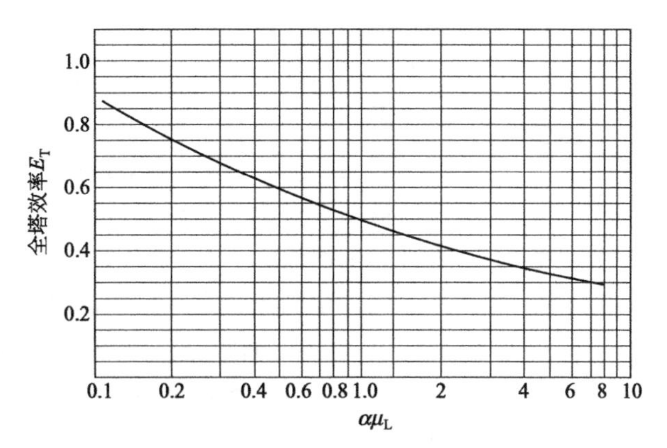

图 6-26 精馏塔效率关联曲线

(2) 单板效率 表示气相或液相经过一层实际塔板前后的组成变化与经过一层理论板前后的组成变化之比值：

$$E_{MV} = \frac{y_n - y_{n+1}}{y_n^* - y_{n+1}} \quad 或 \quad E_{ML} = \frac{x_{n-1} - x_n}{x_{n-1} - x_n^*} \tag{6-16}$$

式中 E_{MV}——气相单板效率；

E_{ML}——液相单板效率；

y_n^*——与 x_n 成平衡的气相组成；

x_n^*——与 y_n 成平衡的液相组成。

应予指出，单板效率可直接反映该层塔板的传质效果，但各层塔板的单板效率通常不相等。单板效率可由实验测定。

2. 实际塔板数

实际塔板由于气液两相接触时间及接触面积有限，离开塔板的气液两相难以达到平衡，达不到理论板的传质分离效果。理论板仅作为衡量实际板分离效率的依据和标准。在指定条件下进行精馏操作所需要的实际板数（N_P）较理论板数（N_T）为多。在工程设计中，先求得理论板层数，用塔板效率予以校正，即可求得实际塔板层数。

$$N_P = \frac{N_T}{E_T} \times 100\% \tag{6-17}$$

式中 E_T——全塔效率，%；

N_T——理论板层数；

N_P——实际塔板层数。

五、回流比的影响与选择

回流是保证精馏塔连续定态操作的基本条件，因此回流比是精馏过程的重要参数，它的大小影响精馏的投资费用和操作费用。对一定的料液和分离要求，如回流比增大，精馏段操作线的斜率增大，截距减小，精馏段操作线向对角线靠近，提馏段操作线也向对角线靠近，相平衡线与操作线之间的距离增大，从 x_D 到 x_W 作阶梯时，每个阶梯的水平距离与垂直距离都增大，即每一块板的分离程度增大，分离所需的理论塔板数减少，塔设备费用减少；但回流比增大使塔内气、液相量增多，操作费用提高。反过来，对于一个固定的精馏塔，增加回流比，每一块板的分离程度增大，提高了产品质量。因此，在精馏塔的设计中，对于一定的分离任务而言，应选定适宜的回流比。

回流比有两个极限，上限为全回流时的回流比，下限为最小回流比。适宜的回流比介于两极限之间。

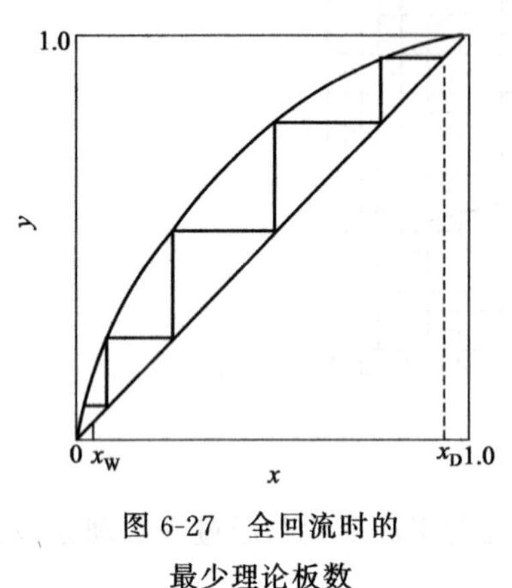

图 6-27　全回流时的最少理论板数

1. 全回流与最少理论塔板数

塔顶上升蒸气经冷凝后全部流回塔内，这种回流方式称为全回流。

（1）全回流特点　全回流时回流比 $R\to\infty$，塔顶产品量 D 为零，通常进料量 F 及塔釜产品量 W 均为零，即既不向塔内进料，也不从塔内取出产品。此时生产能力为零。

（2）全回流时操作线方程　全回流时全塔无精、提馏段之分，操作线方程 $y=x$，操作线与对角线重合。

（3）最少理论塔板数　操作线离平衡线的距离最远，完成一定的分离任务所需的理论塔板数最少，称为最少理论板数，记作 $N_{\min}$，如图 6-27所示。

最小理论板数 $N_{\min}$也可采用芬斯克方程计算：

$$N_{\min}=\frac{\lg\left[\left(\frac{x_D}{1-x_D}\right)\left(\frac{1-x_W}{x_W}\right)\right]}{\lg\alpha_m}-1 \tag{6-18}$$

式中　$N_{\min}$——全回流时的最小理论板数，不包括再沸器；

α_m——全塔平均相对挥发度，一般可取塔顶、塔底或塔顶、塔底、进料的几何平均值。

全回流在实际生产中没有意义，但在装置开工、调试、操作过程异常或实验研究中多采用全回流。

2. 最小回流比

精馏过程中，当回流比逐渐减小时，精馏段操作线的斜率减小、截距增大，精、提馏段操作线皆向相平衡线靠近，操作线与相平衡线之间的距离减小，气液两相间的传质推动力减小，达到一定分离要求所需的理论塔板数增多。当回流比减小至两操作线的交点落在相平衡线上时，交点处的气液两相已达平衡，传质推动力为零，图解时无论绘多少阶梯都不能跨过点 d，则达到一定分离要求所需的理论塔板数为无穷多，此时的回流比称为最小回流比，记作 $R_{\min}$，如图 6-28 所示。

在最小回流比下，两操作线与平衡线的交点称为夹紧点，其附近（通常在加料板附近）各板之间气、液相组成基本上没有变化，即无增浓作用，称为恒浓区。

最小回流比可用图解法或解析法求得。

当回流比为最小时精馏段操作线的斜率为：

$$\frac{R_{\min}}{R_{\min}+1}=\frac{ah}{dh}=\frac{y_1-y_q}{x_D-x_q}=\frac{x_D-y_q}{x_D-x_q}$$

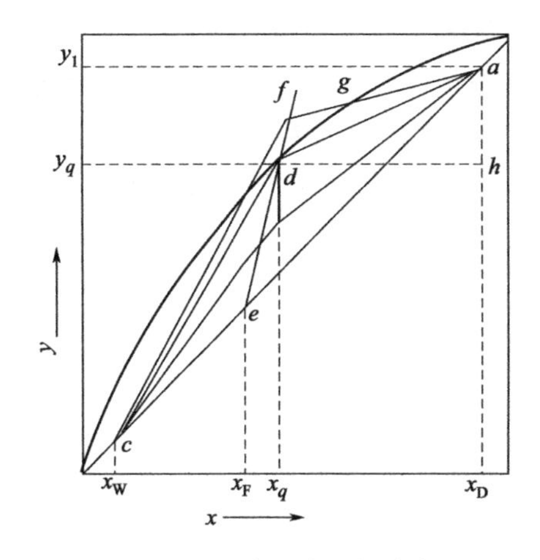

图 6-28 最小回流比的确定

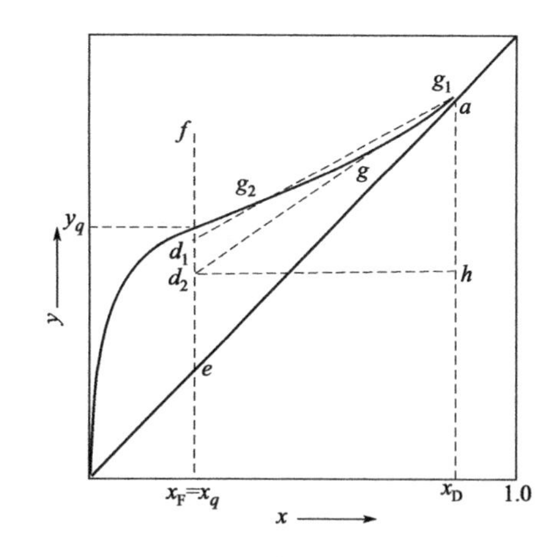

图 6-29 乙醇-水物系的平衡曲线

整理得：

$$R_{\min}=\frac{x_D-y_q}{y_q-x_q} \tag{6-19}$$

式中，x_q、y_q 为相平衡线与进料线交点坐标（互为平衡关系）。

图 6-29 为乙醇-水物系的平衡曲线，为一不正常的相平衡曲线。具有下凹的部分，当操作线与 q 线的交点尚未落到平衡线上之前，操作线已与平衡线相切，如图中点 g 所示。点 g 附近已出现恒浓区，相应的回流比便是最小回流比。对于这种情况下的 $R_{\min}$ 的求法是由点（x_D，x_D）向平衡线作切线，再由切线的截距或斜率求之。如图所示情况，可按下式计算：

$$\frac{R_{\min}}{R_{\min}+1}=\frac{ah}{d_2h} \tag{6-20}$$

应予指出，最小回流比 $R_{\min}$ 的值对于一定的原料液与规定的分离程度（x_D，x_W）有关，同时还和物系的相平衡性质有关。

3. 适宜回流比的选择

实际操作回流比应根据经济核算确定，以期达到完成给定任务所需设备费用和操作费用的总和为最小。设备费用是指精馏塔、再沸器、冷凝器等设备的投资费用，此项费用主要取决于设备的尺寸；操作费用主要取决于塔底再沸器加热剂用量及塔顶冷凝器中冷却剂的用量。

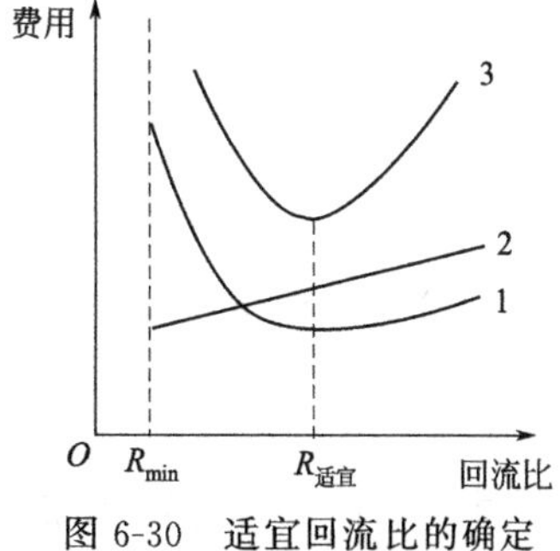

图 6-30 适宜回流比的确定
1—设备费用；2—操作费用；3—总费用

当回流比增大时，所需塔板数急剧减少，设备费用减少，但回流液量和上升蒸气量增加，操作费用增大；当回流比增大至某一值时，由于塔径增大，再沸器和冷凝器的传热面积也要增加，设备费用又上升，总费用为设备费用及操作费用之和，如图 6-30 所示。总费用中的最低值所对应的回流比为适宜回流比，即实际生产中的操作回流比。通常情况下，适宜回流比为最小回流比的 1.1～2.0 倍，即

$$R=(1.1\sim2)R_{\min}$$

实际生产中操作回流比应视具体情况选择。对于难分离体系，相对挥发度接近 1，此时应采用较大的回流比，以降低塔高并保证产品的纯度；对于易分离体系，相对挥发度较大，

可采用较小的回流比，以减少加热蒸汽消耗量，降低操作费用。

【例 6-4】 在常压操作的精馏塔中分离苯-甲苯混合液。已知物系的相对挥发度为 2.4，原料液组成为 0.44，要求将混合液分离为含苯 0.974 的馏出液和釜残液中含苯不高于 0.0235（均为摩尔分数）。泡点进料，塔顶为全凝器，塔釜为间接蒸汽加热，操作回流比为最小回流比的 2 倍。求精馏段操作线方程。

解：对于泡点进料，则

$$x_q=0.44,\ y_q=\frac{2.4x_q}{1+1.4x_F}=\frac{2.4\times0.44}{1+1.4\times0.44}=0.653$$

$$R_{min}=\frac{x_D-y_q}{y_q-x_q}=\frac{0.974-0.653}{0.653-0.44}=1.51$$

$$R=2R_{min}=2\times1.51=3.02$$

则精馏段操作线方程为：

$$y=\frac{R}{R+1}x+\frac{x_D}{R+1}=0.75x+0.24$$

六、热量衡算

精馏装置主要包括精馏塔、再沸器和冷凝器。通过精馏装置的热量衡算，可求得冷凝器和再沸器的热负荷以及冷却介质和加热介质的消耗量。

1. 再沸器的热量衡算

对图 6-16 所示的再沸器作热量衡算，以单位时间为基准，则

$$Q_B=V'I_{VW}+WI_{LW}-L'I_{Lm}+Q_L \tag{6-21}$$

式中 Q_B——再沸器的热负荷，kJ/h；

Q_L——再沸器的热损失，kJ/h；

I_{VW}——再沸器中上升蒸气的焓，kJ/kmol；

I_{LW}——釜残液的焓，kJ/kmol；

I_{Lm}——提馏段底层塔板下降液体的焓，kJ/kmol。

若取 $I_{LW}\approx I_{Lm}$，且因 $V'=L'-W$，则

$$Q_B=V'(I_{VW}-I_{LW})+Q_L \tag{6-22}$$

加热介质消耗量可用下式计算

$$W_h=\frac{Q_B}{I_{B_1}-I_{B_2}} \tag{6-23}$$

式中 W_h——加热介质消耗量，kg/h；

I_{B_1}，I_{B_2}——加热介质进出再沸器的焓，kJ/kg。

若用饱和蒸汽加热，且冷凝液在饱和温度下排出，则加热蒸汽消耗量可按下式计算

$$W_h=\frac{Q_B}{r} \tag{6-24}$$

式中，r 为加热蒸汽的汽化热，kJ/kg。

2. 冷凝器的热量衡算

若精馏塔的冷凝器为全凝器。对图 6-16 所示的全凝器作热量衡算，以单位时间为基准，并忽略热损失，则

$$Q_C=VI_{VD}-(LI_{LD}+DI_{LD}) \tag{6-25}$$

因 $V=L+D=(R+1)D$，代入式(6-25) 并整理得

$$Q_C=(R+1)D(I_{VD}-I_{LD}) \tag{6-26}$$

式中 Q_C——全凝器的热负荷，kJ/h；

I_{VD}——塔顶上升蒸气的焓，kJ/kmol；

I_{LD}——塔顶馏出液的焓，kJ/kmol。

冷却介质可按式(6-27) 计算

$$W_C=\frac{Q_C}{c_{pC}(t_2-t_1)} \tag{6-27}$$

式中 W_C——冷却介质消耗量，kg/h；

c_{pC}——冷却介质的比热容，kJ/(kg·℃)；

t_1，t_2——冷却介质在冷凝器的进、出口处的温度，℃。

任务四 精馏塔操作的影响因素及操作特性

一、影响精馏操作的主要因素

对于现有的精馏装置和特定的物系，精馏操作的基本要求是使设备具有尽可能大的生产能力，达到预期的分离效果，操作费用最低。影响精馏装置稳态、高效操作的主要因素包括操作压力、进料组成和热状况、塔顶回流、全塔的物料平衡和稳定、冷凝器和再沸器的传热性能、设备散热情况等。以下就其主要影响因素予以简要分析。

1. 物料平衡的影响和制约

根据精馏塔的总物料衡算可知，对于一定的原料液流量 F 和组成 x_F，只要确定了分离程度 x_D 和 x_W，馏出液流量 D 和釜残液流量 W 也就被确定了。而 x_D 和 x_W 决定了气液平衡关系、x_F、q、R 和理论板数 N_T（适宜的进料位置），因此 D 和 W 或采出率 D/F 与 W/F 只能根据 x_D 和 x_W 确定，而不能任意增减，否则进、出塔的两个组分的量不平衡，必然导致塔内组成变化，操作波动，使操作不能达到预期的分离要求。

在精馏塔的操作中，需维持塔顶和塔底产品的稳定，保持精馏装置的物料平衡是精馏塔稳态操作的必要条件。通常由塔底液位来控制精馏塔的物料平衡。

2. 塔顶回流的影响

回流比是影响精馏塔分离效果的主要因素，生产中经常用回流比来调节、控制产品的质量。例如当回流比增大时，精馏产品质量提高；反之，当回流比减小时，x_D 减小而 x_W 增大，使分离效果变差。

回流比增加，使塔内上升蒸气量及下降液体量均增加，若塔内气液负荷超过允许值，则可能引起塔板效率下降，此时应减小原料液流量。

调节回流比的方法有如下几种。

① 减少塔顶采出量以增大回流比。

② 塔顶冷凝器为分凝器时，可增加塔顶冷剂的用量，以提高凝液量，增大回流比。

③ 有回流液中间贮槽的强制回流，可暂时加大回流量，以提高回流比，但不得将回流贮槽抽空。

必须注意，在馏出液采出率 D/F 规定的条件下，借增加回流比 R 以提高 x_D 的方法并非总是有效。此外，加大操作回流比意味着加大蒸发量与冷凝量，这些数值还将受到塔釜及冷凝器的传热面的限制。

3. 进料热状况的影响

当进料状况（x_F 和 q）发生变化时，应适当改变进料位置，并及时调节回流比 R。一般精馏塔常设几个进料位置，以适应生产中进料状况，保证在精馏塔的适宜位置进料。如进料状况改变而进料位置不变，必然引起馏出液和釜残液组成的变化。

进料情况对精馏操作有着重要意义。常见的进料状况有五种，不同的进料状况，都显著地直接影响提馏段的回流量和塔内的气液平衡。精馏塔较为理想的进料状况是泡点进料，它较为经济和最为常用。对特定的精馏塔，若 x_F 减小，则将使 x_D 和 x_W 均减小，欲保持 x_D 不变，则应增大回流比。

4. 塔釜温度的影响

釜温是由釜压和物料组成决定的。精馏过程中，只有保持规定的釜温，才能确保产品质量。因此釜温是精馏操作中重要的控制指标之一。

提高塔釜温度时，则使塔内液相中易挥发组分减少，同时，并使上升蒸气的速度增大，有利于提高传质效率。如果由塔顶得到产品，则塔釜排出难挥发物中，易挥发组分减少，损失减少；如果塔釜排出物为产品，则可提高产品质量，但塔顶排出的易挥发组分中夹带的难挥发组分增多，从而增大损失。因此，在提高温度时，既要考虑产品的质量，又要考虑工艺损失。一般情况下，操作习惯于用温度来提高产品质量，降低工艺损失。

当釜温变化时，通常用改变蒸发釜的加热蒸汽量，将釜温调节至正常。当釜温低于规定值时，应加大蒸汽用量，以提高釜液的汽化量，使釜液中重组分的含量相对增加，泡点提高，釜温提高。当釜温高于规定值时，应减少蒸汽用量，以减少釜液的汽化量，使釜液中轻组分的含量相对增加，泡点降低，釜温降低。此外还有与液位串级调节的方法等。

5. 操作压力的影响

塔的压力是精馏塔主要的控制指标之一。在精馏操作中，常常规定了操作压力的调节范围。塔压波动过大，就会破坏全塔的气液平衡和物料平衡，使产品达不到所要求的质量。

提高操作压力，可以相应地提高塔的生产能力，操作稳定。但在塔釜难挥发产品中，易挥发组分含量增加。如果从塔顶得到产品，则可提高产品的质量和易挥发组分的浓度。

影响塔压变化的因素是多方面的，例如：塔顶温度、塔釜温度、进料组成、进料流量、回流量、冷剂量、冷剂压力等的变化以及仪表故障、设备和管道的冻堵等，都可以引起塔压的变化。例如真空精馏的真空系统出了故障、塔顶冷凝器的冷却剂突然停止等都会引起塔压的升高。

对于常压塔的压力控制，主要有以下三种方法。

① 对塔顶压力在稳定性要求不高的情况下，无须安装压力控制系统，应当在精馏设备（冷凝器或回流罐）上设置一个通大气的管道，以保证塔内压力接近大气压。

② 对塔顶压力的稳定性要求较高或被分离的物料不能和空气接触时，若塔顶冷凝器为全凝器时，塔压多是靠冷剂量的大小来调节的。

③ 用调节塔釜加热蒸汽量的方法来调节塔釜的气相压力。

在生产中，当塔压变化时，控制塔压的调节机构就会自动动作，使塔压恢复正常。当塔压发生变化时，首先要判断引起变化的原因，而不要简单地只从调节上使塔压恢复正常，要从根本上消除变化的原因，才能不破坏塔的正常操作。如釜温过低引起塔压降低，若不提釜温，而单靠减少塔顶采出来恢复正常塔压，将造成釜液中轻组分大量增加。由于设备原因而影响了塔压的正常调节时，应考虑改变其他操作因素以维持生产，严重时则要停车检修。

二、板式塔的操作特性

1. 塔式板内气液两相的非理想流动

（1）空间上的反向流动　空间上的反向流动是指与主体流动方向相反的液体或气体的流动，主要有两种。

① 雾沫夹带。板上液体被上升气体带入上一层塔板的现象称为雾沫夹带。雾沫夹带量主要与气速和板间距有关，其随气速的增大和板间距的减小而增加。

雾沫夹带是一种液相在塔板间的返混现象，使传质推动力减小，塔板效率下降。为保证传质的效率，维持正常操作，正常操作时应控制雾沫夹带量不超过 0.1kg（液体）/kg（干气体）。

② 气泡夹带。由于液体在降液管中停留时间过短，而气泡来不及解脱被液体带入下一层塔板的现象称为气泡夹带。气泡夹带是与气体的流动方向相反的气相返混现象，使传质推动力减小，降低塔板效率。

通常在靠近溢流堰一狭长区域不开孔，称为出口安定区，使液体进入降液管前有一定时间脱除其中所含的气体，减少气相返混现象。为避免严重的气泡夹带，工程上规定，液体在降液管内应有足够的停留时间，一般不得低于 5s。

（2）空间上的不均匀流动　空间上的不均匀流动是指气体或液体流速的不均匀分布。与返混现象一样，不均匀流动同样使传质推动力减小。

① 气体沿塔板的不均匀分布。从降液管流出的液体横跨塔板流动必须克服阻力，板上液面将出现位差，塔板进、出口侧的清液高度差称为液面落差。液面落差的大小与塔板结构有关，还与塔径和液体流量有关。液体流量越大，行程越大，液面落差越大。

由于液面落差的存在，将导致气流的不均匀分布，在塔板入口处，液层阻力大，气量小于平均数值；而在塔板出口处，液层阻力小，气量大于平均数值，如图 6-31 所示。

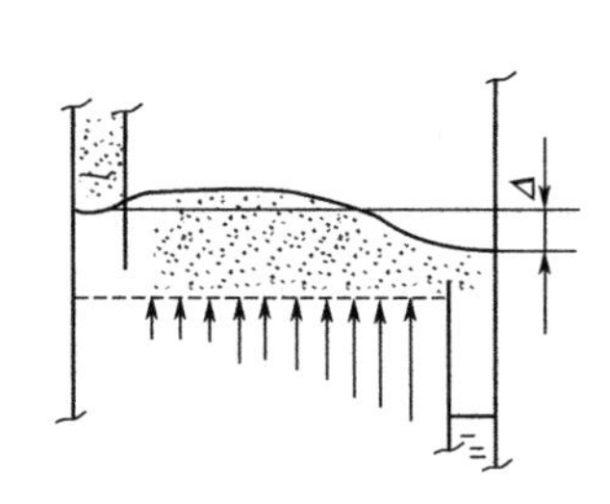

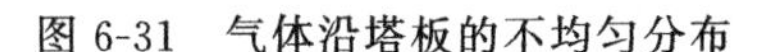

图 6-31　气体沿塔板的不均匀分布

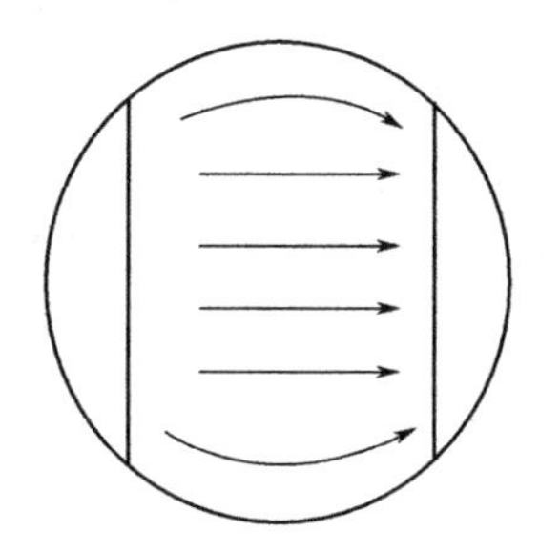

图 6-32　液体沿塔板的不均匀流动

不均匀的气流分布对传质是不利的。为此，对于直径较大的塔，设计中常采用双溢流或阶梯溢流等溢流形式来减小液面落差，以降低气体的不均匀分布。

② 液体沿塔板的不均匀流动。液体自塔板一端流向另一端时，在塔板中央，液体行程较短而直，阻力小，流速大。在塔板边缘部分，行程长而弯曲，又受到塔壁的牵制，阻力

大，因而流速小。因此，液流量在塔板上的分配是不均匀的。这种不均匀性的严重发展会在塔板上造成一些液体流动不畅的滞留区，如图 6-32 所示。

与气体分布不均匀相仿，液流不均匀性所造成的总结果是使塔板的物质传递量减少。液流分布的不均匀性与液体流量有关，低流量时该问题尤为突出，可导致气液接触不良，易产生干吹、偏流等现象，塔板效率下降。为避免液体沿塔板流动严重不均，操作时一般要保证出口堰上液层高度不得低于 6mm，否则宜采用上缘开有锯齿形缺口的堰板。

塔板上的非理想流动虽然不利于传质过程的进行，影响传质效果，但塔还可以维持正常操作。

2. 塔式板的异常操作现象

如果板式塔设计不良或操作不当，塔内将会产生使塔不能正常操作的现象，通常指漏液和液泛两种情况。

（1）漏液　气体通过筛孔的速度较小时，气体通过筛孔的动压不足以阻止板上液体的流下，液体会直接从孔口落下，这种现象称为漏液。漏液量随孔速的增大与板上液层高度的降低而减小。漏液会影响气液在塔板上的充分接触，降低传质效果，严重时将使塔板上不能积液而无法操作。正常操作时，一般控制漏液量不大于液体流量的 10%。

塔板上的液面落差会引起气流分布不均匀，在塔板入口处由于液层较厚，往往出现倾向性漏液，为此常在塔板液体入口处留出一条不开孔的区域，称为安定区。

（2）液泛　为使液体能稳定地流入下一层塔板，降液管内必须维持一定高度的液柱。气速增大，气体通过塔板的压降也增大，降液管内的液面相应地升高；液体流量增加，液体流经降液管的阻力增加，降液管液面也相应地升高。如降液管中泡沫液体高度超过上层塔板的出口堰，板上液体将无法顺利流下，液体充满塔板之间的空间，即液泛。液泛是气液两相做逆向流动时的操作极限。发生液泛时，压力降急剧增大，塔板效率急剧降低，塔的正常操作将被破坏，在实际操作中要避免之。

根据液泛发生原因不同，可分为两种情况：塔板上液体流量很大，上升气体速度很高时，雾沫夹带量剧增，上层塔板上液层增厚，塔板液流不畅，液层迅速积累，以致液泛，这种由于严重的雾沫夹带引起的液泛称为夹带液泛。当塔内气、液两相流量较大，导致降液管内阻力及塔板阻力增大时，均会引起降液管液层升高。当降液管内液层高度难以维持塔板上液相畅通时，降液管内液层迅速上升，以致达到上一层塔板，逐渐充满塔板空间，即发生液泛，称之为降液管液泛。

开始发生液泛时的气速称为泛点气速。正常操作气速应控制在泛点气速之下。影响液泛的因素除气、液相流量外，还与塔板的结构特别是塔板间距有关。塔板间距增大，可提高泛点气速。

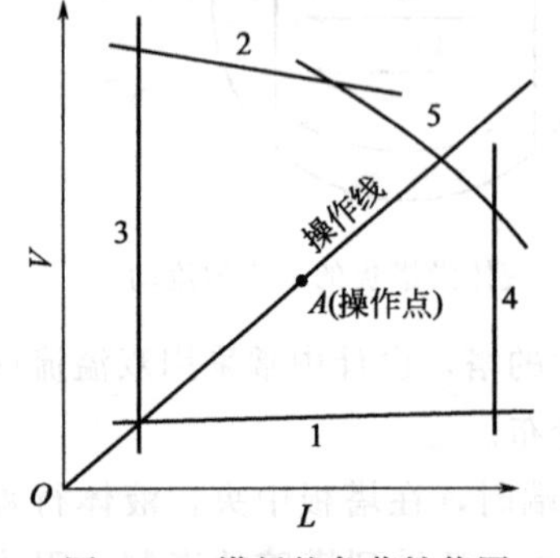

图 6-33　塔板的负荷性能图

3. 塔板的负荷性能图及操作分析

影响板式塔操作状况和分离效果的主要因素为物料性质、塔板结构及气液负荷，对一定的分离物系，当设计选定塔板类型后，其操作状况和分离效果只与气液负荷有关。要维持塔板正常操作，必须将塔内的气液负荷限制在一定的范围内，该范围即为塔板的负荷性能。将此范围绘制在直角坐标系中，以液相负荷 L 为横坐标，气相负荷 V 为纵坐标进行，所得图形称为塔板的负荷性能图，如图 6-33 所示。负荷性能图由以下五条线组成。

(1) 漏液线　图中线1为漏液线，又称气相负荷下限线。当操作时气相负荷低于此线，将发生严重的漏液现象，此时的漏液量大于液体流量的10%。塔板的适宜操作区应在该线以上。

(2) 液沫夹带线　图中线2为液沫夹带线，又称气相负荷上限线。如操作时气相负荷超过此线，表明液沫夹带现象严重，此时液沫夹带量大于0.1kg（液)/kg（气)。塔板的适宜操作区应在该线以下。

(3) 液相负荷下限线　图中线3为液相负荷下限线。若操作时液相负荷低于此线，表明液体流量过低，板上液流不能均匀分布，气液接触不良，塔板效率下降。塔板的适宜操作区应在该线以右。

(4) 液相负荷上限线　图中线4为液相负荷上限线。若操作时液相负荷高于此线，表明液体流量过大，此时液体在降液管内停留时间过短，发生严重的气泡夹带，使塔板效率下降。塔板的适宜操作区应在该线以左。

(5) 液泛线　图中线5为液泛线。若操作时气液负荷超过此线，将发生液泛现象，使塔不能正常操作。塔板的适宜操作区在该线以下。

在塔板的负荷性能图中，五条线所包围的区域称为塔板的适宜操作区，在此区域内，气液两相负荷的变化对塔板效率影响不太大，故塔应在此范围内进行操作。

操作时的气相负荷 V 与液相负荷 L 在负荷性能图上的坐标点称为操作点。在连续精馏塔中，操作的气液比 V/L 为定值，因此，在负荷性能图上气液两相负荷的关系为通过原点、斜率为 V/L 的直线，该直线称为操作线。操作线与负荷性能图的两个交点分别表示塔的上下操作极限，两极限的气体流量之比称为塔板的操作弹性。设计时，应使操作点尽可能位于适宜操作区的中央，若操作线紧靠某条边界线，则负荷稍有波动，塔即出现不正常操作。

应予指出，当分离物系和分离任务确定后，操作点的位置即固定，但负荷性能图中各条线的相应位置随着塔板的结构尺寸而变。因此，在设计塔板时，根据操作点在负荷性能图中的位置，适当调整塔板结构参数，可改进负荷性能图，以满足所需的操作弹性。例如：加大板间距可使液泛线上移，减小塔板开孔率可使漏液线下移，增加降液管面积可使液相负荷上限线右移等。

塔板负荷性能图在板式塔的设计及操作中具有重要的意义。设计时使用负荷性能图可以检验设计的合理性，操作时使用负荷性能图，以分析操作状况是否合理，当板式塔操作出现问题时，分析问题所在，为解决问题提供依据。

技能训练　精馏塔操作训练

●实训目标

(1) 了解筛板精馏塔的结构及流程。

(2) 熟悉筛板精馏塔的操作方法。

(3) 掌握筛板精馏塔的全塔效率的测定方法。

(4) 理解灵敏板温度、回流比、蒸气速度对精馏过程的影响。

●实训准备

(1) 理解和掌握精馏操作的基本原理，熟悉精馏装置。

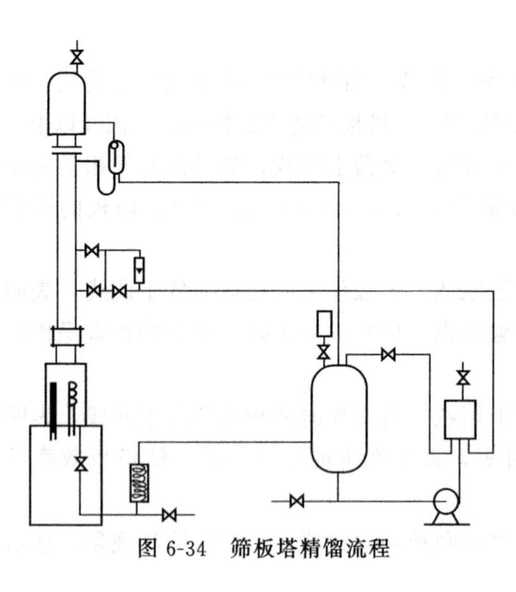
图 6-34　筛板塔精馏流程

(2) 理解理论板的概念，掌握全塔效率和单板效率的概念及计算。

(3) 掌握回流比对精馏操作的影响。

(4) 精馏装置流程　装置流程如图 6-34 所示，主要由精馏塔、回流分配装置及测控系统组成。

精馏塔为筛板塔，塔体采用 $\phi57\times3.5$mm 的不锈钢管制成，下部与蒸馏釜相连。蒸馏釜为 $\phi108$mm×4mm×300mm 不锈钢材质的立式结构，塔釜装有液位计、电加热器（1.5kW）、控温电加热器（200W）、温度计接口、测压口和取样口，分别用于观测釜内液面高度、加热料液、控制电加热量、测量塔釜温度、测量塔顶与塔釜的压差和塔釜液取样。由于本实验所取试样为塔釜液相物料，故塔釜可视为一块理论板。塔顶冷凝器为一蛇管式换热器，换热面积 0.06m^2，管外走蒸汽，管内走冷却水。塔身共有八块塔板。塔主要参数为：塔板，厚 $\delta=1$mm，不锈钢板，孔径 $d_0=1.5$mm，孔数 $n=43$，排列方式为正三角形；板间距，$H_T=80$mm；溢流管，截面积 78.5mm^2，堰高 12mm，底隙高度 6mm。

回流分配装置由回流分配器与控制器组成。控制器由控制仪表和电磁线圈构成。回流分配器由玻璃制成，它由一个入口管、两个出口管及引流棒组成。两个出口管分别用于回流和采出。引流棒为一根 $\phi108$mm 的玻璃棒，内部装有铁芯，塔顶冷凝器中的冷凝液顺着引流棒流下，在控制器的控制下实现塔顶冷凝器的回流或采出操作。当控制器电路接通后，电磁线圈将引流棒吸起，操作处于采出状态；当控制器电路断路时，电磁线圈不工作，引流棒自然下垂，操作处于回流状态。此回流分配器既可通过控制器实现手动控制，也可通过计算机实现自动控制。

在本实训中，利用人工智能仪表分别测定塔顶温度、塔釜温度、塔身伴热温度、塔釜加热温度、全塔压降、加热电压、进料温度及回流比等参数，该系统的引入，不仅使实验更为简便、快捷，又可实现计算机在线数据采集与控制。

本实训所选用的体系为乙醇-水，采用锥瓶取样，取样前应先取少量试样冲洗一两次。取样后用塞子塞严锥瓶，待其冷却后（至室温），再用比重天平称出密度，测取液体的温度，换算出料液的浓度。这种测定方法的特点是方便快捷、操作简单，但精度稍低；若要实现高精度的测量，可利用气相色谱进行浓度分析。

●实训步骤

(1) 熟悉精馏过程的流程，搞清仪表柜上按钮与各仪表相对应的设备与测控点。

(2) 全回流操作时，配制质量分数为 4%～5%的乙醇-水溶液，启动进料泵，向塔中供料至塔釜液面达 250～300mm。

(3) 启动塔釜加热及塔身伴热，观察塔釜、塔身、塔顶温度及塔板上的气液接触状况（观察视镜），发现塔板上有料液时，打开塔顶冷凝器的冷却水控制阀。

(4) 测定全回流情况下的单板效率及全塔效率。控制蒸发量、回流液浓度，在一定回流量下，全回流一段时间，待塔操作参数稳定后，即可在塔顶、塔釜及相邻两块塔板上取样，用比重天平进行分析，测取数据（重复 2～3 次），并记录各操作参数。

（5）待全回流操作稳定后，根据进料板上的浓度，调整进料液的浓度（在原料贮罐中配制乙醇质量分数为 15%～20%的乙醇-水料液，其数量按获取 0.5kg 质量分数为 92%的塔顶产品计算），开启进料泵，注意控制加料量（建议进料量维持在 30～50mL/min），调整回流，使塔顶产品质量分数达到 92%。

（6）控制釜底排料量与残液浓度（要求含乙醇质量分数不超过 3%），维持釜内液位基本稳定。

（7）操作基本稳定后（蒸馏釜蒸汽压力及塔顶温度不变），开始取样分析，测定塔顶、塔底产品浓度，10～15min 一次，直至产品和残液的浓度不变为止。记下合格产品量。切记在排釜液前，一定要打开釜液冷却器的冷却水控制阀。取样时，打开取样旋塞要缓慢，以免烫伤。

（8）实训完毕后，停止加料，关闭塔釜加热及塔身伴热，待一段时间后（视镜内无料液时），切断塔顶冷凝器及釜液冷却器的供水，切断电源，清理现场。

●思考与分析

（1）其他条件都不变，只改变回流比，对塔性能会产生什么影响？

（2）其他条件都不变，只改变釜内二次蒸汽压，对塔性能会产生什么影响？

（3）进料板位置是否可以任意选择，它对塔的性能有何影响？

（4）为什么酒精蒸馏塔采用常压操作而不采用加压精馏或真空蒸馏？

（5）将本塔适当加高，是否可以得到无水乙醇？为什么？

（6）根据操作情况与实验数据分析影响精馏塔性能的因素。

本章小结

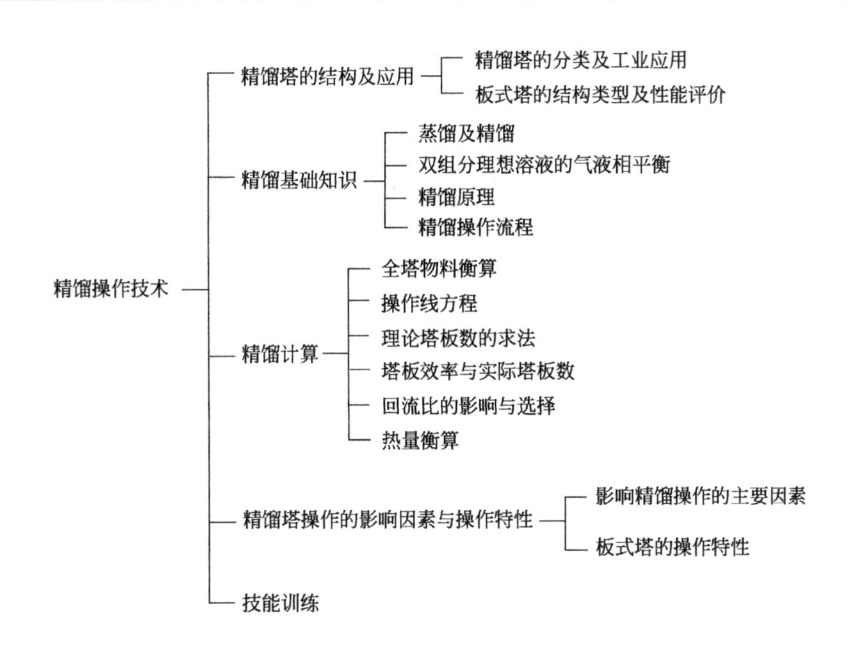

复习与思考

1. 精馏操作的依据是什么？
2. 说明相对挥发度的意义和作用。
3. 试用 t-x-y 相图说明在塔板上进行的精馏过程。
4. 简述精馏原理、精馏的理论基础和精馏的必要条件。
5. 连续精馏为什么必须有回流？回流比的改变对精馏操作有何影响？
6. 什么是理论板？求取理论塔板数有哪些方法？各种方法有什么优缺点？
7. 什么是最小回流比？怎样求最小回流比？
8. 说明精馏塔的精馏段和提馏段的作用、塔顶冷凝器与塔底再沸器的作用。
9. 塔板上气液两相的非理想流动有哪些？形成原因是什么？对精馏操作有何影响？
10. 塔内的异常操作现象有哪些？形成原因是什么？如何避免？
11. 什么是负荷性能图？意义是什么？

计算题

1. 质量分数与摩尔分数换算。

(1) 甲醇-水溶液，甲醇的摩尔分数为0.45，试求其质量分数。

(2) 苯-甲苯混合液中，苯的质量分数为0.21，试求其摩尔分数。

2. 某常压精馏塔，用来分离甲醇-水液体混合物，以获得纯度不低于98%的甲醇。已知塔的生产处理量为204kg/h的甲醇-水混合液，其中甲醇含量为69%。现要求塔釜残液中甲醇含量不大于1%（以上均为质量分数）。试计算塔顶、塔釜的采出量。

3. 某连续精馏塔处理苯-氯仿混合液，要求馏出液中含有96%（摩尔分数，下同）的苯。进料量为75kmol/h，进料液中含苯45%，残液中苯含量10%，回流比为3，泡点进料，求：①塔顶的回流液量及塔釜上升蒸汽的摩尔流量；②写出精馏段、提馏段操作线方程。

4. 连续精馏塔的操作线方程有：精馏段为 $y=0.75x+0.205$；提馏段为 $y=1.25x-0.020$，试求泡点进料时，原料液、馏出液、釜液组成及回流比。

5. 在常压下用精馏塔分离某溶液。已知，$x_F=0.35$，$x_D=0.95$，$x_W=0.05$（均为摩尔分数），泡点进料，塔顶为全凝器，塔釜为间接蒸汽加热，操作回流比为最小回流比的2倍。已知物系的相对挥发度为2.4。求：①理论塔板数及进料位置；②从第二块理论板上升的蒸气组成。

项目七 吸收操作技术

学习目标

●了解吸收装置的结构和特点；理解吸收单元操作基本概念、吸收传质机理、相平衡与吸收的关系；掌握吸收操作计算。

●能正确选择吸收操作的条件，对吸收过程进行正确的调节控制;能进行吸收装置的正常开停车操作和事故处理。

工业生产中常常会遇到均相气体混合物的分离问题。为了分离混合气体中的各组分，通常将混合气体与选择的某种液体相接触，气体中的一种或几种组分便溶解于液体内而形成溶液，不能溶解的组分则保留在气相中，从而实现了气体混合物的分离。这种利用各组分溶解度不同而分离气体混合的操作称为吸收。吸收过程是溶质由气相转移到液相的相际传质过程，那么，溶质是如何在相际间转移的？转移的方向、速率如何？用什么设备实现吸收操作？影响吸收过程的因素有哪些？怎样对吸收设备进行正确的操作调节等，这些问题将在这一项目分别进行讨论。

任务一 吸收塔的结构及应用

吸收过程通常在吸收塔中进行。为了使气液两相充分接触，可以采用板式塔和填料塔。一个工业吸收过程一般包括吸收和解吸两个部分。解吸是吸收的逆过程，就是将溶质从吸收后的溶液中分离出来。通过解吸可以回收气体溶质，并实现吸收剂的再生循环使用。

一、工业吸收过程

图 7-1 以合成氨生产中 CO_2 气体的净化为例，说明吸收与解吸联合操作的流程。

合成氨原料气（含 CO_2 30%左右）从底部进入吸收塔，塔顶喷入乙醇胺溶液。气、液逆流接触传质，乙醇胺吸收了 CO_2 后从塔底排出，从塔顶排出的气体中 CO_2 含量可降至 0.5%以下。将吸收塔底排出的含 CO_2 的乙醇胺溶液用泵送至加热器，加热到 130℃左右后从解吸塔顶喷淋下来，与塔底送入的水蒸气逆流接触，CO_2 在高温、低压下自溶液中解吸出来。从解吸塔顶排出的气体经冷却、冷凝后得到可用的CO_2。解吸塔底排出的含少量CO_2的乙醇胺溶液经冷却降温至50℃左右，经加压仍可作为吸收剂送入吸收塔循环使用。

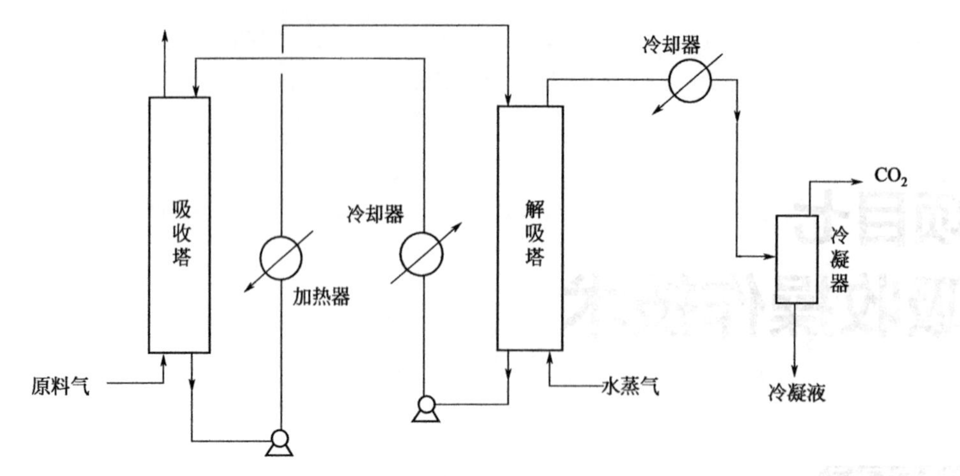

图7-1　吸收与解吸流程

由此可见，采用吸收操作实现气体混合物的分离必须解决以下问题：

① 选择合适的吸收剂，选择性地溶解某个（或某些）被分离组分；

② 选择适当的传质设备以实现气液两相接触，使溶质从气相转移至液相；

③ 吸收剂的再生和循环使用。

吸收操作中，能够溶解的组分称为吸收质或溶质，以A表示；不被吸收的组分称为惰性组分或载体，以B表示；吸收操作所用的溶剂称为吸收剂，以S表示；吸收所得到的溶液称为吸收液，其主要成分为溶剂S和溶质A；吸收排出的气体称为吸收尾气，其主要成分是惰性气体B和残余的少量溶质A。

二、吸收在工业生产中的应用

吸收操作在化工生产中的主要用途如下。

（1）净化或精制气体　例如用水或碱液脱出合成氨原料气中的二氧化碳，用丙酮脱出石油裂解气中的乙炔等。

（2）制备某种气体的溶液　例如用水吸收二氧化氮制造硝酸，用水吸收氯化氢制取盐酸，用水吸收甲醛制备福尔马林溶液等。

（3）回收混合气体中的有用组分　例如用硫酸处理焦炉气以回收其中的氨，用洗油处理焦炉气以回收其中的苯、二甲苯等，用液态烃处理石油裂解气以回收其中的乙烯、丙烯等，

（4）废气治理，保护环境　工业废气中含有SO_2、NO、NO_2、H_2S等有害气体，直接排入大气，对环境危害很大。可通过吸收操作使之净化，变废为宝，综合利用。

三、填料塔的基础知识

（一）填料塔的结构与特点

1. 填料塔的结构

填料塔由塔体、填料、液体分布装置、填料压紧装置、填料支承装置、液体再分布装置等构成，如图7-2所示。

填料塔操作时，液体自塔上部进入，通过液体分布器均匀喷洒在塔截面上并沿填料表面呈膜状下流。当塔较高时，由于液体有向塔壁面偏流的倾向，使液体分布逐渐变得不均匀，因此经过一定高度的填料层以后，需要液体再分布装置，将液体重新均匀分布到下段填料层的截面上，最后从塔底排出。

气体自塔下部经气体分布装置送入，通过填料支承装置在填料缝隙中的自由空间上升并与下降的液体接触，最后从塔顶排出。为了除去排出气体中夹带的少量雾状液滴，在气体出口处常装有除沫器。

填料层内气液两相呈逆流接触，填料的润湿表面即为气液两相的主要传质表面，两相的组成沿塔高连续变化。

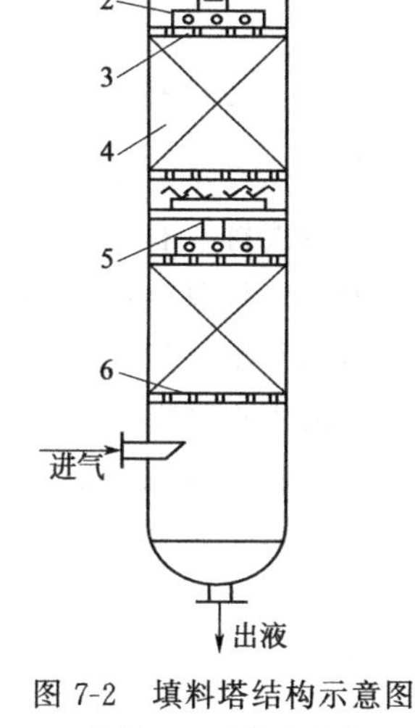

图 7-2 填料塔结构示意图

1—塔体；2—液体分布装置；3—填料压紧装置；4—填料层；5—液体再分布器；6—填料支承装置

2. 填料塔的特点

与板式塔相比，填料塔具有以下特点：

① 结构简单，便于安装，小直径的填料塔造价低。

② 压力降较小，适合减压操作，且能耗低。

③ 分离效率高，用于难分离的混合物，塔高较低。

④ 适于易起泡物系的分离，因为填料对泡沫有限制和破碎作用。

⑤ 适用于腐蚀性介质，因为可采用不同材质的耐腐蚀填料。

⑥ 适用于热敏性物料，因为填料塔持液量低，物料在塔内停留时间短。

⑦ 操作弹性较小，对液体负荷的变化特别敏感。当液体负荷较小时，填料表面不能很好地润湿，传质效果急剧下降；当液体负荷过大时，则易产生液泛。

⑧ 不宜处理易聚合或含有固体颗粒的物料。

（二）填料的类型及性能评价

填料是填料塔的核心部分，它提供了气液两相接触传质的界面，是决定填料塔性能的主要因素。对操作影响较大的填料特性有：

1. 比表面积

单位体积填料层所具有的表面积称为填料的比表面积，以 δ 表示，其单位为 m^2/m^3。显然，填料应具有较大的比表面积，以增大塔内传质面积。同一种类的填料，尺寸越小，则其比表面积越大。

2. 空隙率

单位体积填料层所具有的空隙体积，称为填料的空隙率，以 ε 表示，其单位为 m^3/m^3。填料的空隙率大，气液通过能力大且气体流动阻力小。

3. 填料因子

将 δ 与 ε 组合成 δ/ε^3 的形式称为干填料因子，单位为 m^{-1}。填料因子表示填料的流体力学性能。当填料被喷淋的液体润湿后，填料表面覆盖了一层液膜，δ 与 ε 均发生相应的变化，此时 δ/ε^3 称为湿填料因子，以 ϕ 表示。ϕ 值小则填料层阻力小，发生液泛时的气速提高，亦即流体力学性能好。

4. 单位堆积体积的填料数目

对于同一种填料，单位堆积体积内所含填料的个数是由填料尺寸决定的。填料尺寸减小，填料数目可以增加，填料层的比表面积也增大，而空隙率减小，气体阻力亦相应增加，填料造价提高。反之，若填料尺寸过大，在靠近塔壁处，填料层空隙很大，将有大量气体由此短路流过。为控制气流分布不均匀现象，填料尺寸不应大于塔径 D 的 $\frac{1}{10}\sim\frac{1}{8}$。

此外，从经济、实用及可靠的角度考虑，填料还应具有质量轻、造价低、坚固耐用、不易堵塞、耐腐蚀、有一定的机械强度等特性。各种填料往往不能完全具备上述各种条件，实际应用时，应依具体情况加以选择。

填料的种类很多，大致可分为散装填料和整砌填料两大类。散装填料是一粒粒具有一定几何形状和尺寸的颗粒体，一般以散装方式堆积在塔内。根据结构特点的不同，散装填料分为环形填料、鞍形填料、环鞍形填料及球形填料等。整砌填料是一种在塔内整齐地有规则排列的填料，根据其几何结构可以分为格栅填料、波纹填料、脉冲填料等。几种常见的填料见表 7-1。

表 7-1　常见的填料

类型	结构	特点及应用
拉西环	外径与高度相等的圆环，如图 7-3(a)所示	拉西环形状简单，制造容易，操作时有严重的沟流和壁流现象，气液分布较差，传质效率低。填料层持液量大，气体通过填料层的阻力大，通量较低。拉西环是使用最早的一种填料，曾得到极为广泛的应用，目前拉西环工业应用日趋减少
鲍尔环	在拉西环的侧壁上开出两排长方形的窗孔，被切开的环壁一侧仍与壁面相连，另一侧向环内弯曲，形成内伸的舌叶，舌叶的侧边在环中心相搭，如图 7-3(b)所示	鲍尔环填料的比表面积和空隙率与拉西环基本相当，气体流动阻力降低，液体分布比较均匀。同一材质、同种规格的拉西环与鲍尔环填料相比，鲍尔环的气体通量比拉西环增大 50%以上，传质效率增加 30%左右。鲍尔环填料以其优良的性能得到了广泛的工业应用
阶梯环	对鲍尔环填料改进，其形状如图 7-3(c)所示。阶梯环圆筒部分的高度仅为直径的一半，圆筒一端有向外翻卷的锥形边，其高度为全高的 1/5	是目前环形填料中性能最为良好的一种。填料的空隙率大，填料个体之间呈点接触，使液膜不断更新，压力降小，传质效率高
鞍形填料	是敞开型填料，包括弧鞍与矩鞍，其形状如图 7-3(d)和(e)所示	弧鞍形填料是两面对称结构，有时在填料层中形成局部叠合或架空现象，且强度较差，容易破碎影响传质效率。矩鞍形填料在塔内不会相互叠合而是处于相互勾联的状态，有较好的稳定性，填充密度及液体分布都较均匀，空隙率也有所提高，阻力较低，不易堵塞，制造比较简单，性能较好。是取代拉西环的理想填料
金属矩鞍填料	如图 7-3(f)所示，采用极薄的金属板轧制，既有类似开孔环形填料的圆环、开孔和内伸的叶片，也有类似矩鞍形填料的侧面	综合了环形填料通量大及鞍形填料的液体再分布性能好的优点而研制和发展起来的一种新型填料，敞开的侧壁有利于气体和液体通过，在填料层内极少产生滞留的死角，阻力减小，通量增大，传质效率提高，有良好的机械强度。金属鞍环填料性能优于目前常用的鲍尔环和矩鞍形填料
球形填料	一般采用塑料材质注塑而成，其结构有许多种，如图 7-3(g)和(h)所示	球体为空心，可以允许气体、液体从内部通过。填料装填密度均匀，不易产生空穴和架桥，气液分散性能好。球形填料一般适用于某些特定场合，工程上应用较少
波纹填料	由许多波纹薄板组成的圆盘状填料，波纹与水平方向成 45°倾角，相邻两波纹板反向靠叠，使波纹倾斜方向相互垂直。各盘填料垂直叠放于塔内，相邻的两盘填料间交错 90°排列。如图 7-3(i)、(j)所示	优点是结构紧凑，比表面积大，传质效率高。填料阻力小，处理能力提高。其缺点是不适于处理黏度大、易聚合或有悬浮物的物料，填料装卸、清理较困难，造价也较高。金属丝网波纹填料特别适用于精密精馏及真空精馏装置，为难分离物系、热敏性物系的精馏提供了有效的手段。金属孔板波纹填料特别适用于大直径蒸馏塔。金属压延孔板波纹填料主要用于分离要求高、物料不易堵塞的场合

续表

类型	结构	特点及应用
脉冲填料	脉冲填料是由带缩颈的中空棱柱形单体，按一定方式拼装而成的一种整砌填料，如图 7-3(k)所示	流道收缩、扩大的交替重复，实现了“脉冲”传质过程。脉冲填料的特点是处理量大、压降小。是真空蒸馏的理想填料；因其优良的液体分布性能使放大效应减少，特别使用于大塔径的场合

图 7-3 几种常见填料

无论散装填料还是整砌填料的材质均可用陶瓷、金属和塑料制造。陶瓷填料应用最早，其润湿性能好，但因较厚，空隙小，阻力大，气液分布不均匀导致效率较低，而且易破碎，故仅用于高温、强腐蚀的场合。金属填料强度高，壁薄，空隙率和比表面积大，故性能良好。不锈钢较贵，碳钢便宜但耐腐蚀性差，在无腐蚀场合广泛采用。塑料填料价格低廉，不易破碎，质轻耐蚀，加工方便，但润湿性能差。

填料性能的优劣通常根据效率、通量及压降来衡量。在相同的操作条件下，填料塔内气液分布越均匀，表面润湿性能越优良，则传质效率越高；填料的空隙率越大，结构越开放，则通量越大，压降也越低。国内学者对九种常用填料的性能进行了评价，用模糊数学方法得出了各种填料的评估值，结论如表 7-2 所示。

表 7-2 几种填料综合性能评价

填料名称	评估值	评价	排序	填料名称	评估值	评价	排序
丝网波纹填料	0.86	很好	1	金属鲍尔环	0.51	一般好	6
孔板波纹填料	0.61	相当好	2	瓷鞍环填料	0.41	较好	7
金属鞍环填料	0.59	相当好	3	瓷鞍形填料	0.38	略好	8
金属鞍形填料	0.57	相当好	4	瓷拉西环	0.36	略好	9
金属阶梯环	0.53	一般好	5				

(三)填料塔的附件

填料塔的附件主要有填料支承装置、填料压紧装置、液体分布装置、液体再分布装置和除沫装置等,见表7-3。合理地选择和设计填料塔的附件,对保证填料塔的正常操作及良好的传质性能十分重要。

表7-3 填料塔的附件

名称	作用	结构类型
填料支承装置	支承塔内填料及其持有的液体重量。故支承装置要有足够的强度。同时为使气液顺利通过,支承装置的自由截面积应大于填料层的自由截面积,否则当气速增大时,填料塔的液泛将首先在支承装置发生	常用的填料支承装置有栅板型、孔管型、驼峰型等,如图7-4所示。 根据塔径、使用的填料种类及型号、塔体及填料的材质、气液流速选择支承装置
填料压紧装置	安装于填料上方,保持操作中填料床层高度恒定,防止在高压降、瞬时负荷波动等情况下填料床层发生松动和跳动	分为填料压板和床层限制板两大类,每类又有不同的型式,如图7-5所示。填料压板适用于陶瓷、石墨制的散装填料。床层限制板用于金属散装填料、塑料散装填料及所有规整填料。
液体分布装置	液体分布装置设在塔顶,为填料层提供足够数量并分布适当的喷淋点,以保证液体初始均匀的分布	常用的液体分布装置如图7-6所示。莲蓬式喷洒器一般适用于处理清洁液体、且直径小于600mm的小塔。盘式分布器常用于直径较大的塔。管式分布器适用于液量小而气量大的填料塔。槽式液体分布器多用于气液负荷大及含有固体悬浮物、黏度大的分离场合
液体再分布装置	壁流将导致填料层内气液分布不均,使传质效率下降。为减小壁流现象,可间隔一定高度在填料层内设置液体再分布装置	最简单的液体再分布装置为截锥式再分布器,如图7-7所示。图7-7(a)是将截锥筒体焊在塔壁上,图7-7(b)是在截锥筒的上方加设支承板,截锥下面隔一段距离再装填料,以便于分段卸出填料
除沫装置	在液体分布器的上方安装除沫装置,清除气体中夹带的液体雾沫	折板除沫器、丝网除沫器、填料除沫器,见图7-8

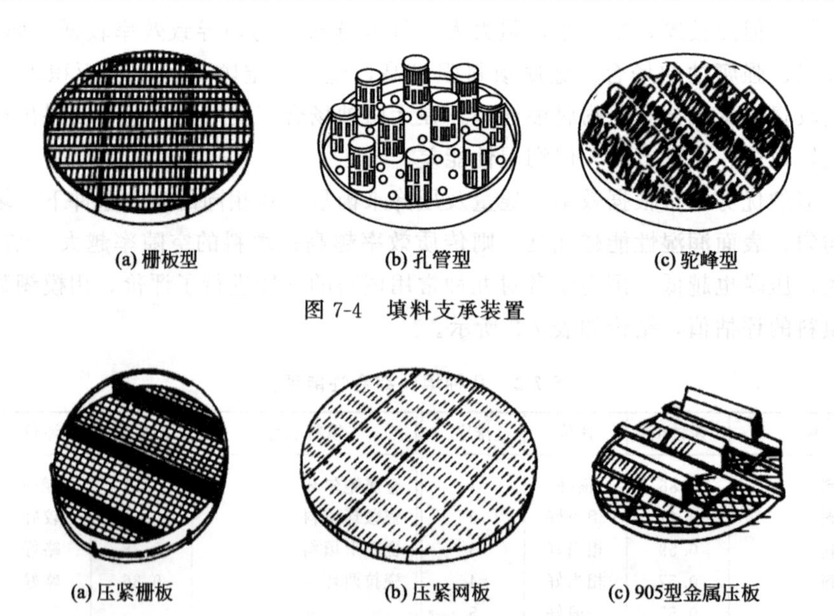

(a) 栅板型　(b) 孔管型　(c) 驼峰型

图7-4 填料支承装置

(a) 压紧栅板　(b) 压紧网板　(c) 905型金属压板

图7-5 填料压紧装置

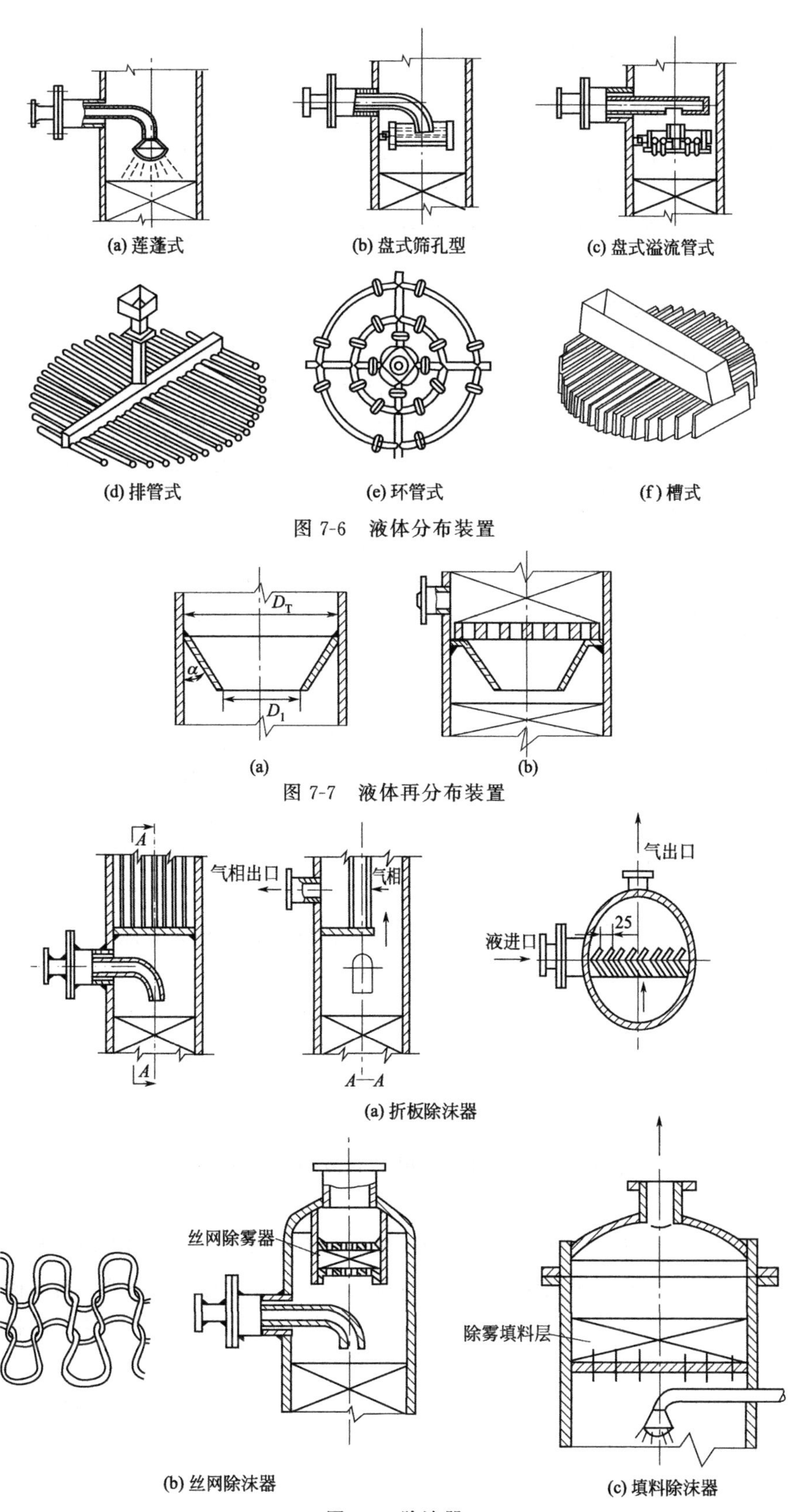

图 7-6　液体分布装置

图 7-7　液体再分布装置

(a) 折板除沫器

(b) 丝网除沫器

(c) 填料除沫器

图 7-8　除沫器

四、填料塔的流体力学性能

在逆流操作的填料塔内，液体从塔顶喷淋下来，依靠重力在填料表面做膜状流动，液膜与填料表面的摩擦及液膜与上升气体的摩擦构成了液膜流动的阻力。因此，液膜的膜厚取决于液体和气体的流量。液体流量越大，液膜越厚；当液体流量一定时，上升气体的流量越大，液膜也越厚。液膜的厚度直接影响气体通过填料层的压力降、液泛气速及塔内持液量等流体力学性能。

1. 气体通过填料层的压力降

填料层压降与液体喷淋量及气速有关，在一定的气速下，液体喷淋量越大，压降越大；一定的液体喷淋量下，气速越大，压降也越大。不同液体喷淋量下的单位填料层的压降 $\Delta p/Z$ 与空塔气速 u 的关系标绘在双对数坐标纸上，可得到的曲线如图 7-9 所示。

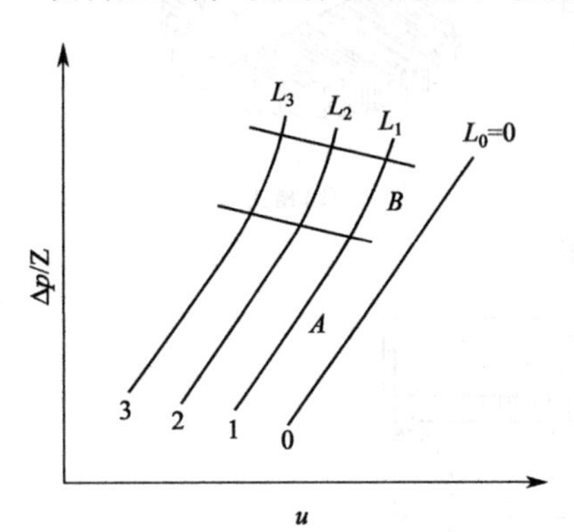

图 7-9 填料层的 $\Delta p/Z$-u 示意图

图 7-9 中，直线 L_0 表示无液体喷淋（$L=0$）时干填料的 Δp 与 u 关系，称为干填料压降线。曲线 L_1、L_2、L_3 表示不同液体喷淋量下填料层的 Δp 与 u 的关系（喷淋量 $L_1<L_2<L_3$）。从图中可看出，在一定的喷淋量下，压降随空塔气速的变化曲线大致可分为三段：当气速低于 A 点时，气体流动对液膜的曳力很小，液体流动不受气流的影响，填料表面上覆盖的液膜厚度基本不变，因而填料层的持液量不变，该区域称为恒持液量区。此时在对数坐标图上 Δp 与 u 近似为一直线，且基本上与干填料压降线平行。当气速超过 A 点时，气体对液膜的曳力较大，对液膜流动产生阻滞作用，使液膜增厚，填料层的持液量随气速的增加而增大，此现象称为拦液。开始发生拦液现象时的空塔气速称为载点气速，曲线上的转折点 A，称为载点。若气速继续增大，到达图中 B 点时，由于液体不能顺利流下，使填料层的持液量不断增大，填料层内几乎充满液体。气速增加很小便会引起压降的剧增，此现象称为液泛。开始发生液泛现象时的空塔气速称为泛点气速，以 u_F 表示。曲线上的点 B 称为泛点，从载点到泛点的区域称为载液区，泛点以上的区域称为液泛区。通常认为泛点气速是填料塔正常操作气速的上限。

影响泛点气速的因素很多，其中包括填料的特性、流体的物理性质以及液气比等。泛点气速计算方法很多，目前最广泛的是埃克特提出的通用关联图。

2. 液泛

在泛点气速下，持液量的增多使液相由分散相变为连续相，而气相则由连续相变为分散相，此时气体呈气泡形式通过液层，气流出现脉动，液体被大量带出塔顶，塔的操作极不稳定，甚至会被破坏，此种情况称为淹塔或液泛。影响液泛的因素很多，如填料的特性、流体的物性及操作的液气比等。

填料特性的影响集中体现在填料因子上。填料因子 ϕ 值在某种程度上能反映填料流体力学性能的优劣。实践表明，ϕ 值越小，液泛速率越高，即越不易发生液泛。

流体物性的影响体现在气体的密度 ρ_V、液体的密度 ρ_L 和黏度 μ_L 上。因液体靠重力流下，液体的密度越大，则泛点气速越大；气体密度越大，液体黏度越大，相同气速下对液体的阻力也越大，故均使泛点气速下降。

操作的液气比越大，则在一定气速下液体喷淋量越大，填料层的持液量增加而空隙率减小，故泛点气速越小。

3. 持液量

因填料与其空隙中所持的液体是堆积在填料支承板上的，故在进行填料支承板强度计算时，要考虑填料本身的质量与持液量。持液量小则气体流动阻力小，到载点以后，持液量随气速的增加而增加。

持液量是由静持液量与动持液量两部分组成的。静持液量指填料层停止接受喷淋液体并经过规定的滴液时间后，仍然滞留在填料层中的液体量，其大小决定于填料的类型、尺寸及液体的性质。动持液量指一定喷淋条件下持于填料层中的液体总量与静持液量之差，表示可以从填料上滴下的那部分液体，亦指操作时流动于填料表面的液体量，其大小不但与填料的类型、尺寸及液体的性质有关，而且与喷淋密度有关。持液量一般用经验公式或曲线图估算。

任务二　吸收基础知识

对任何过程都需要解决两个基本问题：过程的极限和过程的速率。吸收是气液两相之间的传质过程，因此本节首先讨论吸收的气液相平衡关系以及传质的基本概念，以解决这两个基本问题。

一、气体吸收的分类

吸收操作通常有以下分类方法：

1. 按过程有无化学反应分类

(1) 物理吸收　吸收过程中溶质与吸收剂之间不发生明显的化学反应。

(2) 化学吸收　吸收过程中溶质与吸收剂之间有显著的化学反应。

2. 按被吸收的组分数目分类

(1) 单组分吸收　混合气体中只有一个组分（溶质）进入液相，其余组分皆可认为不溶解于吸收剂的吸收过程。

(2) 多组分吸收　混合气体中有两个或更多组分进入液相的吸收过程。

3. 按吸收过程有无温度变化分类

(1) 非等温吸收　气体溶解于液体时，常常伴随着热效应，当有化学反应时，还会有反应热，其结果是随吸收过程的进行，溶液温度会逐渐变化，则此过程为非等温吸收。

(2) 等温吸收　若吸收过程的热效应较小，或被吸收的组分在气相中浓度很低，而吸收剂用量相对较大时，温度升高不显著，则可认为是等温吸收。

4. 按吸收过程的操作压力分类

(1) 常压吸收　气体在常压条件下进入吸收塔进行吸收操作。

(2) 加压吸收　当操作压力增大时，溶质在吸收剂中的溶解度将随之增加。

本项目主要以填料塔为例，着重讨论常压下单组分等温物理吸收过程。

二、吸收相平衡

1. 亨利定律

在恒定温度与压力下，使某一定量混合气体与吸收剂接触，溶质便向液相中转移，当单位时间内进入液相的溶质分子数与从液相逸出的溶质分子数相等时，吸收达到了相平衡。此时液相中溶质达到饱和，气液两相中溶质浓度不再随时间改变。

在低浓度吸收操作中，对应的气相中溶质浓度与液相中溶质浓度之间可用亨利定律描述：当总压不高，在一定温度下气液两相达到平衡时，稀溶液上方气体溶质的平衡分压与溶质在液相中的摩尔分数成正比，即：

$$p^*=Ex \tag{7-1}$$

或

$$y^*=mx \tag{7-2}$$

式中 p^*——溶质在气相中的平衡分压，kPa；

E——亨利系数，kPa；

y^*——相平衡时溶质在气相中的摩尔分数；

x——溶质在液相中的摩尔分数；

m——相平衡常数，$m=E/P$；

亨利系数 E 的值随物系而变化。当物系一定时，温度升高，E 值增大。亨利系数由实验测定，一般易溶气体的 E 值小，难溶气体的 E 值大。

由于气、液相组成表示方法不同，亨利定律可有多种形式。

2. 相平衡关系在吸收过程中的应用

(1) 判别过程的方向　对于一切未达到相际平衡的系统，组分将由一相向另一相传递，其结果是使系统趋于相平衡。所以，传质的方向是使系统向达到平衡的方向变化。一定浓度的混合气体与某种溶液相接触，溶质是由液相向气相转移还是由气相向液相转移？可以利用相平衡关系作出判断。

【例 7-1】 设在 101.3kPa、20℃下，稀氨水的相平衡方程为 $y^*=0.94x$，现将含氨摩尔分数为 10%的混合气体与 $x=0.05$ 的氨水接触，试判断传质方向。若以含氨摩尔分数为 5%的混合气体与 $x=0.10$ 的氨水接触，传质方向又如何？

解： 实际气相摩尔分数 $y=0.10$。根据相平衡关系，与实际 $x=0.05$ 的溶液成平衡的气相摩尔分数 $y^*=0.94\times0.05=0.047$

由于 $y>y^*$，故两相接触时将有部分氨自气相转入液相，即发生吸收过程。

同样，此吸收过程也可理解为实际液相摩尔分数 $x=0.05$，与实际气相摩尔分数 $y=0.10$ 成平衡的液相摩尔分数 $x^*=\frac{y}{m}=0.106$，$x^*>x$，故两相接触时部分氨自气相转入液相。

反之，若以含氨 $y=0.05$ 的气相与 $x=0.10$ 的氨水接触，则因 $y<y^*$ 或 $x^*<x$，部分氨将由液相转入气相，即发生解吸。

(2) 指明过程的极限　将溶质摩尔分数为 y_1 混合气体送入某吸收塔的底部，溶剂向塔顶淋入作逆流吸收，如图 7-10 所示。当气、液两相流量和温度、压力一定时，设塔高无限关键的。

2. 常见非均相物系的分离方法

由于非均相物系中分散相和连续相具有不同的物理性质，故工业生产中多采用机械方法对两相进行分离。其方法是设法造成分散相和连续相之间的相对运动，其分离规律遵循流体力学基本规律。常见方法有如下几种，见表 3-1。

表 3-1　非均相物系的分离方法

分离方法	原理及分类
沉降分离法	利用连续相与分散相的密度差异，借助某种机械力的作用，使颗粒和流体发生相对运动而得以分离。根据机械力的不同，可分为重力沉降、离心沉降和惯性沉降
过滤分离法	利用两相对多孔介质穿透性的差异，在某种推动力的作用下，使非均相物系得以分离。根据推动力的不同，可分为重力过滤、加压(或真空)过滤和离心过滤
静电分离法	利用两相带电性的差异，借助于电场的作用，使两相得以分离。属于此类的操作有电除尘、电除雾等
湿洗分离法	使气固混合物穿过液体，固体颗粒黏附于液体而被分离出来。工业上常用的此类分离设备有泡沫除尘器、湍球塔、文氏管洗涤器等

二、重力沉降

在重力作用下使流体与颗粒之间发生相对运动而得以分离的操作，称为重力沉降。重力沉降既可分离含尘气体，也可分离悬浮液。

1. 重力沉降速率

(1) 自由沉降与自由沉降速率　根据颗粒在沉降过程中是否受到其他粒子、流体运动及器壁的影响，可将沉降分为自由沉降和干扰沉降。颗粒在沉降过程中不受周围颗粒、流体及器壁影响的沉降称为自由沉降，否则称为干扰沉降。颗粒的沉降可分为两个阶段：加速沉降阶段和恒速沉降阶段。对于细小颗粒，沉降的加速阶段很短，加速沉降阶段沉降的距离也很短。因此，加速沉降阶段可以忽略，近似认为颗粒始终以 u_t 恒速沉降，此速率称为颗粒的沉降速率，对于自由沉降，则称为自由沉降速率。

将直径为 d、密度为ρ_s 的光滑球形颗粒置于密度为ρ的静止流体中，由于所受重力的差异，颗粒将在流体中降落。在垂直方向上，颗粒将受到三个力的作用，即向下的重力 F_g，向上的浮力 F_b 和与颗粒运动方向相反的阻力 F_d。对于一定的颗粒与流体，重力、浮力恒定不变，阻力则随颗粒的降落速率而变。当降落速率增至某一值时，三力达到平衡，即合力为零。此时，加速度等于零，颗粒便以恒定速率 u_t 继续下降，则：

$$u_t=\sqrt{\frac{4d(\rho_s-\rho)}{3\zeta\rho}g} \tag{3-1}$$

式中，u_t 为自由沉降速率，m/s。

在式(3-1) 中，阻力系数是颗粒与流体相对运动时的雷诺数的函数，即：$\zeta=f(Re_t)$。

$$Re_t=\frac{du_t\rho}{\mu} \tag{3-2}$$

沉降速率不仅与雷诺数有关，还与颗粒的球形度有关。人们通过大量的实验找到了各种情况时 ζ 与 Re_t 的经验公式，对于球形颗粒有：

层流区 $10^{-4}<Re_t\leqslant 2$

$$u_t=\frac{d^2(\rho_s-\rho)}{18\mu}g \tag{3-3}$$

（即接触时间无限长），最终完成液中溶质的极限浓度最大值是与气相进口摩尔分数 y_1 相平衡的液相组成 $x_1{}^*$，即：

$$x_{1\max}=x_1^*=\frac{y_1}{m}$$

同理，混合气体尾气溶质含量 y_2 最小值是与进塔吸收剂的溶质摩尔分数 x_2 相平衡的气相组成 y_2^*，即 $y_{2\min}=y_2^*=mx_2$。

由此可见，相平衡关系限制了吸收剂出塔时的溶质最高含量和气体混合物离塔时的最低含量。

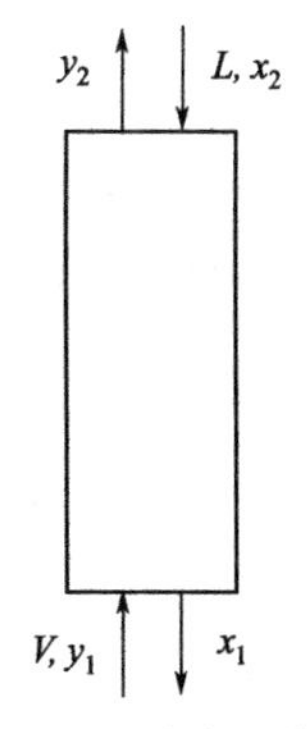

图 7-10 逆流吸收塔

（3）计算过程的推动力　相平衡是过程的极限，不平衡的气液两相相互接触就会发生气体的吸收或解吸过程。吸收过程通常以实际浓度与平衡浓度的差值来表示吸收传质推动力的大小。推动力可用气相推动力或液相推动力表示，气相推动力表示为塔内任何一个截面上气相实际浓度 y 和与该截面上液相实际浓度 x 相平衡的 y^* 之差，即 $y-y^*$（其中 $y^*=mx$）。

液相推动力即以液相摩尔分数之差 x^*-x 表示吸收推动力，其中 $x^*=\dfrac{y}{m}$。

三、吸收机理

吸收操作是溶质从气相转移到液相的传质过程，其中包括溶质由气相主体向气液相界面的传递，和由相界面向液相主体的传递。因此，讨论吸收过程的机理，首先要说明物质在单相（气相或液相）中的传递规律。

1. 传质的基本方式

物质在单一相（气相或液相）中的传递是扩散作用。发生在流体中的扩散有分子扩散与涡流扩散两种：一般发生在静止或层流的流体里，凭借着流体分子的热运动而进行物质传递的是分子扩散；发生在湍流流体里，凭借流体质点的湍动和漩涡而传递物质的是涡流扩散。

（1）分子扩散　分子扩散是物质在一相内部有浓度差异的条件下，由流体分子的无规则热运动而引起的物质传递现象。习惯上常把分子扩散称为扩散。

分子扩散速率主要决定于扩散物质和流体的某些物理性质。分子扩散速率与其在扩散方向上的浓度梯度及扩散系数成正比。

分子扩散系数 D 是物质性质之一。扩散系数大，表示分子扩散快。温度升高，压力降低，扩散系数增加。同一物质在不同介质中扩散系数不同。对不太大的分子而言，在气相中的扩散系数为 $0.1\sim1\text{cm}^2/\text{s}$ 的量级；在液体中为在气体中的 $10^{-5}\sim10^{-4}$。这主要是因为液体的密度比气体的密度大得多，其分子间距小，因而分子在液体中扩散速率要慢得多。扩散系数一般由实验方法求取，有时也可由物质的基础物性数据及状态参数估算。

（2）涡流扩散　在有浓度差异的条件下，物质通过湍流流体的传递过程称为涡流扩散。涡流扩散时，扩散物质不仅靠分子本身的扩散作用，并且借助湍流流体的携带作用而转移，而且后一种作用是主要的。涡流扩散速率比分子扩散速率大得多。由于涡流扩散系数难于测定和计算，常将分子扩散与涡流扩散两种传质作用结合起来予以考虑。

（3）对流扩散　与传热过程中的对流传热相类似，对流扩散就是湍流主体与相界面之间的涡流扩散与分子扩散两种传质作用过程。由于对流扩散过程极为复杂，影响因素很多，所以对流扩散速率也采用类似对流传热的处理方法，依靠实验测定。对流扩散速率比分子扩散速率大得多，主要取决于流体的湍流程度。

2. 双膜理论

吸收过程是气液两相间的传质过程，关于这种相际间的传质过程的机理曾提出多种不同的理论，其中应用最广泛的是刘易斯和惠特曼在 20 世纪 90 年代提出的双膜理论。双膜理论示意图见图 7-11。

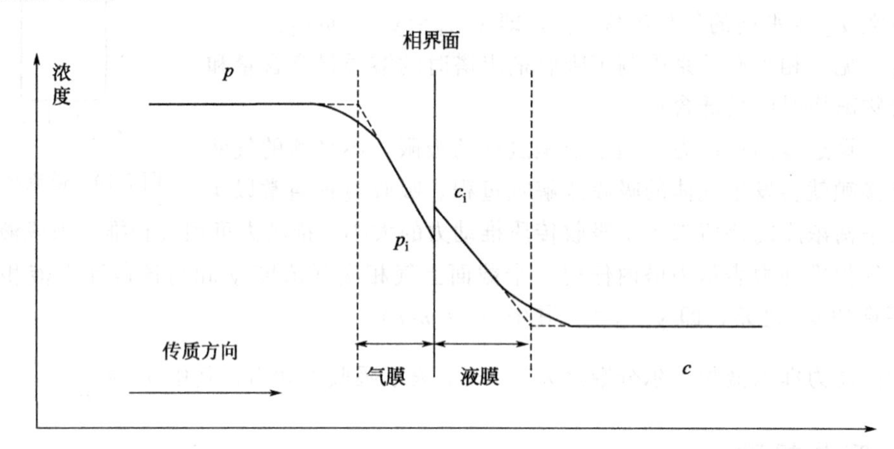

图 7-11　双膜理论示意图

双膜理论的基本论点如下：

① 在气液两相接触处，有一稳定的分界面，叫相界面。在相界面两侧附近各有一层稳定的气膜和液膜。这两层薄膜可以认为是由气液两流体的滞流层组成，即虚拟的层流膜层。吸收质以分子扩散方式通过这两个膜层。膜的厚度随流体的流速而变，流速愈大，膜层厚度愈小。

② 在两膜层以外的气液两相分别称为气相主体与液相主体。在气液两相的主体中，由于流体的充分湍动，吸收质的浓度基本上是均匀的，即两相主体内浓度梯度皆为零，全部浓度变化集中在这两个膜层内，即阻力集中在两膜层之中。

③ 无论气液两相主体中吸收质的浓度是否达到相平衡，只要在相界面处，吸收质在气液两相中的浓度达成平衡，即界面上没有阻力。

对于具有稳定相界面的系统以及流动速度不高的两流体间的传质，双膜理论与实际情况是相当符合的，根据这一理论的基本概念所确定的吸收过程的传质速率关系，至今仍是吸收设备设计的主要依据，这一理论对生产实际具有重要的指导意义。但是对于具有自由相界面的系统，尤其是高度湍动的两流体间的传质，双膜理论表现出它的局限性。针对这一局限性，后来相继提出了一些新的理论，如溶质渗透理论、表面更新理论、界面动力状态理论等。这些理论对于相际传质过程的界面状态及流体力学因素的影响等方面的研究和描述都有所前进，但由于其数学模型太复杂，目前应用于传质设备的计算或解决实际问题较困难。

四、吸收阻力的控制

由吸收机理可知，吸收过程的相际传质是由气相与界面的对流传质、界面上溶质组分的溶解、液相与界面的对流传质三个过程构成。仿照间壁两侧对流给热过程传热速率分析思路，现分析对流传质过程的传质速率 N_A 的表达式及传质阻力的控制。

1. 气体吸收速率方程式

(1) 气相与界面的传质速率

$$N_A=k_G(p-p_i) \tag{7-3}$$

或

$$N_A=k_y(y-y_i) \tag{7-4}$$

式中 N_A——单位时间内组分A扩散通过单位面积的物质的量，即传质速率，kmol/(m^2·s)；

p，p_i——溶质A在气相主体与界面处的分压，kPa；

y，y_i——溶质A气相主体与界面处的摩尔分数；

k_G——以分压差表示推动力的气相传质系数，kmol/(s·m^2·kPa)；

k_y——以摩尔分数差表示推动力的气相传质系数，kmol/(s·m^2)。

(2) 液相与界面的传质速率

$$N_A=k_L(c_i-c) \tag{7-5}$$

或

$$N_A=k_x(x_i-x) \tag{7-6}$$

式中 c，c_i——溶质A的液相主体浓度和界面浓度，kmol/m^3；

x，x_i——溶质A在液相主体与界面处的摩尔分数；

k_L——以物质的量浓度差表示推动力的液相传质系数，m/s；

k_x——以摩尔分数差表示推动力的液相传质系数，kmol/(s·m^2)。

相界面上的浓度y_i、x_i，根据双膜理论成平衡关系，见图7-11，但是无法测取。

以上传质速率用不同的推动力表达同一个传质速率，类似于传热中的牛顿冷却定律的形式，即传质速率正比于界面浓度与流体主体浓度之差。将其他所有影响对流传质的因素均包括在气相（或液相）传质系数之中。传质系数k_G、k_y、k_L、k_x的数据只有根据具体操作条件由实验测取，它与流体流动状态和流体物性、扩散系数、密度、黏度、传质界面形状等因素有关。类似于传热中对流给热系数的研究方法，对流传质系数也有经验关联式。

(3) 相际传质速率方程——吸收总传质速率方程 气相和液相传质速率方程中均涉及相界面上的浓度（p_i、y_i、c_i、x_i），由于相界面是变化的，该参数很难获取。工程上常利用相际传质速率方程来表示吸收的速率方程。即：

$$N_A=K_G(p-p^*)=\frac{p-p^*}{\frac{1}{K_G}} \tag{7-7}$$

$$N_A=K_Y(Y-Y^*)=\frac{Y-Y^*}{\frac{1}{K_Y}} \tag{7-8}$$

$$N_A=K_L(c^*-c)=\frac{c^*-c}{\frac{1}{K_L}} \tag{7-9}$$

$$N_A=K_X(X^*-X)=\frac{(X^*-X)}{\frac{1}{K_X}} \tag{7-10}$$

式中 c^*，X^*，p^*，Y^*——与液相主体或气相主体组成平衡关系的浓度；

X，Y——用摩尔比表示的液相主体或气相主体浓度；

K_L——以液相浓度差为推动力的总传质系数，m/s；

K_G——以气相浓度差为推动力的总传质系数，kmol/(m²·s·kN/m²)；

K_X——以液相摩尔比浓度差为推动力的总传质系数，kmol/(m²·s)；

K_Y——以气相摩尔比浓度差为推动力的总传质系数，kmol/(m²·s)。

采用与对流传热过程相类似的处理方法，气、液相传质系数与总传质系数之间的关系举例推导如下：

$$N_A=\frac{p-p_i}{\frac{1}{k_G}}=\frac{c_i-c}{\frac{1}{k_L}}=\frac{\frac{c_i}{H}-\frac{c}{H}}{\frac{1}{k_L H}}=\frac{p_i-p^*}{\frac{1}{k_L H}}=\frac{p-p_i+p_i-p^*}{\frac{1}{k_G}+\frac{1}{k_L H}}=\frac{p-p^*}{\frac{1}{k_G}+\frac{1}{k_L H}}$$

故
$$\frac{1}{K_G}=\frac{1}{k_G}+\frac{1}{Hk_L} \tag{7-11}$$

$$N_A=\frac{p-p_i}{\frac{1}{k_G}}=\frac{Hp-Hp_i}{\frac{H}{k_G}}=\frac{c^*-c_i}{\frac{H}{k_G}}=\frac{c_i-c}{\frac{1}{k_L}}=\frac{c^*-c}{\frac{H}{k_G}+\frac{1}{k_L}}$$

故
$$\frac{1}{K_L}=\frac{1}{k_L}+\frac{H}{k_G} \tag{7-12}$$

可见，气、液两相相际传质总阻力等于分阻力之和，总推动力等于各层推动力之和。

2. 吸收阻力的控制

对于难溶气体，H 值很小，在 k_G 和 k_L 数量级相同或接近的情况下，存在如下关系，即$\frac{H}{k_G}\ll\frac{1}{k_L}$，此时吸收过程阻力的绝大部分存在于液膜之中，气膜阻力可以忽略，因而式(7-12) 可以化为$\frac{1}{K_L}\approx\frac{1}{k_L}$或 $K_L\approx k_L$，意即液膜阻力控制着整个吸收过程，吸收总推动力的绝大部分用于克服液膜阻力。这种吸收称为液膜控制吸收。例如，用水吸收氧气、二氧化碳等过程。对于液膜控制的吸收过程，要强化传质过程，提高吸收速率，在选择设备型式及确定操作条件时，应特别注意减小液膜阻力。

对于易溶气体，H 值很大，在 k_G 和 k_L 数量级相同或接近的情况下，存在如下关系，即$\frac{1}{Hk_L}\ll\frac{1}{k_G}$，此时吸收过程阻力的绝大部分存在于气膜之中，液膜阻力可以忽略，因而式(7-11) 可以化为$\frac{1}{K_G}\approx\frac{1}{k_G}$或 $K_G\approx k_G$，意即气膜阻力控制着整个吸收过程，吸收总推动力的绝大部分用于克服气膜阻力。这种吸收称为气膜控制吸收。例如，用水吸收氨或氯化氢等过程。对于气膜控制的吸收过程，要强化传质过程，提高吸收速率，在选择设备型式及确定操作条件时，应特别注意减小气膜阻力。

对于具有中等溶解度的气体吸收过程，气膜阻力与液膜阻力均不可忽略。要提高吸收过程速率，必须兼顾气、液两膜阻力的降低，方能得到满意的效果。

五、吸收剂的选择

在吸收操作中，吸收剂性能的优劣，常常是吸收操作是否良好的关键。在选择吸收剂时，应注意考虑以下几方面的问题。

1. 溶解度

吸收剂对于溶质组分应具有较大的溶解度，或者说，在一定温度与浓度下，溶质组分的气相平衡分压要低。这样从平衡的角度讲，处理一定量的混合气体所需的吸收剂数量较少，吸收尾气中溶质的极限残余浓度也可降低。就传质速率而言，溶解度越大，吸收速率越大，所需设备的尺寸就小。

2. 选择性

吸收剂要对溶质组分有良好的吸收能力的同时，对混合气体中的其他组分基本上不吸收，或吸收甚微，否则不能实现有效的分离。

3. 挥发度

在操作温度下吸收剂的挥发度要小，因为挥发度越大，吸收剂损失量越大，分离后气体中含溶剂量也越大。

4. 黏度

在操作温度下吸收剂的黏度越小，在塔内流动性越好，从而提高吸收速率，且有助于降低泵的输送功耗，吸收剂传热阻力亦减小。

5. 再生

吸收剂要易于再生。吸收质在吸收剂中的溶解度应对温度的变化比较敏感，即不仅低温下溶解度要大，而且随温度的升高，溶解度应迅速下降，这样才比较容易利用解吸操作使吸收剂再生。

6. 稳定性

化学稳定性好，以免在操作过程中发生变质。

7. 其他

要求无毒，无腐蚀性，不易燃，不易产生泡沫，冰点低，价廉易得。

工业上的气体吸收操作中，很多用水作吸收剂，只有对于难溶于水的吸收质，才采用特殊的吸收剂，如用清油吸收苯和二甲苯；有时为了提高吸收的效果，也常采用化学吸收，例如用铜氨溶液吸收一氧化碳和用碱液吸收二氧化碳等。总之，吸收剂的选用，应从生产的具体要求和条件出发，全面考虑各方面的因素，做出经济合理的选择。

任务三　吸收计算

吸收过程既可采用板式塔又可采用填料塔。为了叙述方便，本节将主要结合连续接触的填料塔进行分析和讨论。

在填料塔内，气液两相可做逆流也可做并流流动。在两相进出口组成相同的情况下，逆流的平均推动力大于并流。逆流时下降至塔底的液体与刚刚进塔的混合气体接触，有利于提高出塔液体的组成，可以减少吸收剂的用量；上升至塔顶的气体与刚刚进塔的新鲜吸收剂接触，有利于降低出塔气体的含量，可提高溶质的吸收率。因此，逆流操作在工业生产中较为多见。

一、物料衡算与操作线方程

1. 物料衡算

图 7-12 为一个稳定操作下的逆流接触吸收塔。塔底截面用 1—1 表示，塔顶截面用 2—2 表示，塔中任一截面用 m—m 表示。图中各符号意义如下：

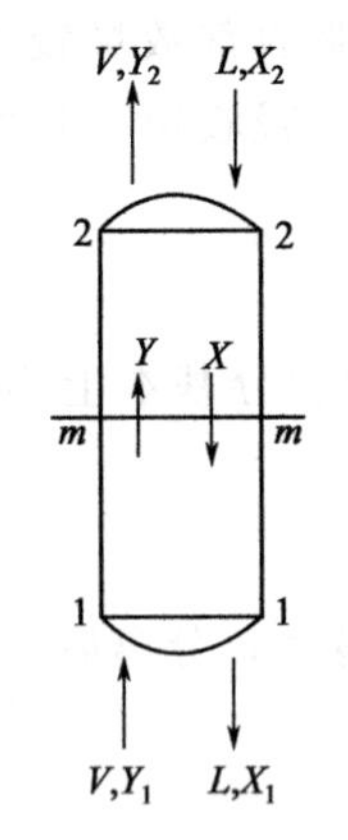

图 7-12　逆流吸收塔示意图

V——单位时间通过吸收塔的惰性气体量，kmol(B)/s；

L——单位时间通过吸收塔的吸收剂量，kmol(S)/s；

Y_1，Y_2——进塔和出塔气体中溶质组分的摩尔比，kmol(A)/kmol(B)；

X_1，X_2——出塔和进塔液体中溶质组分的摩尔比，kmol(A)/kmol(S)。

在稳定操作条件下，V 和 L 的量没有变化；气相从进塔到出塔，吸收质的浓度逐渐减小；而液相从进塔到出塔，吸收质的浓度逐渐增大。在无物料损失时，单位时间进塔物料中溶质 A 的量等于出塔物料中 A 的量。或气相中溶质 A 减少的量等于液相中溶质增加的量，即：

$$VY_1+LX_2=VY_2+LX_1$$

或

$$V(Y_1-Y_2)=L(X_1-X_2) \tag{7-13}$$

一般工程上，在吸收操作中进塔混合气的组成 Y_1 和惰性气体流量 V 是由吸收任务给定的。吸收剂初始浓度 X_2 和流量 L 往往根据生产工艺确定，如果溶质回收率 η 也确定，则气体离开塔组成 Y_2 也是定值：

$$Y_2=Y_1(1-\eta) \tag{7-14}$$

式中，η 为混合气体中溶质 A 被吸收的百分数，称为吸收率或回收率。

$$\eta=\frac{VY_1-VY_2}{VY_1}=\frac{Y_1-Y_2}{Y_1}=1-\frac{Y_2}{Y_1} \tag{7-15}$$

这样，通过全塔物料衡算［式(7-13)］便可求得塔底排出吸收液的组成 X_1。

2. 操作线方程与操作线

操作线方程，即描述塔内任一截面上气相组成 Y 和液相组成 X 之间关系的方程。

在塔底截面与任一截面 m—m 间作溶质组分的物料衡算，得：

$$VY_1+LX=VY+LX_1$$

整理得

$$Y=\frac{L}{V}X+\left(Y_1-\frac{L}{V}X_1\right) \tag{7-16}$$

在塔顶截面与任一截面 m—m 间作溶质组分的物料衡算，得：

$$VY+LX_2=VY_2+LX$$

整理得

$$Y=\frac{L}{V}X+\left(Y_2-\frac{L}{V}X_2\right) \tag{7-17}$$

式(7-16) 和式(7-17) 均表明塔内任一截面上气、液两相组成之间是直线关系，都是逆流吸收塔操作线方程。根据全塔物料衡算可以看出，两方程表示的是同一条直线。该直线斜率是 L/V，通过塔底 $B(X_1，Y_1)$ 及塔顶 $T(X_2，Y_2)$ 两点。示意图见图 7-13。

图 7-13 为逆流吸收塔操作线和平衡线示意图。曲线 OE 为平衡线，BT 为操作线。操作线与平衡线之间的距离决定吸收操作推动力的大小，操作线离平衡线越远，推动力越大。操作线上任意一点 A 代表塔内相应截面上的气、液相浓度 Y、X 之间的关系。在进行吸收操作时，塔内任一截面上，吸收质在气相中的浓度总是要大于与其接触的液相的气相平衡浓度，所以吸收过程操作线的位置在平衡线上方。

二、吸收剂用量

在吸收塔的计算中，需要处理的气体流量及气相的初浓度和终浓度均由生产任务所规定。吸收剂的入塔浓度则常由工艺条件决定或由设计者选定。但吸收剂的用量尚有待选择。

1. 吸收剂用量对吸收操作的影响

如图 7-14 所示，在混合气体量 V、进口组成 Y_1、出口组成 Y_2 及液体进口浓度 X_2 一定的情况下，操作线 T 端一定，若吸收剂量 L 减少，操作线斜率变小，点 B 便沿水平线 $Y=Y_1$ 向右移动，其结果是使出塔吸收液组成增大，但此时吸收推动力变小，完成同样吸收任务所需的塔高增大，设备费用增大。当吸收剂用量减少到 B 点与平衡线 OE 相交时，即塔底流出液组成与刚进塔的混合气组成达到平衡。这是理论上吸收液所能达到的最高浓度，但此时吸收过程推动力为零，因而需要无限大相际接触面积，即需要无限高的塔。这在实际生产中是无法实现的。只能用来表示吸收达到一个极限的情况，此种状况下吸收操作线 BJ 的斜率称为最小液气比，以 $(L/V)_{min}$ 表示；相应的吸收剂用量即为最小吸收剂用量，以 L_{min} 表示。

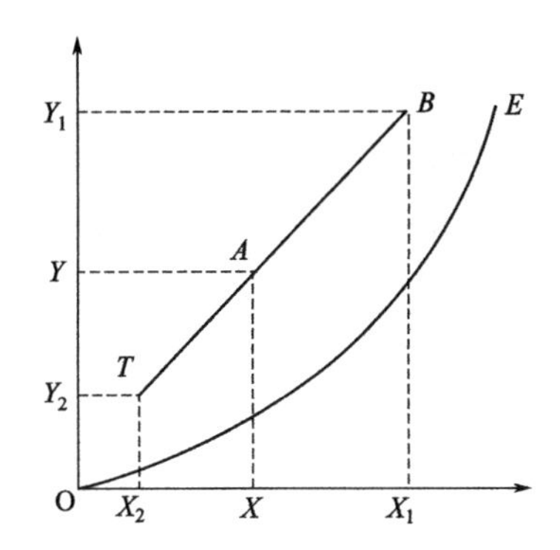

图 7-13　逆流吸收塔操作线示意图

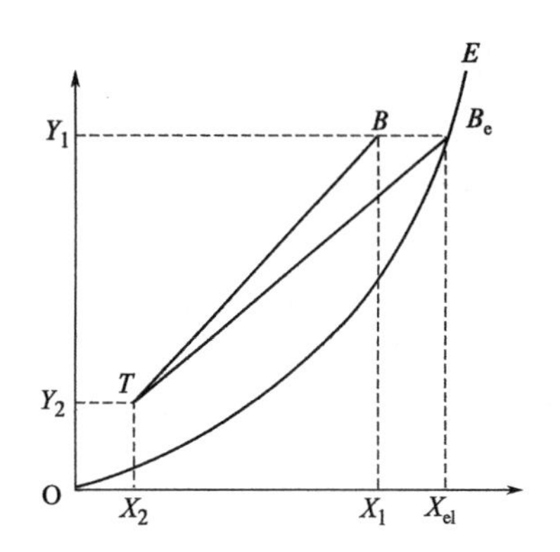

图 7-14　操作线的变化图

反之，若增大吸收剂用量，则点 B 将沿水平线向左移动，使操作线远离平衡线，吸收过程推动力增大，有利于吸收操作。但超过一定限度后，吸收剂消耗量、输送及回收等操作费用急剧增加。

由以上分析可见，吸收剂用量的大小，从设备费用和操作费用两方面影响吸收过程的经济性，应综合考虑，选择适宜的液气比，使两种费用之和最小。根据生产实践经验，一般情况下取吸收剂用量为最小用量的 1.1～2.0 倍是比较适宜的，即：

$$\frac{L}{V}=(1.1\sim2)\left(\frac{L}{V}\right)_{min}$$

或

$$L=(1.1\sim2)L_{min} \tag{7-18}$$

2. 最小液气比 $(L/V)_{min}$

求取适宜的液气比，关键求取最小液气比。最小液气比可用图解法求得。平衡曲线符合图 7-15 所示的情况，则需找到水平线 $Y=Y_1$ 与平衡线的交点 B^*，从而读出 X_1^* 的数值，然后用下式计算最小液气比，即：

$$\left(\frac{L}{V}\right)_{min}=\frac{Y_1-Y_2}{X_1^*-X_2} \tag{7-19}$$

平衡曲线如图 7-15 所示，最小液气比求取则应通过 T 作相平衡曲线的切线交 $Y=Y_1$ 直线于 B'，读出 B' 的横坐标 X_1' 的值，用下式计算最小液气比：

$$\left(\frac{L}{V}\right)_{min}=\frac{Y_1-Y_2}{X_1'-X_2} \tag{7-20}$$

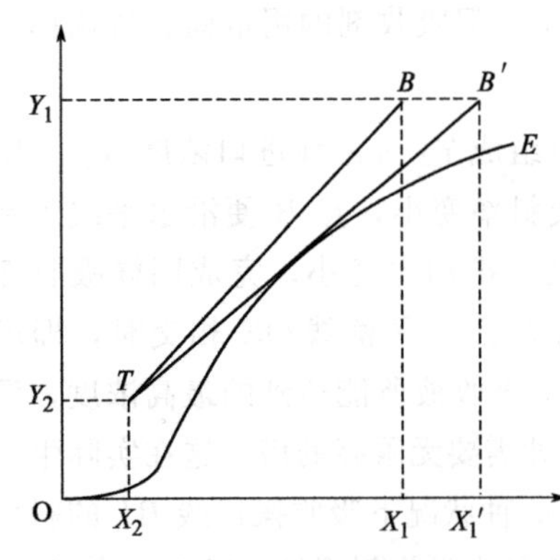

图 7-15　特殊的相平衡曲线

若平衡关系符合亨利定律，平衡曲线 OE 是直线，可用 $Y=mX$ 表示，则可直接用下式计算最小液气比，即：

$$\left(\frac{L}{V}\right)_{\min}=\frac{Y_1-Y_2}{\frac{Y_1}{m}-X_2} \tag{7-21}$$

若平衡关系符合亨利定律且用新鲜吸收剂吸收，$X_2=0$，则：

$$\left(\frac{L}{V}\right)_{\min}=\frac{Y_1-Y_2}{\frac{Y_1}{m}}=m\eta \tag{7-22}$$

必须指出：为了保证填料表面能被液体充分润湿，还应考虑单位塔截面上单位时间流下的液体量不得小于某一最低允许值。吸收剂最低用量要确保传质所需的填料层表面全部润湿。

【例 7-2】 在一填料塔中，用洗油逆流吸收混合气体中的苯。已知混合气体的流量为 $1600\text{m}^3/\text{h}$，进塔气体中含苯 5%（摩尔分数，下同），要求吸收率为 90%，操作温度为 25℃，压力为 101.3kPa，洗油进塔浓度为 0.0015，相平衡关系为 $Y^*=26X$，操作液气比为最小液气比的 1.3 倍。试求吸收剂用量及出塔洗油中苯的含量。

解：先将摩尔分数换算为摩尔比

$$y_1=0.05\quad Y_1=\frac{y_1}{1-y_1}=\frac{0.05}{1-0.05}=0.0526$$

根据吸收率的定义　$Y_2=Y_1(1-\eta)=0.0526\times(1-0.90)=0.00526$

$$x_2=0.00015\quad X_2=\frac{x_2}{1-x_2}=\frac{0.00015}{1-0.00015}=0.00015$$

混合气体中惰性气体量为

$$V=\frac{1600}{22.4}\times\frac{273}{273+25}\times(1-0.05)=62.2(\text{kmol/h})$$

由于气液相平衡关系 $Y^*=26X$，则

$$\left(\frac{L}{V}\right)_{\min}=\frac{Y_1-Y_2}{\frac{Y_1}{m}-X_2}=\frac{0.0526-0.00526}{\frac{0.0526}{26}-0.00015}=25.3$$

实际液气比为

$$\frac{L}{V}=1.3\left(\frac{L}{V}\right)_{\min}=1.3\times25.3=32.9\quad L=32.9V=32.9\times62.2=2.05\times10^3(\text{kmol/h})$$

出塔洗油苯的含量为

$$X_1=\frac{V(Y_1-Y_2)}{L}+X_2=\frac{62.2}{2.05\times10^3}\times(0.0526-0.00526)+0.00015$$
$$=1.59\times10^{-3}\text{kmol(A)/kmol(S)}$$

三、填料层高度的计算

低浓度气体吸收，塔内的混合气体量与液体量变化不大，可认为是在等温下进行；传质总系数 K_X、K_Y 也认为是常数。

1. 填料层高度的基本计算式

为了使填料吸收塔出口气体达到一定的工艺要求，就需要塔内装填一定高度的填料层来提供足够的气、液两相接触面积。若在塔径已经被确定的前提下，填料层高度则仅取决于完成规定生产任务所需的总吸收面积和每立方米填料层所能提供的气、液接触面。其关系如下：

$$Z=\frac{填料层体积V_P}{塔截面积\Omega}=\frac{总吸收面积F}{\alpha\Omega}=\frac{气液两相接触面积F}{\alpha\Omega} \tag{7-23}$$

式中 Z——填料层高度，m；

α——单位体积填料层提供的有效比表面积，m^2/m^3。

总吸收面积 F 可表示为：

$$F=\frac{吸收负荷G_A}{吸收速率N_A} \tag{7-24}$$

塔的吸收负荷可依据全塔物料衡算关系求出，而吸收速率则要依据全塔吸收速率方程求得。在填料塔中任取一段高度的微元填料层，从以气相浓度差（或液相浓度差）表示的吸收总速率方程和物料衡算出发，可导出填料层的基本计算式为：

$$Z=\frac{V}{K_Y\alpha\Omega}\int_{Y_2}^{Y_1}\frac{dY}{Y-Y^*}=H_{OG}N_{OG} \tag{7-25}$$

或

$$Z=\frac{L}{K_X\alpha\Omega}\int_{X_2}^{X_1}\frac{dX}{X^*-X}=H_{OL}N_{OL} \tag{7-26}$$

$H_{OG}=\frac{V}{K_Y\alpha\Omega}$：气相总传质单元高度（$H_{OL}=\frac{L}{K_X\alpha\Omega}$：液相总传质单元高度），单位 m，可以理解为一个传质单元所需要的填料层高度，反映吸收设备效能的高低，与操作气液流动情况、物料性质及设备结构有关。在填料塔设计计算中，选用分离能力强的高效填料及适宜的操作条件以提高传质系数，增加有效气液接触面积，从而减小 H_{OG}（H_{OL}）。

$H_{OL}=\frac{L}{K_X\alpha\Omega}$：气相总传质单元数（$N_{OL}=\int_{X_2}^{X_1}\frac{dX}{X^*-X}$，液相总传质单元数），无单位。它与气相进出口浓度及平衡关系有关，反映吸收任务的难易程度。当分离要求高或吸收平均推动力小时，均会使 N_{OG}(N_{OL}) 越大，相应的填料层高度也增加。在填料塔设计计算中，可用改变吸收剂的种类、降低操作温度或提高操作压力、增大吸收剂用量、减小吸收剂入口浓度等方法，以增大吸收过程的传质推动力，达到减小 N_{OG}(N_{OL}) 的目的。

$K_Y\alpha$（$K_X\alpha$）：体积吸收总系数，单位为 kmol/(m^3·s)。其物理意义为：在推动力为一个单位的情况下，单位时间单位体积填料层内所吸收的溶质的量。一般通过实验测取，也可根据经验公式计算。

2. 传质单元数的求法

计算填料层高度的关键是计算传质单元数。传质单元数的求法有解析法（适用于相平衡关系服从亨利定律的情况）、对数平均推动力法（适用于相平衡关系是直线关系的情况）、图解积分法（适用于各种相平衡关系），这里以 N_{OG}的计算为例，介绍解析法和对数平均推动力法。

(1) 解析法 因为 $$N_{OG}=\int_{Y_2}^{Y_1}\frac{dY}{Y-Y^*}=\int_{Y_2}^{Y_1}\frac{dY}{Y-mY}$$

逆流时的吸收操作线方程可整理为 $X=X_2+\frac{V}{L}(Y-Y_2)$

联立二式积分整理可得：
$$N_{OG}=\frac{1}{1-\frac{mV}{L}}\ln\left[\left(1-\frac{mV}{L}\right)\times\frac{Y_1-mX_2}{Y_2-mX_2}+\frac{mV}{L}\right]$$

令 $S=\frac{mV}{L}$，称为脱吸因数，是平衡线斜率与操作线斜率的比值，没有单位。

$$N_{OG}=\frac{1}{1-S}\ln\left[(1-S)\times\frac{Y_1-mX_2}{Y_2-mX_2}+S\right] \tag{7-27}$$

（2）对数平均推动力法　若操作线和相平衡线均为直线，则吸收塔任意一截面上的推动力（$Y-Y^*$）对 Y 必有直线关系，此时全塔的平均推动力可由数学方法推得为吸收塔填料层上、下两端推动力的对数平均值，其计算式为：

$$\Delta Y_m=\frac{\Delta Y_1-\Delta Y_2}{\ln\frac{\Delta Y_1}{\Delta Y_2}}=\frac{(Y_1-Y_1^*)-(Y_2-Y_2^*)}{\ln\frac{Y_1-Y_1^*}{Y_2-Y_2^*}} \tag{7-28}$$

同理
$$\Delta X_m=\frac{\Delta X_1-\Delta X_2}{\ln\frac{\Delta X_1}{\Delta X_2}}=\frac{(X_1^*-X_1)-(X_2^*-X_2)}{\ln\frac{X_1^*-X_1}{X_2^*-X_2}} \tag{7-29}$$

当 $\frac{\Delta Y_1}{\Delta Y_2}<2$ 时，$\Delta Y_m\approx\frac{\Delta Y_1+\Delta Y_2}{2}$；当 $\frac{\Delta X_1}{\Delta X_2}<2$ 时，$\Delta X_m\approx\frac{\Delta X_1+\Delta X_2}{2}$。

全塔平均推动力已推出为 ΔY_m 或 ΔX_m，而低浓度气体吸收时，每个截面的 K_Y、K_X 相差很小，即 K_Y、K_X 基本保持不变，则全塔总吸收速率方程为：$N_A=K_Y\Delta Y_m$ 或 $N_A=K_X\Delta X_m$。

整个填料层的总吸收负荷为：$G_A=N_AF=K_Y\Delta Y_m\alpha\Omega Z=V(Y_1-Y_2)$。

则 $Z=\frac{V}{K_Y\alpha\Omega}\frac{Y_1-Y_2}{\Delta Y_m}$，与填料层的基本计算式比较得

$$N_{OG}=\int_{Y_2}^{Y_1}\frac{dY}{Y-Y^*}=\frac{Y_1-Y_2}{\Delta Y_m} \tag{7-30}$$

同理
$$N_{OL}=\int_{X_2}^{X_1}\frac{dX}{X^*-X}=\frac{X_1-X_2}{\Delta X_m} \tag{7-31}$$

【例 7-3】 某蒸馏塔顶出来的气体中含有 3.90%（体积分数）的 H_2S，其余为烃类化合物，可视为惰性组分。用三乙醇胺水溶液吸收 H_2S，要求吸收率为 95%。操作温度为 300K，压力为 101.3kPa，平衡关系为 $Y^*=2X$。进塔吸收剂中不含 H_2S，吸收剂用量为最小用量的 1.4 倍。已知单位塔截面上流过的惰性气体量为 0.015kmol/(m²·s)，气体体积吸收系数 $K_Y\alpha$ 为 0.040kmol/(m³·s)，求所需的填料层高度。

解： $y_1=0.039$，$Y_1=\frac{y_1}{1-y_1}=\frac{0.039}{1-0.039}=0.0406$　$X_2=0$

$Y_2=Y_1(1-\eta)=0.0406\times(1-0.95)=2.03\times10^{-3}$　$\frac{V}{\Omega}=0.015\text{kmol/(m}^2\cdot\text{s)}$

最小液气比
$$\left(\frac{L}{V}\right)_{min}=\frac{Y_1-Y_2}{\frac{Y_1}{m}-X_2}=m\eta=2\times0.95=1.9$$

液气比 $$\frac{L}{V}=1.4\times\left(\frac{L}{V}\right)_{\min}=1.4\times1.9=2.66$$

吸收剂量 $$\frac{L}{\Omega}=2.66\times\frac{V}{\Omega}=2.66\times0.015=0.0399[\text{kmol}/(\text{m}^2\cdot\text{s})]$$

气相总传质单元高度 $$H_{OG}=\frac{V}{K_{Y}a\Omega}=\frac{0.015}{0.040}=0.375(\text{m})$$

脱吸因数 $$S=\frac{mV}{L}=\frac{2}{2.66}=0.752$$

$$\frac{Y_1-mX_2}{Y_2-mX_2}=\frac{0.0406}{2.03\times10^{-3}}=20$$

气相总传质单元数

$$N_{OG}=\frac{1}{1-S}\ln\left[(1-S)\frac{Y_1-mX_2}{Y_2-mX_2}+S\right]=\frac{1}{1-0.752}\times\ln[(1-0.752)\times20+0.752]=7.03$$

任务四 吸收塔的操作

一、工艺操作指标的调节

吸收是气液两相之间的传质过程，影响吸收操作的主要因素有操作温度、压力、气体流量、吸收剂用量和吸收剂入塔浓度等。

1. 温度

吸收温度对塔的吸收率影响很大。吸收剂的温度降低，气体的溶解度增大，溶解度系数增大。对于液膜控制的吸收过程，降低操作温度，吸收过程的阻力$\frac{1}{K_G}\approx\frac{1}{Hk_L}$将减小，结果使吸收效果良好，$Y_2$降低，传质推动力增大。对于液膜控制的吸收过程，降低操作温度，$\frac{1}{K_G}\approx\frac{1}{k_G}$基本不变，但传质推动力增大，吸收效果同样变好。总之，吸收剂温度的降低，改变了相平衡常数，对过程阻力及过程推动力都产生影响，使吸收总效果变好，溶质回收率增大。

2. 压力

提高操作压力，可以提高混合气体中溶质组分的分压，增大吸收的推动力，有利于气体吸收。但压力过高，操作难度和生产费用会增大，因此，吸收一般在常压下操作。若吸收后气体在高压下加工，则可采用高压吸收操作，既有利于吸收，又有利于增大吸收塔的处理能力。

3. 气体流量

在稳定的操作情况下，当气速不大，液体做层流流动，流体阻力小，吸收速率很小；当气速增大为湍流流动时，气膜变薄，气膜阻力减小，吸收速率增大；当气速增大到液泛速度时，液体不能顺畅向下流动，造成雾沫夹带，甚至造成液泛现象。因此，稳定操作流速，是吸收高效、平稳操作的可靠保证。对于易溶气体吸收，传质阻力通常集中在气侧，气体流量的大小及其湍动情况对传质阻力影响很大。对于难溶气体，传质阻力通常集中在液侧。此时气体流量的大小及湍动情况虽可改变气侧阻力，但对总阻力影响很小。

4. 吸收剂用量

改变吸收剂用量是吸收过程最常用的方法。当气体流量一定时，增大吸收剂流量，吸收速率增大，溶质吸收量增加，气体的出口浓度减小，回收率增大。当液相阻力较小时，增大液体的流量，传质总系数变化较小或基本不变，溶质吸收量的增大主要是由于传质推动力的增加而引起的，此时吸收过程的调节主要靠传质推动力的变化。当液相阻力较大时，增大吸收剂流量，传质系数大幅增加，传质速率增大，溶质吸收量增大。

5. 吸收剂入塔浓度

吸收剂入塔浓度升高，使塔内的吸收推动力减小，气体出口浓度 Y_2 升高。吸收剂的再循环会使吸收剂入塔浓度提高，对吸收过程不利。但有时采用吸收剂再循环可能有利，例如当新鲜吸收剂量过小以致不能满足良好润湿填料的要求时，采用吸收剂再循环，推动力的降低可由有效比表面积 α 和体积传质系数 $K_{Y}\alpha$ 的增大得到补偿，吸收效果好；某些有显著热效应的吸收过程，吸收剂经塔外冷却后再循环可降低吸收剂的温度，相平衡常数减小，全塔吸收推动力有所提高，吸收效果好。

二、开停车操作

总体上，吸收塔开车时应先进吸收剂，待其流量稳定后，再将混合气体送入塔中；停车时应先停混合气体，再停吸收剂，长期不操作时应将塔内液体卸空。操作过程中注意维持塔内的温度、压力、气液流量稳定，维持塔釜恒定的液封高度。

技能训练 吸收操作训练

●实训目标

（1）了解填料吸收装置的基本流程及设备结构；

（2）能独立地进行吸收系统的工艺操作及开车、停车（包括开车前的准备、电源的接通、风机的使用、吸收剂的选择、进气量水量的控制、压力的控制等）；

（3）能进行生产操作，并达到规定的工艺要求和质量指标；

（4）能及时发现、报告并处理系统的异常现象与事故，能进行紧急停车；

（5）掌握吸收总体积系数的测定方法。

●实训准备

图 7-16 为吸收实训设备流程图。空气由风机 1 供给，阀 2 用于调节空气流量（放空法）。在气管中空气与氨混合入塔，经吸收后排出，出口处有尾气调节阀 9，这个阀在不同的流量下能自动维持一定的尾气压力，作为尾气通过分析器的推动力。

水经总阀 15 进入水过滤减压阀 16，经水调节阀 17 及水流量计 18 入塔。氨气由氨瓶 23 供给，开启氨瓶阀 24，氨气即进入自动减压阀 25 中，这阀能自动将输出氨气压力稳定在 $0.5\sim1\text{kg/cm}^2$ 范围内，氨压力表 26 指示氨瓶内部压力，而氨压力表 27 则指示减压后的压力。为了确保安全，缓冲罐上还装有安全阀 29，以保证进入实验系统的氨压不超过安全允许规定值（1.2kg/m^2），安全阀的排出口用塑料管引到室外。

为了测量塔内压力和填料层压力降，装有表压计 20 和压差计 19。此外，还有大气压力计测量大气压力。

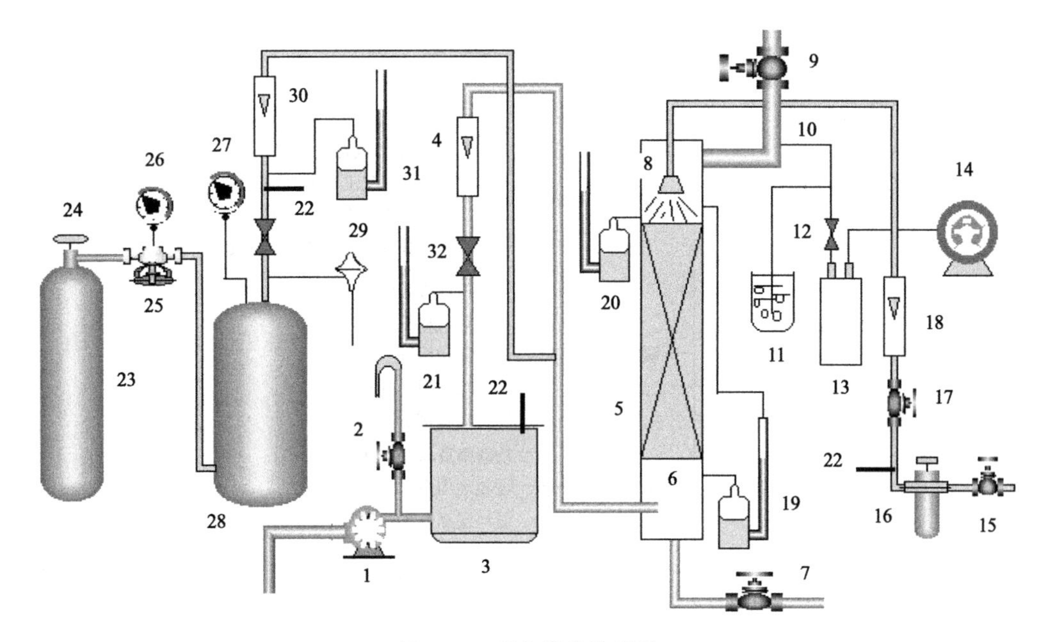

图 7-16 吸收操作流程图

1—风机；2—空气调节阀；3—油分离器；4—空气流量计；5—填料塔；6—栅板；7—排液管；8—莲蓬头；9—尾气调节阀；10—尾气取样管；11—稳压瓶；12—旋塞；13—吸收盒；14—湿式气体流量计；15—总阀；16—水过滤减压阀；17—水调节阀；18—水流量计；19—压差计；20—塔顶表压计；21,31—表压计；22—温度计；23—氨瓶；24—氨瓶阀；25—氨自动减压阀；26—氨压力表；27—氨压力表；28—缓冲罐；29—膜式安全阀；30—转子流量计；32—空气进口阀

●实训步骤（要领）

（1）指出吸收流程与控制点（包括水、空气、氨气的流程）；

（2）开车前的准备（包括检查电源、水源是否处于正常供给状态；打开电源及仪器仪表并检查；查看管道、设备是否有泄漏等）；

（3）开车与稳定操作（包括依次打开水、空气及氨气系统，并稳定流量，维持塔内温度、压力稳定，记录数据，计算吸收率和总体积吸收系数）；

（4）不正常操作与调整（人为造成气阻液泛和溢流淹塔事故，再调节到正常）；

（5）正常停车（依次停氨气、水、空气系统，关电源）。

●思考与分析

（1）综合数据来看，你认为以水吸收空气中的氨气过程，是气膜控制还是液膜控制？为什么？

（2）要提高氨水浓度有什么办法（不改变进气浓度）？这时又会带来什么问题？

（3）当气体温度与吸收剂温度不同时，应按哪种温度计算亨利系数？

（4）试分析旁路调节的重要性。

（5）试比较精馏装置与吸收装置的异同。

（6）造成液泛或淹塔的主要原因有哪些？

本章小结

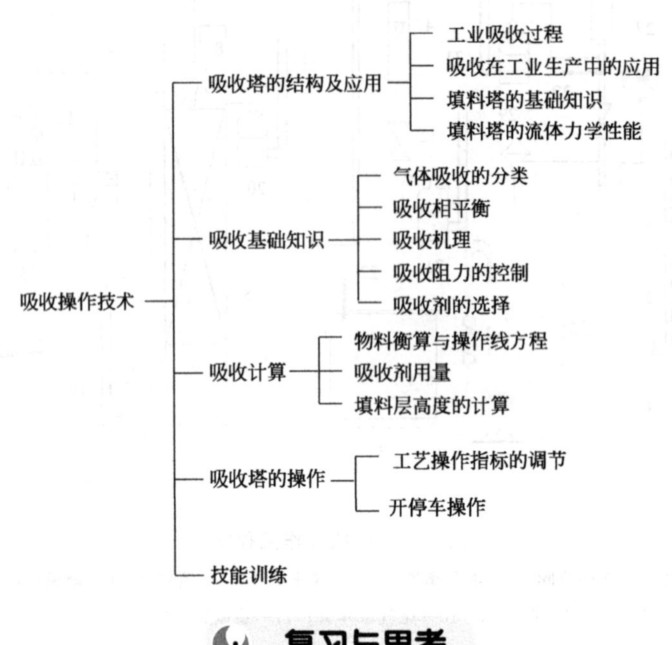

复习与思考

1. 什么是载点和泛点？

2. 塔液泛应如何处理？

3. 温度和压力对吸收塔操作的影响是什么？

4. 影响填料性质的因素有哪些？

5. 什么是气膜控制？什么是液膜控制？

6. 某逆流吸收塔，用纯溶剂吸收惰性气体中的溶质组分。若 L_s、V_B、T、p 等不变，进口气体溶质含量 Y_1 增大。问：①N_{OG}、Y_2、X_2、η 如何变化？②采取何种措施可使 Y_2 达到原工艺要求？

7. 若吸收过程为气膜控制，在操作过程中，若入口气量增加，其他操作条件不变，问 N_{OG}、Y_2、X_2 将如何变化？

8. 已知连续逆流吸收过程中的 y_1、x_2 和平衡常数 m，试用计算式表示出塔底出口溶液最大浓度和塔顶出口气体最低浓度（均指溶质的物质的量浓度）。

计算题

1. 在文丘里管内用清水洗去含 SO_2 的混合气体中的尘粒，气体与洗涤水在气液分离器中分离，出口气体含 10%（体积分数）的 SO_2，操作压力为常压。求在以下两种情况下每排出 1kg 水所能造成 SO_2 的最大损失量。①操作温度为 20℃；②操作温度为 40℃。

2. 某逆流吸收塔用纯溶剂吸收混合气体中的可溶组分，气体入塔组成为 0.06（摩尔比），要求吸收率为 90%，操作液气比 2，求出塔溶液的组成。

3. 吸收塔中用清水吸收空气中含氨的混合气体，逆流操作，气体流量为 5000m^3（标准）/h，其中氨含量 10%（体积分数），回收率 95%，操作温度 293K，压力 101.33kPa。已知操作液气比为最小液气比的 1.5 倍，操作范围内 $Y^*=2.67X$，求用水量为多少？

4. 在总压为 101.3kPa、温度为 20℃的条件下，在填料塔内用水吸收混合空气中的二氧化碳，塔内某一截面处的液相组成为 $x=0.00065$，气相组成为 $y=0.03$（摩尔分数），气膜吸收系数为 $k_G=1.0\times10^{-6}$kmol/(m^2·s·kPa)，液膜吸收系数是 $k_L=8.0\times10^{-6}$m/s，若 20℃时二氧化碳溶液的亨利系数为 $E=3.54\times10^3$kPa，求：①该截面处的总推动力 Δp、Δy、Δx 及相应的总吸收系数；②该截面处吸收速率；③计算说明该吸收过程的控制因素；④若操作压力提高到 1013kPa，求吸收速率提高的倍数。

5. 某填料吸收塔用含溶质 $x_2=0.0002$ 的溶剂逆流吸收混合气中的可溶组分，采用液气比为 3，气体入口摩尔分数 $y_1=0.01$，回收率可达 90%，已知物系的平衡关系为 $y=2x$。今因解吸不良，使吸收剂入口摩尔分数 x_2 升至 0.00035，求：①可溶组分的回收率？②液相出塔摩尔分数？

6. 流率为 1.26kg/s 的空气中含氨 0.02（摩尔比，下同），拟用塔径 1m 的吸收塔回收其中 90%的氨。塔顶淋入摩尔比为 4×10^{-4}的稀氨水。已知操作液气比为最小液气比的 1.5 倍，操作范围内 $Y^*=1.2X$，$K_Y\alpha=0.052$kmol/(m^3·s)。求所需的填料层高度。

项目八 萃取操作技术

学习目标

●了解萃取装置的结构和特点；理解萃取单元操作基本概念、传质机理；掌握萃取操作计算。

●能正确选择萃取操作的条件，对萃取过程进行正确的调节控制;能进行萃取装置的正常开停车操作和事故处理。

任务一　液-液萃取

利用原料液中各组分在适当溶剂中溶解度的差异而实现混合液中组分分离的过程称为液-液萃取，又称溶剂萃取。它是20世纪30年代用于工业生产的新的液体混合物分离技术。随着萃取应用领域的扩展，回流萃取、双溶剂萃取、反应萃取、超临界萃取及液膜分离技术相继问世，使得萃取成为分离液体混合物很有生命力的操作单元之一。

一、萃取操作原理

萃取是向液体混合物中加入某种适当溶剂，利用组分溶解度的差异使溶质A由原溶液转移到萃取剂的过程。在萃取过程中，所用的溶剂称为萃取剂。混合液中欲分离的组分称为溶质。混合液中的溶剂称为稀释剂，萃取剂应对溶质具有较大的溶解能力，与稀释剂应不互溶或部分互溶。

图8-1是萃取操作的基本流程图。将一定的溶剂加到被分离的混合物中，采取措施（如搅拌）使原料液和萃取剂充分混合。因溶质在两相间不相平衡，在萃取相中的平衡浓度高于实际浓度，溶质乃从混合液相萃取集中扩散，使溶质与混合中的其他组分分离，所以萃取是液、液相间的传质过程。

通常，萃取过程在高温下进行，萃取的结果是萃取剂提取了溶质成为萃取相，分离出溶质的混合液成为萃余相。萃取相的混合物，需要用精馏或解吸等方法进行分离，得到溶质产品和溶剂，萃取剂供循环使用。萃取相通常含有少量萃取剂，也需应用适当的分离方法回收其中的萃取剂，然后排放。

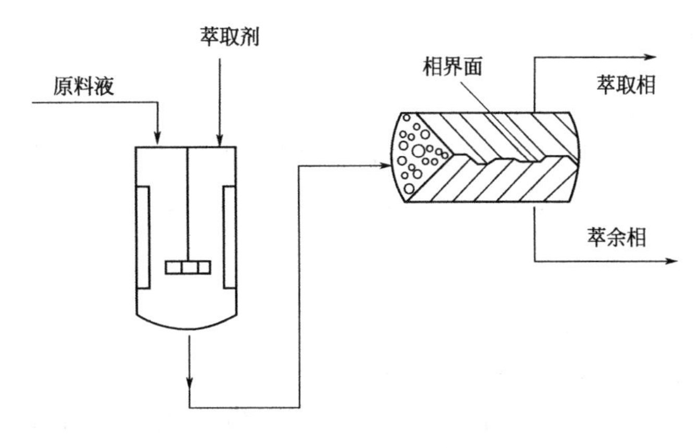

图 8-1 萃取操作示意图

用萃取法分离液体混合物时，混合液中的溶质既可以是挥发性物质，也可以是非挥发性物质，（如无机盐类）。

当用于分离挥发性混合物时，与精馏比较，整个萃取过程比较复杂，譬如萃取相中萃取剂的回收往往还要应用精馏操作。但萃取过程本身具有常温操作、无相变以及选择适当溶剂可以获得较高分离系数等优点，在很多的情况下，仍显示出技术经济上的优势。一般来说，在以下几种情况下采取萃取过程较为有利：

① 溶液中各组分的沸点非常接近，或者说组分之间的相对挥发度接近于一。

② 混合液中的组成能形成恒沸物酸，用一般的精馏不能得到所需的纯度。

③ 混合液重要回收的组分是热敏性物质，受热易于分解、聚合或发生其他化学变化。

④ 需分离的组分浓度很低且沸点比稀释剂高，用精馏方法需蒸馏出大量稀释剂，耗能高。

当分离溶液中的非挥发性物质时，与吸附离子交换等方法比较，萃取过程处理的是两流体，操作比较方便，常常优先考虑。

二、液-液萃取在工业上的应用

一般石油化工工业萃取过程分为如下三个阶段：

① 分离沸点相近或形成恒沸物的混合液；

② 分离热敏性混合液；

③ 稀溶液中溶质的回收或含量极少的贵重物质的回收。

随着石油工业的发展，液-液萃取已广泛应用于分离和提纯各种有机物质，例如，轻油裂解和铂重整产生的芳烃混合物的分离。

此外用脂类溶剂萃取乙酸，用丙烷萃取润滑油中的石蜡等也得到了广泛的应用。

三、萃取操作的分类

（1）物理萃取　简单分子萃取，其溶质在两相中的分子结构相同，并按在两相中的溶解度不同进行分配。

（2）化学萃取　伴随化学反应，既有相界面处的化学反应，又有相内反应，较物理萃取复杂。如有色金属的湿法提炼。

四、萃取操作的特点

(1) 选择适合的溶剂是关键；

(2) 在萃取中相互接触的两相均为液相，因此所加入的溶剂必须在操作条件下，能与原料液分成两个液层，且两个液层具有一定的密度差，这样才能促使两相在经过充分混合后，借重力或离心力的作用有效地分层；

(3) 在萃取操作中，必须使用相当数量的溶剂，为了得到溶质和回收溶剂，并将溶剂循环使用，以降低成本，所使用的溶剂应易于回收且价格低廉；

(4) 液-液萃取是用溶剂处理另外一种混合液体的过程，溶质由原料液通过两相的相界面在萃取剂中传递，故液-液萃取过程也与其他传质过程一样，是以相际平衡作为过程的极限。

任务二 液-液相平衡关系

液-液相平衡是萃取传质过程进行的极限，与气液传质相同，在讨论萃取之前，首先要了解液-液的相平衡问题。由于萃取的两相通常为三元混合物，故其组成和相平衡的图解表示法与前述气液传质不同，在此首先介绍三元混合物组成在三角形坐标图上的表示方法，然后介绍液-液平衡相图及萃取过程的基本原理。

一、液-液相平衡

1. 三角形坐标图及杠杆规则

(1) 三角形坐标图 三角形坐标图通常有等边三角形坐标图、等腰直角三角形坐标图和非等腰直角三角形坐标图，如图 8-2 所示，其中以等腰直角三角形坐标图最为常用。

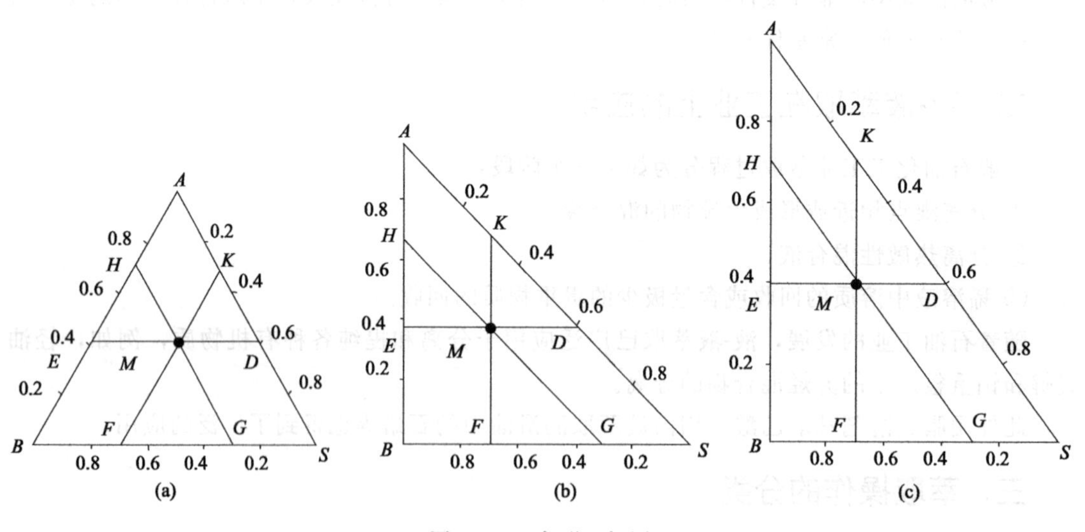

图 8-2 三角形坐标图

一般而言，在萃取过程中很少遇到恒摩尔流的简化情况，故在三角形坐标图中混合物的组成常用质量分数表示。习惯上，在三角形坐标图中，*AB* 边以 A 的质量分数作为标度，*BS* 边以 B 的质量分数作为标度，*SA* 边以 S 的质量分数作为标度。三角形坐标图的每个顶点分别代表一个纯组分，即顶点 A 表示纯溶质 A，顶点 B 表示纯原溶剂（稀释剂）B，顶点 S 表示纯萃取剂 S。三角形坐标图三条边上的任一点代表一个二元混合物系，第三组分的组成为零。例如 AB 边上的 E 点，表示由 A、B 组成的二元混合物系，由图可读得：A 的组成为 0.40，则 B 的组成为（1.0－0.40）＝0.60，S 的组成为零。

三角形坐标图内任一点代表一个三元混合物系。例如 M 点即表示由 A、B、S 三个组分组成的混合物系。其组成可按下法确定：过物系点 M 分别作对边的平行线 ED、HG、KF，则由点 E、G、K 可直接读得 A、B、S 的组成分别为：$x_A=0.4$、$x_B=0.3$、$x_S=0.3$；也可由点 D、H、F 读得 A、B、S 的组成。在诸三角形坐标图中，等腰直角三角形坐标图可直接在普通直角坐标纸上进行标绘，且读数较为方便，故目前多采用等腰直角三角形坐标图。在实际应用时，一般首先由两直角边的标度读得 A、S 的组成 x_A 及 x_S，再根据归一化条件求得 x_B。

（2）杠杆规则

如图 8-3 所示，将质量为 r kg、组成为 x_A、x_B、x_S 的混合物系 R 与质量为 e kg、组成为 y_A、y_B、y_S 的混合物系 E 相混合，得到一个质量为 m kg、组成为 z_A、z_B、z_S 的新混合物系 M，其在三角形坐标图中分别以点 R、E 和 M 表示。M 点称为 R 点与 E 点的和点，R 点与 E 点称为差点。

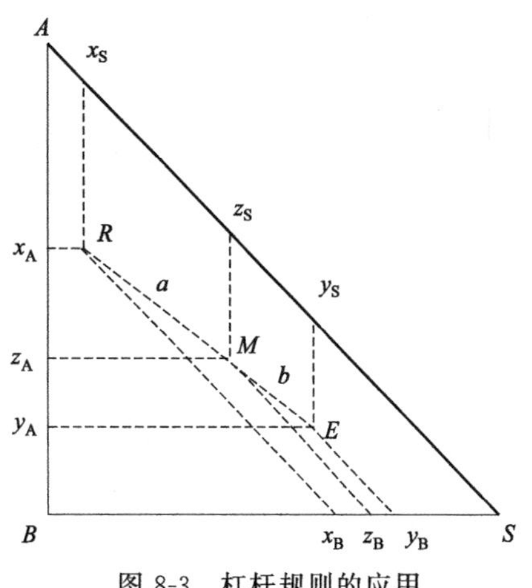

图 8-3　杠杆规则的应用

点 M 与差点 E、R 之间的关系可用杠杆规则描述如下。

① 几何关系。和点 M 与差点 E、R 共线。即：和点在两差点的连线上；一个差点在另一差点与和点连线的延长线上。

② 数量关系。和点与差点的量 m、r、e 与线段长 a、b 之间的关系符合杠杆原理，即，以 R 为支点可得 m、e 之间的关系：

$$ma=e(a+b) \tag{8-1}$$

以 M 为支点可得 r、e 之间的关系：

$$ra=eb \tag{8-2}$$

以 E 为支点可得 r、m 之间的关系：

$$r(a+b)=mb \tag{8-3}$$

根据杠杆规则，若已知两个差点，则可确定和点；若已知和点和一个差点，则可确定另一个差点。

2. 三角形相图

根据萃取操作中各组分的互溶性，可将三元物系分为以下三种情况，即

① 溶质 A 可完全溶于 B 及 S，但 B 与 S 不互溶；

② 溶质 A 可完全溶于 B 及 S，但 B 与 S 部分互溶；

③ 溶质 A 可完全溶于 B，但 A 与 S 及 B 与 S 部分互溶。

习惯上，将①、②两种情况的物系称为第Ⅰ类物系，而将③情况的物系称为第Ⅱ类物系。工业上常见的第Ⅰ类物系有丙酮（A）-水（B）-甲基异丁基酮（S）、乙酸（A）-水（B）-苯（S）及丙酮（A）-氯仿（B）-水（S）等；第Ⅱ类物系有甲基环己烷（A）-正庚烷（B）-苯

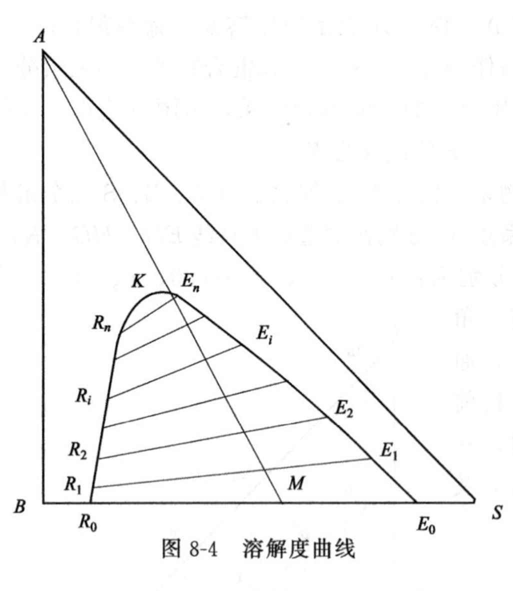

图 8-4　溶解度曲线

胺（S）、苯乙烯（A）-乙苯（B）-二甘醇（S）等。在萃取操作中，第Ⅰ类物系较为常见，以下主要讨论这类物系的相平衡关系。

（1）溶解度曲线及联结线　设溶质 A 可完全溶于 B 及 S，但 B 与 S 为部分互溶，其溶解度曲线如图 8-4 所示。此图是在一定温度下绘制的，图中曲线 $R_0R_1R_2R_iR_nKE_nE_iE_2E_1E_0$ 称为溶解度曲线，该曲线将三角形相图分为两个区域：曲线以内的区域为两相区，以外的区域为均相区。位于两相区内的混合物分成两个互相平衡的液相，称为共轭相，联结两共轭液相相点的直线称为联结线，如图 8-4 中的 R_iE_i 线（$i=0$，1，2，…，n）。显然萃取操作只能在两相区内进行。

溶解度曲线可通过下述实验方法得到：在一定温度下，将组分 B 与组分 S 以适当比例相混合，使其总组成位于两相区，设为 M，则达平衡后必然得到两个互不相溶的液层，其相点为 R_0、E_0。在恒温下，向此二元混合液中加入适量的溶质 A 并充分混合，使之达到新的平衡，静置分层后得到一对共轭相，其相点为 R_1、E_1，然后继续加入溶质 A，重复上述操作，即可以得到 $n+1$ 对共轭相的相点 R_i、E_i（$i=0$，1，2，…，n），当加入 A 的量使混合液恰好由两相变为一相时，其组成点用 K 表示，K 点称为混溶点或分层点。联结各共轭相的相点及 K 点的曲线即为实验温度下该三元物系的溶解度曲线。

若组分 B 与组分 S 完全不互溶，则点 R_0 与 E_0 分别与三角形顶点 B 及顶点 S 相重合。

一定温度下第Ⅱ类物系的溶解度曲线和联结线见图 8-5，通常联结线的斜率随混合液的组成而变，但同一物系其联结线的倾斜方向一般是一致的，有少数物系，例如吡啶-氯苯-水，当混合液组成变化时，其联结线的斜率会有较大的改变，如图 8-6 所示。

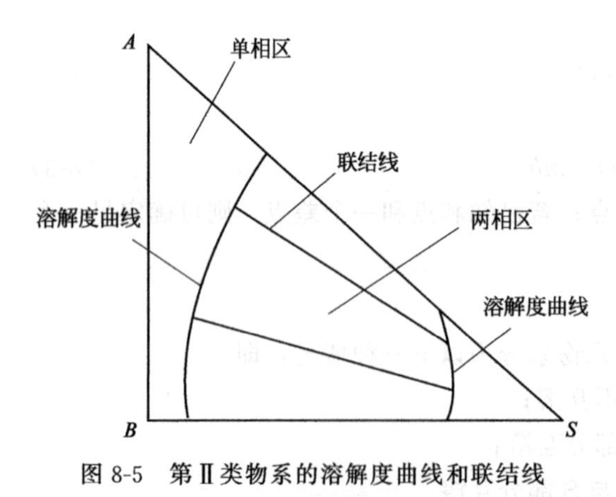

图 8-5　第Ⅱ类物系的溶解度曲线和联结线

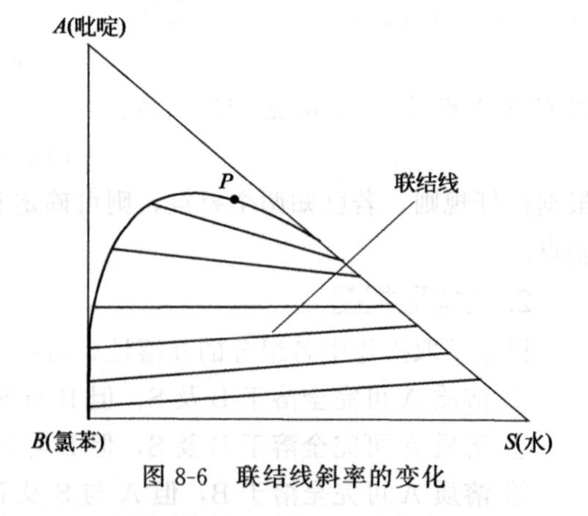

图 8-6　联结线斜率的变化

（2）辅助曲线和临界混溶点　一定温度下，测定体系的溶解度曲线时，实验测出的联结线的条数（即共轭相的对数）总是有限的，此时为了得到任何已知平衡液相的共轭相的数据，常借助辅助曲线（亦称共轭曲线）。

辅助曲线的作法如图 8-7 所示，通过已知点 R_1、R_2、…分别作 BS 边的平行线，再通过相应联结线的另一端点 E_1、E_2 分别作 AB 边的平行线，各线分别相交于点 F、G、…，联结这些交点所得的平滑曲线即为辅助曲线。利用辅助曲线可求任何已知平衡液相的共轭相。如图 8-7 所示，设 R 为已知平衡液相，自点 R 作 BS 边的平行线交辅助曲线于点 J，自点 J 作 AB 边的平行线，交溶解度曲线于点 E，则点 E 即为 R 的共轭相点。

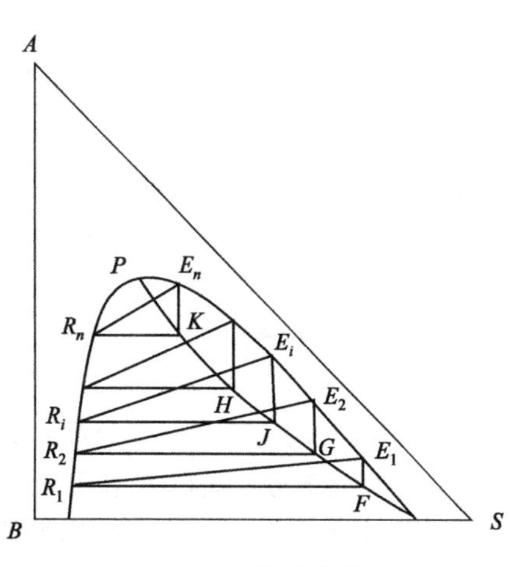

图 8-7　辅助曲线

辅助曲线与溶解度曲线的交点为 P，显然通过 P 点的联结线无限短，即该点所代表的平衡液相无共轭相，相当于该系统的临界状态，故称点 P 为临界混溶点。P 点将溶解度曲线分为两部分：靠原溶剂 B 一侧为萃余相部分，靠溶剂 S 一侧为萃取相部分。由于联结线通常都有一定的斜率，因而临界混溶点一般并不在溶解度曲线的顶点。临界混溶点由实验测得，但仅当已知的联结线很短即共轭相接近临界混溶点时，才可用外延辅助曲线的方法确定临界混溶点。

通常，一定温度下的三元物系溶解度曲线、联结线、辅助曲线及临界混溶点的数据均由实验测得，有时也可从手册或有关专著中查得。

3. 分配系数和分配曲线

(1) 分配系数　一定温度下，某组分在互相平衡的 E 相与 R 相中的组成之比称为该组分的分配系数，以 k 表示，即溶质 A：

$$k_A=\frac{y_A}{x_A} \tag{8-4a}$$

原溶剂 B：

$$k_B=\frac{y_B}{x_B} \tag{8-4b}$$

式中　y_A、y_B——萃取相 E 中组分 A、B 的质量分数；

x_A、x_B——萃余相 R 中组分 A、B 的质量分数。

分配系数 k_A 表达了溶质在两个平衡液相中的分配关系。显然，k_A 值愈大，萃取分离的效果愈好。k_A 值与联结线的斜率有关。同一物系，其值随温度和组成而变。如第Ⅰ类物系，一般 k_A 值随温度的升高或溶质组成的增大而降低。一定温度下，仅当溶质组成范围变化不大时，k_A 值才可视为常数。对于萃取剂 S 与原溶剂 B 互不相溶的物系，溶质在两液相中的分配关系与吸收中的类似，即：

$$Y=KX \tag{8-5}$$

式中　Y——萃取相 E 中溶质 A 的质量比组成；

X——萃余相 R 中溶质 A 的质量比组成；

K——相组成以质量比表示时的分配系数。

(2) 分配曲线　由相律可知，温度、压力一定时，三组分体系两液相呈平衡时，自由度为 1。故只要已知任一平衡液相中的任一组分的组成，则其他组分的组成及其共轭相的组成就为确定值。换言之，温度、压力一定时，溶质在两平衡液相间的平衡关系可表示为：

$$y_A = f(x_A) \tag{8-6}$$

式中　y_A——萃取相 E 中组分 A 的质量分数；

x_A——萃余相 R 中组分 A 的质量分数。

此即分配曲线的数学表达式。

如图 8-8 所示，若以 x_A 为横坐标，以 y_A 为纵坐标，则可在 x-y 直角坐标图上得到表示这一对共轭相组成的点 N。每一对共轭相可得一个点，将这些点联结起来即可得到曲线 ONP，称为分配曲线。曲线上的 P 点即为临界混溶点。分配曲线表达了溶质 A 在互成平衡的 E 相与 R 相中的分配关系。若已知某液相组成，则可由分配曲线求出其共轭相的组成。若在分层区内 y 均大于 x，即分配系数 $k_A>1$，则分配曲线位于 $y=x$ 直线的上方，反之位于 $y=x$ 直线的下方。若随着溶质 A 组成的变化，联结线倾斜的方向发生改变，则分配曲线将与对角线出现交点，这种物系称为等溶度体系。

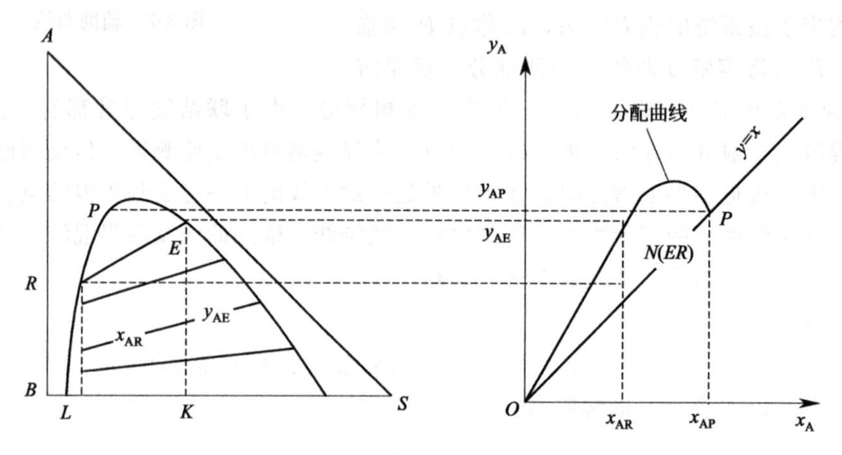

图 8-8　有一对组分部分互溶时的分配曲线

采用同样方法可作出有两对组分部分互溶时的分配曲线，如图 8-9 所示。

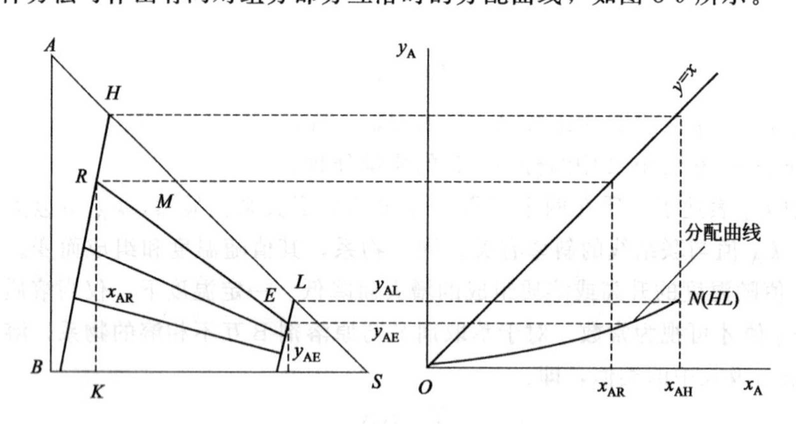

图 8-9　有两对组分部分互溶时的分配曲线

4. 温度对相平衡的影响

通常物系的温度升高，溶质在溶剂中的溶解度增大，反之减小。因此，温度明显地影响溶解度曲线的形状、联结线的斜率和两相区面积，从而也影响分配曲线的形状。图 8-10 为温度对第Ⅰ类物系溶解度曲线和联结线的影响。显然，温度升高，分层区面积减小，不利于萃取分离的进行。

对于某些物系，温度的改变不仅可引起分层区面积和联结线斜率的变化，甚至可导致物系类型的转变。如图 8-11 所示，当温度为 T_1 时为第Ⅱ类物系，而当温度升至 T_2 时则变为第Ⅰ类物系。

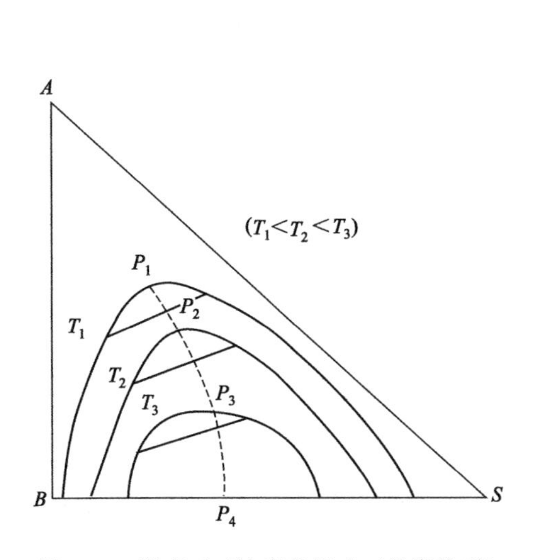

图 8-10 温度对互溶度的影响（Ⅰ类物系）

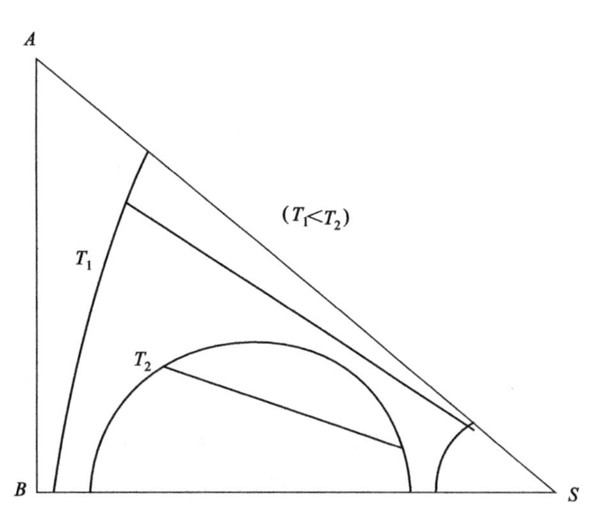

图 8-11 温度对互溶度的影响（Ⅱ类物系）

二、萃取操作原理

1. 萃取操作过程及术语

对于液体混合物的分离，除可采用蒸馏的方法外，还可采用萃取的方法，即在液体混合物（原料液）中加入一个与其基本不相混溶的液体作为溶剂，造成第二相，利用原料液中各组分在两个液相中的溶解度不同而使原料液混合物得以分离。液-液萃取，亦称溶剂萃取，简称萃取或抽提。选用的溶剂称为萃取剂，以 S 表示；原料液中易溶于 S 的组分，称为溶质，以 A 表示；难溶于 S 的组分称为原溶剂（或稀释剂），以 B 表示。如果萃取过程中，萃取剂与原料液中的有关组分不发生化学反应，则称之为物理萃取，反之称为化学萃取。

萃取操作的基本过程如图 8-12 所示。将一定量萃取剂加入原料液中，然后加以搅拌使原料液与萃取剂充分混合，溶质通过相界面由原料液向萃取剂中扩散，所以萃取操作与精馏、吸收等过程一样，也属于两相间的传质过程。搅拌停止后，两液相因密度不同而分层：一层以溶剂 S 为主，并溶有较多的溶质，称为萃取相，以 E 表示；另一层以原溶剂（稀释剂）B 为主，且含有未被萃取完的溶质，称为萃余相，以 R 表示。若溶剂 S 和 B 为部分互溶，则萃取相中还含有少量的 B，萃余相中亦含有少量的 S。由上可知，萃取操作并未有得到纯净的组分，而是新的混合液：萃取相 E 和萃余相 R。为了得到产品 A，并回收溶剂以供循环使用，尚需对这两相分别进行分离。通常采用蒸馏或蒸发的方法，有时也可采用结晶等其他方法。脱除溶剂后的萃取相和萃余相分别称为萃取液和萃余液，以 E′和 R′表示。对于一种液体混合物，究竟是采用蒸馏还是萃取加以分离，主要取决于技术上的可行性和经济上的合理性。一般地，在下列情况下采用萃取方法更为有利。

① 原料液中各组分间的沸点非常接近，也即组分间的相对挥发度接近于 1，若采用蒸馏方法很不经济；

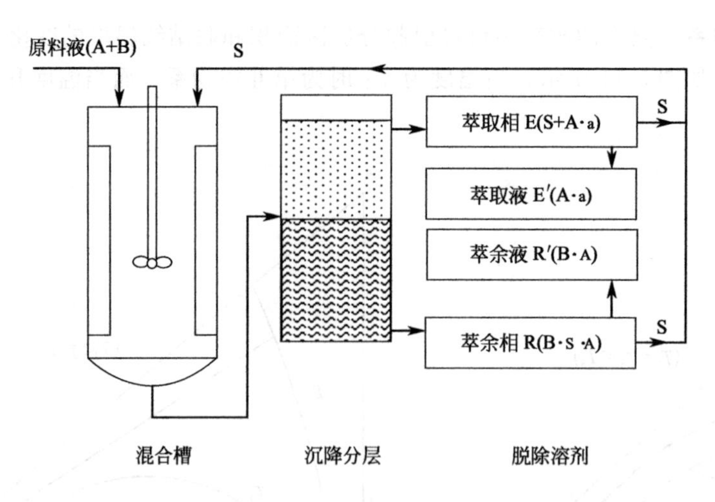

图 8-12　萃取操作示意图

② 料液在蒸馏时形成恒沸物，用普通蒸馏方法不能达到所需的纯度；

③ 原料液中需分离的组分含量很低且为难挥发组分，若采用蒸馏方法须将大量稀释剂汽化，能耗较大；

④ 原料液中需分离的组分是热敏性物质，蒸馏时易于分解、聚合或发生其他变化。

2. 萃取剂的选择

选择合适的萃取剂是保证萃取操作能够正常进行且经济合理的关键。萃取剂的选择主要考虑以下因素。

(1) 萃取剂的选择性及选择性系数　萃取剂的选择性是指萃取剂 S 对原料液中两个组分溶解能力的差异。若 S 对溶质 A 的溶解能力比对原溶剂 B 的溶解能力大得多，即萃取相中 y_A 比 y_B 大得多，萃余相中 x_B 比 x_A 大得多，那么这种萃取剂的选择性就好。

萃取剂的选择性可用选择性系数 β 表示，其定义式为：

$$\beta=\frac{\text{萃取相中}A\text{的质量分数}}{\text{萃取相中}B\text{的质量分数}}\bigg/\frac{\text{萃余相中}A\text{的质量分数}}{\text{萃余相中}B\text{的质量分数}} \tag{8-7}$$

将式(8-4) 代入上式得：

$$\beta=\frac{k_A}{k_B} \tag{8-8}$$

由 β 的定义可知，选择性系数 β 为组分 A、B 的分配系数之比，其物理意义颇似蒸馏中的相对挥发度。若 $\beta>1$，说明组分 A 在萃取相中的相对含量比萃余相中的高，即组分 A、B 得到了一定程度的分离，显然 k_A 值越大，k_B 值越小，选择性系数 β 就越大，组分 A、B 的分离也就越容易，相应的萃取剂的选择性也就越高；若 $\beta=1$，则由式(8-7) 可知萃取相和萃余相在脱除溶剂 S 后将具有相同的组成，并且等于原料液的组成，说明 A、B 两组分不能用此萃取剂分离，换言之所选择的萃取剂是不适宜的。萃取剂的选择性越高，则完成一定的分离任务，所需的萃取剂用量也就越少，相应的用于回收溶剂操作的能耗也就越低。由式(8-7) 可知，当组分 B、S 完全不互溶时，则选择性系数趋于无穷大，显然这是最理想的情况。

(2) 原溶剂 B 与萃取剂 S 的互溶度　互溶度对萃取操作的影响曲线见图 8-13。

如前所述，萃取操作都是在两相区内进行的，达平衡后均分成两个平衡的 E 相和 R 相。

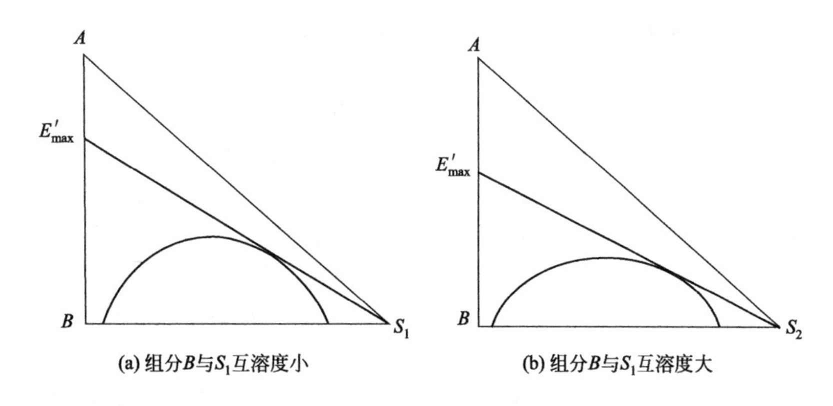

(a) 组分B与S_1互溶度小

(b) 组分B与S_1互溶度大

图 8-13 互溶度对萃取操作的影响曲线

若将 E 相脱除溶剂，则得到萃取液，根据杠杆规则，萃取液组成点必为 SE 延长线与 AB 边的交点，显然溶解度曲线的切线与 AB 边的交点即为萃取相脱除溶剂后可能得到的具有最高溶质组成的萃取液，由图可知，选择与组分 B 具有较小互溶度的萃取剂 S_1 比 S_2 更利于溶质 A 的分离。

（3）萃取剂回收的难易与经济性

萃取后的 E 相和 R 相，通常以蒸馏的方法进行分离。萃取剂回收的难易直接影响萃取操作的费用，从而在很大程度上决定萃取过程的经济性。因此，要求萃取剂 S 与原料液中的组分的相对挥发度要大，不应形成恒沸物，并且最好是组成低的组分为易挥发组分。若被萃取的溶质不挥发或挥发度很低时，则要求 S 的汽化热要小，以节省能耗。

（4）萃取剂的其他物性

为使两相在萃取器中能较快的分层，要求萃取剂与被分离混合物有较大的密度差，特别是对没有外加能量的设备，较大的密度差可加速分层，提高设备的生产能力。两液相间的界面张力对萃取操作具有重要影响。萃取物系的界面张力较大时，分散相液滴易聚结，有利于分层，但界面张力过大，则液体不易分散，难以使两相充分混合，反而使萃取效果降低。界面张力过小，虽然液体容易分散，但易产生乳化现象，使两相较难分离，因之，界面张力要适中。常用物系的界面张力数值可从有关文献查取。溶剂的黏度对分离效果也有重要影响。溶剂的黏度低，有利于两相的混合与分层，也有利于流动与传质，故当萃取剂的黏度较大时，往往加入其他溶剂以降低其黏度。此外，选择萃取剂时，还应考虑其他因素，如萃取剂应具有化学稳定性和热稳定性，对设备的腐蚀性要小，来源充分，价格较低廉，不易燃易爆等。

通常，很难找到能同时满足上述所有要求的萃取剂，这就需要根据实际情况加以权衡，以保证满足主要要求。

三、萃取过程的计算

萃取操作可在分级接触式或连续接触式设备中进行。在分级式接触萃取过程计算中，无论是单级还是多级萃取操作，均假设各级为理论级，级离开每级的 E 相和 R 相互为平衡。萃取操作中的理论级概念和蒸馏中的理论板相当。一个实际萃取级的分离能力达不到一个理论级，两者的差异用级效率校正。目前，关于级效率的资料还不多，一般需结合具体的设备型式通过实验测定。

本节重点讨论级式萃取过程的计算，对连续接触萃取过程仅作简要介绍。

单级萃取流程如前面的萃取操作示意图所示，操作可以连续，也可以间歇，间歇操作时，各股物料的量以 kg 表示，连续操作时，用 kg/h 表示。为了简便起见，萃取相组成 y 及萃余相组成 x 的下标只标注了相应流股的符号，而不注明组分符，以后不再说明。

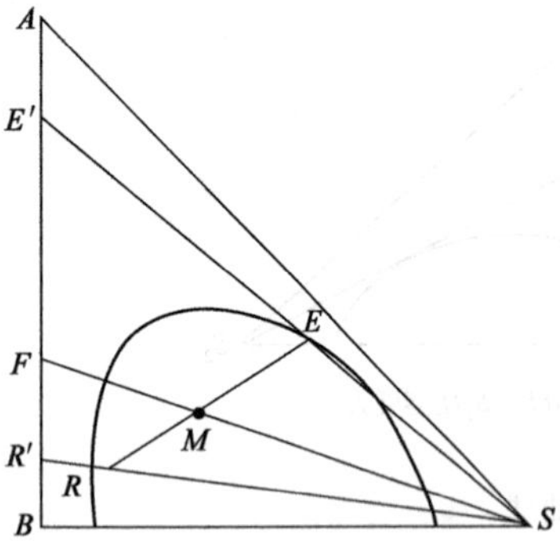

图 8-14　三角形相图

在单级萃取操作中，一般需要将组成为 x_F 的定量原料液 F 进行分离，规定萃余相组成为 XR，要求计算溶剂用量、萃余相及萃取相的量以及萃取相组成。单级萃取操作根据 XF 及 XR 在三角相图 8-14 上确定点 F 及 R 点，过 R 作联结线与 FS 线交于 M 点，与溶解度曲线交于 E 点。图中 E' 及 R' 点为从 E 相及 R 相中脱除全部溶剂后的萃取液及萃余液组成坐标点，各流股组成可从相应点直接读出。先对图 8-14 作总物料平衡得：

$$F+S=E+R=M \tag{8-9}$$

各股流量由杠杆定律求得：

$$S=F\times\frac{\overline{MF}}{\overline{MS}} \tag{8-10}$$

$$E=M\times\frac{\overline{MR}}{\overline{ER}} \tag{8-11}$$

$$E'=F\times\frac{\overline{FR'}}{\overline{E'R'}} \tag{8-12}$$

此外，也可随同物料横算进行上述计算。

对式(8-9) 作溶质 A 的衡算得：

$$FX_{\mathrm{F}}+SY_{\mathrm{S}}=EY_{\mathrm{E}}+RX_{\mathrm{R}}=MX_{\mathrm{M}} \tag{8-13}$$

联立式(8-9)、式(8-11) 及式(8-12) 并整理得：

$$E=\frac{M(X_{\mathrm{M}}-X_{\mathrm{R}})}{Y_{\mathrm{E}}-X_{\mathrm{R}}} \tag{8-14}$$

同理，可得到 E' 和 R' 的量，即：

$$E'=\frac{F(X_{\mathrm{F}}-X'_{\mathrm{R}})}{Y'_{\mathrm{E}}-X'_{\mathrm{R}}} \tag{8-15}$$

$$R'=F-E' \tag{8-16}$$

任务三　液-液萃取设备

和气-液传质过程类似，在液-液萃取过程中，要求在萃取设备内能使两相密切接触并伴有较高程度的湍动，以实现两相之间的质量传递；而后，又能较快地分离。但是，由于液液萃取中两相间的密度差较小，实现两相的密切接触和快速分离要比气液系统困难得多。为了适应这种特点，出现了多种结构型式的萃取设备。目前，为了工业所采用的各种类型设备已超过 30 种，而且还不断开发出新型萃取设备。根据两相的接触方式，萃取设备可分为逐级接触式和微分接触式两大类；根据有无外功输入，又可分为有外能量和无外能量两种。工业上常用萃取设备的分类情况如表 8-1。

表 8-1　典型萃取设备及其操作特性

<table>
<tr><th colspan="3">设备类型</th><th>优点</th><th>缺点</th><th>应用范围</th></tr>
<tr><td>逐级接触式</td><td colspan="2">混澄器</td><td>级效率高；处理能力大；操作弹性好，流比变化较大时，仍可稳定操作；放大设计比较可靠</td><td>溶剂滞留量大；设备占地面积大；不适用于所需理论级数较大的体系</td><td>湿法冶金、石油化工</td></tr>
<tr><td rowspan="4">连续接触式</td><td rowspan="3">有外能输入的萃取塔</td><td>脉冲筛板塔</td><td>处理能力大；容积效率高，塔内无运动部件，工作可靠</td><td rowspan="3">难处理密度差小的体系；不能适应高比操作；处理乳化体系有困难；放大设计不可靠</td><td rowspan="3">湿法冶金、石油化工、制药工业、核工业</td></tr>
<tr><td>往复振动筛板塔</td><td>处理量大，结构简单；操作弹性好，能处理含悬浮固体的液体</td></tr>
<tr><td>转盘塔</td><td>处理量较大；效率较高；结构较简单；制造、操作和维修费较低</td></tr>
<tr><td colspan="2">离心萃取塔</td><td>设备体积小；传质效率高；溶剂滞留量小；适于处理两相密度差很小的体系；接触时间短，适于非平衡操作</td><td>结构复杂，难以加工；制造成本和维修费用均高于其他萃取器</td><td>制药工业、石油化工，核工业</td></tr>
</table>

一、混合-澄清槽

混合-澄清槽是典型的逐级接触式萃取设备。它可单级操作，也可多级组合操作。每个萃取级包括混合槽和澄清器两个主要部分。混合槽中安装搅拌装置，也可采用静态混合器、脉冲或喷射器来实现两相的充分混合。

澄清器的作用是将已接近平衡状态的两液相进行有效分离。对易于澄清的混合液，可以依靠两相间的密度差进行重力沉降（或升浮）。对于难分离的混合液，可采用离心式澄清器加速两相分离过程。

操作时，被处理的混合液和萃取剂首先在混合槽内充分混合，再进入澄清器中进行澄清分层。

多级混合-澄清槽由多个单级萃取单元组合而成。

混合-澄清槽的优点：传质效率高（级效率一般 80%以上）；操作方便；运转稳定可靠；结构简单；可处理含有悬浮固体的物料。图 8-14 为混合槽与澄清器组装在一起；图 8-15 为澄清萃取设备。

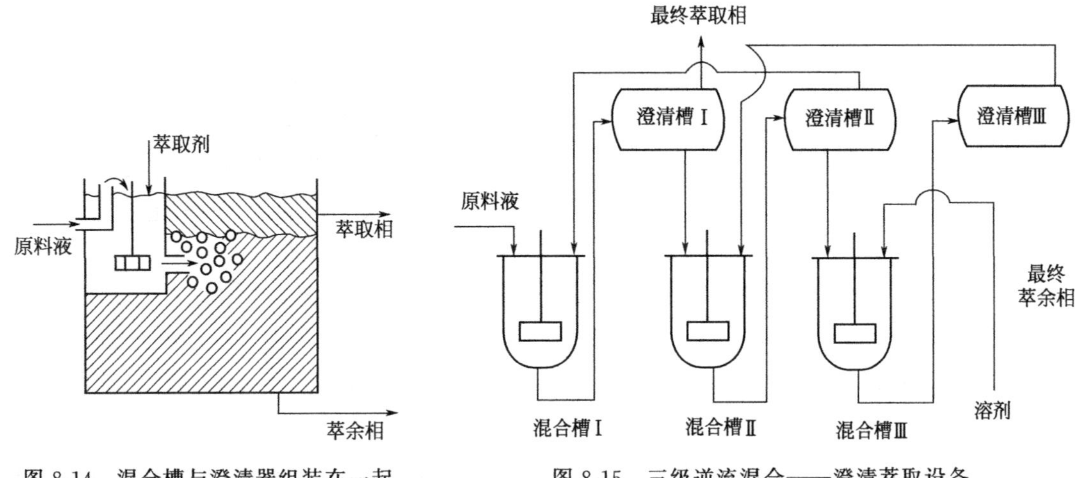

图 8-14　混合槽与澄清器组装在一起　　图 8-15　三级逆流混合——澄清萃取设备

混合-澄清槽的缺点：水平排列的设备占地面积大；每级内都有搅拌装置；液体在级间流动需泵输送，故能耗多；设备费及操作费较高。为克服水平排列多级的缺点，可采用箱式和立式混合-澄清萃取设备。

二、塔式萃取设备

习惯上，将高径比很大的萃取装置统称为塔式萃取设备。为了获得满意的萃取效果，塔设备应具有分散装置，以提供两相间较好的混合条件。同时，塔顶、塔底均有足够的分离段，使两相很好的分层。由于使两相混合和分离所采用的措施不同，因此出现了不同结构形式的萃取塔。

1. 填料萃取塔和脉动填料萃取塔

用于萃取的填料塔与用于气-液传质过程的填料塔结构基本相同，即在塔体内支承板上充填一定高度的填料层。

萃取操作时，连续相充满整个塔中，分散相以液滴状通过连续相。为防止液滴在填料入口处聚结和过早出现液泛，轻相入口管应在支承器之上 25～50mm 处。选择填料材质时，除考虑料液的腐蚀性外，还应使填料只能被连续相润湿而不被分散相润湿，以利于液滴的生成和稳定。当填料层高度较大时，每隔 3～5m 高度应设置再分布器，以减小轴向返混。填料尺寸应小于塔径的 1/10～1/8，以降低壁效应的影响。

填料塔结构简单，操作方便，特别适合处理腐蚀性料液。当工艺要求小于三个萃取理论级时，可选用填料塔。

为防止分散相液滴过多聚结，可增加塔内流体的湍动，即向填料提供外加脉动能量，造成液体脉动，这种填料塔称为脉动填料塔。但须注意，向填料塔加入脉动会使乱堆填料趋向定向排列，导致沟流，从而使脉动填料塔的应用受到限制。

填料萃取塔与脉动填料塔结构见图 8-16 与图 8-17。

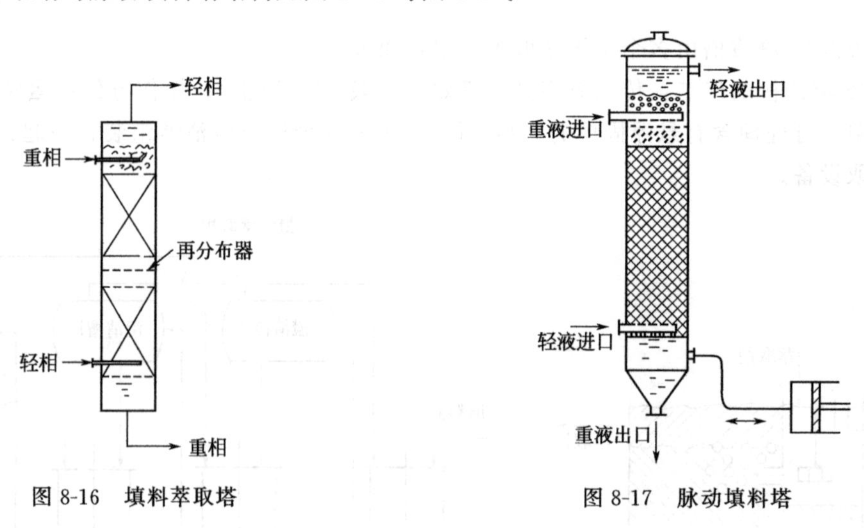

图 8-16 填料萃取塔　　图 8-17 脉动填料塔

2. 筛板萃取塔

塔体内装有若干层筛板，筛孔直径比气-液传质的孔径要小。工业中所用孔径一般为3～9mm，孔距为孔径的 3～4 倍，板间距为 150～600mm。如果选轻相为分散相，则其通过塔板上的筛孔而被分散成细滴，与塔板上的连续相密切接触后便分层凝聚，并聚结于上层筛板的下面，然后借助压强差的推动，再经筛孔而分散。重液相经降液管流至下层塔板，水平横向流到筛板另一端降液管。两相如是依次反复进行接触与分层，便构成逐级接触萃取。如果先重相为分散相，则应使轻相通过盛液管进入上层塔板。

筛板萃取塔内由于塔板的限制，减小了轴向返混，同时有分散相的多次分散和聚结，液滴表面不断更新，使筛板萃取塔的效率比填料塔有所提高，再加上筛板塔结构简单，价格低廉，可处理腐蚀性料液，因而在许多萃取过程中得到广泛应用。

图 8-18 为轻相为分散相的筛板萃取塔结构，图 8-19 为重相为分散相的筛板结构示意图。

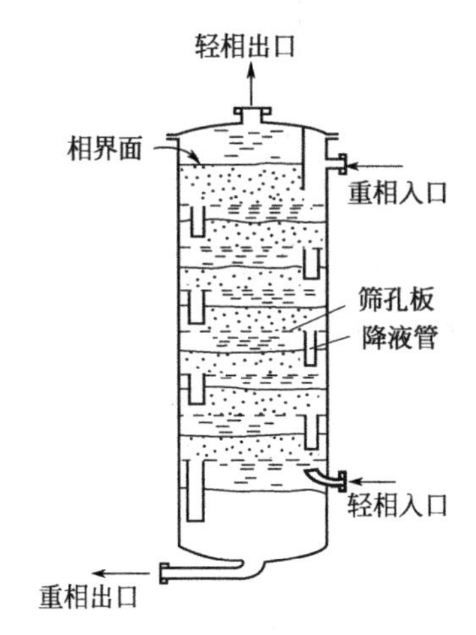

图 8-18 筛板萃取塔（轻相为分散相）

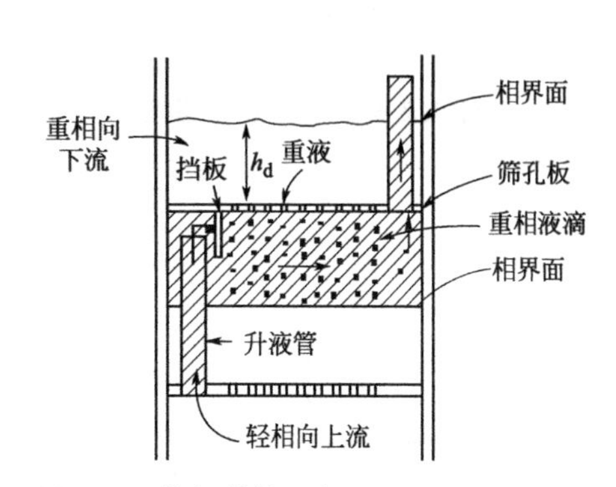

图 8-19 筛板结构示意图（重相为分散相）

3. 脉冲筛板塔

脉冲筛板塔也称液体脉动筛板塔（图 8-20），是指由于外力作用使液体在塔内产生脉冲运动的筛板塔，其结构与气-液系统中无溢流管的筛板塔类似。操作时，轻重液体皆穿过筛板而逆向流动，分散相在筛板之间不凝聚分层。使液体产生脉动运动的方法有许多种。在脉冲筛板塔中，脉冲振幅的范围为 9～50mm，频率为 30～200L/min。

脉冲萃取塔内，液体的脉动增加了相际接触面积和液体的湍流程度，因而传质效率可大幅度提高，使塔能提供较多的理论级数，但其生产力一般有所下降，在化工生产应用上受到一定限制。图 8-21 为脉冲筛板塔中液体产生脉动的方式示意图。

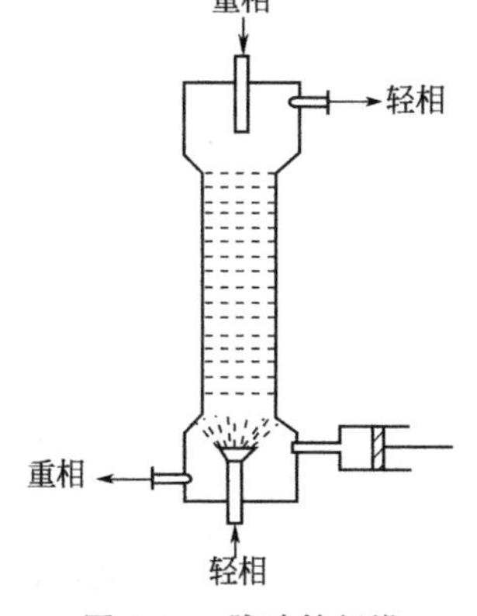

图 8-20 脉冲筛板塔

4. 往复筛板萃取塔

往复筛板萃取塔（图 8-22）将若干层筛板按一定间距固定在中心轴上，由塔顶的传动机构驱动而作往复运动。无溢流筛板的周边和塔内壁之间保持一定的间隙。往复振幅一般 3～50mm，频率可达 100L/min。往复筛板的孔径比脉动筛板的还大，一般为 7～16mm。当筛板向下运动时，筛板下侧的液体经筛孔向上喷射；反之，筛板上侧的液体向下喷射。为防止液体沿筛板与塔壁间的缝隙走短路，应每隔若干块筛板，在塔内壁设置一块环形挡板。

当振幅一定时，在不发生液泛的前提下，效率随频率加大而提高。

往复筛板塔可较大幅度地增加相际接触面积和提高液体的湍流程度，传质效率高，流体阻力小，操作方便，生产能力大。

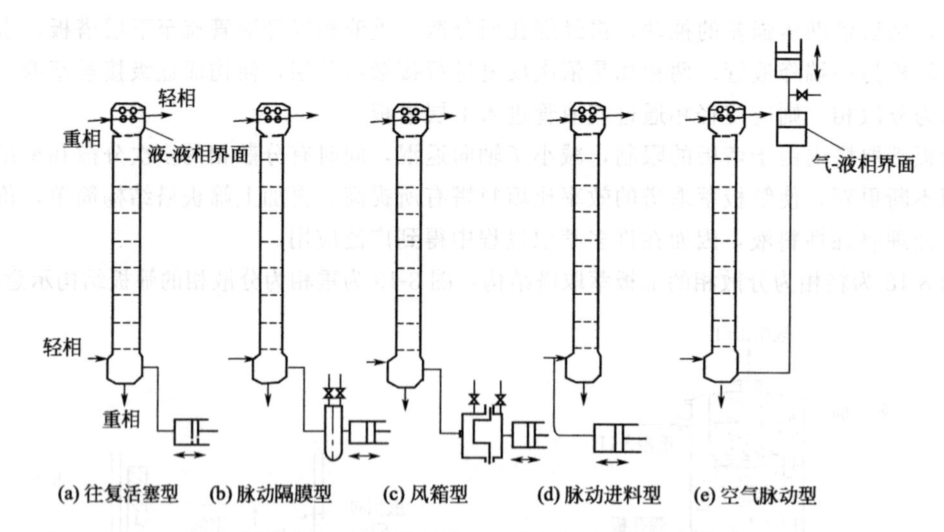

图 8-21 脉冲筛板塔中液体产生脉动的方式

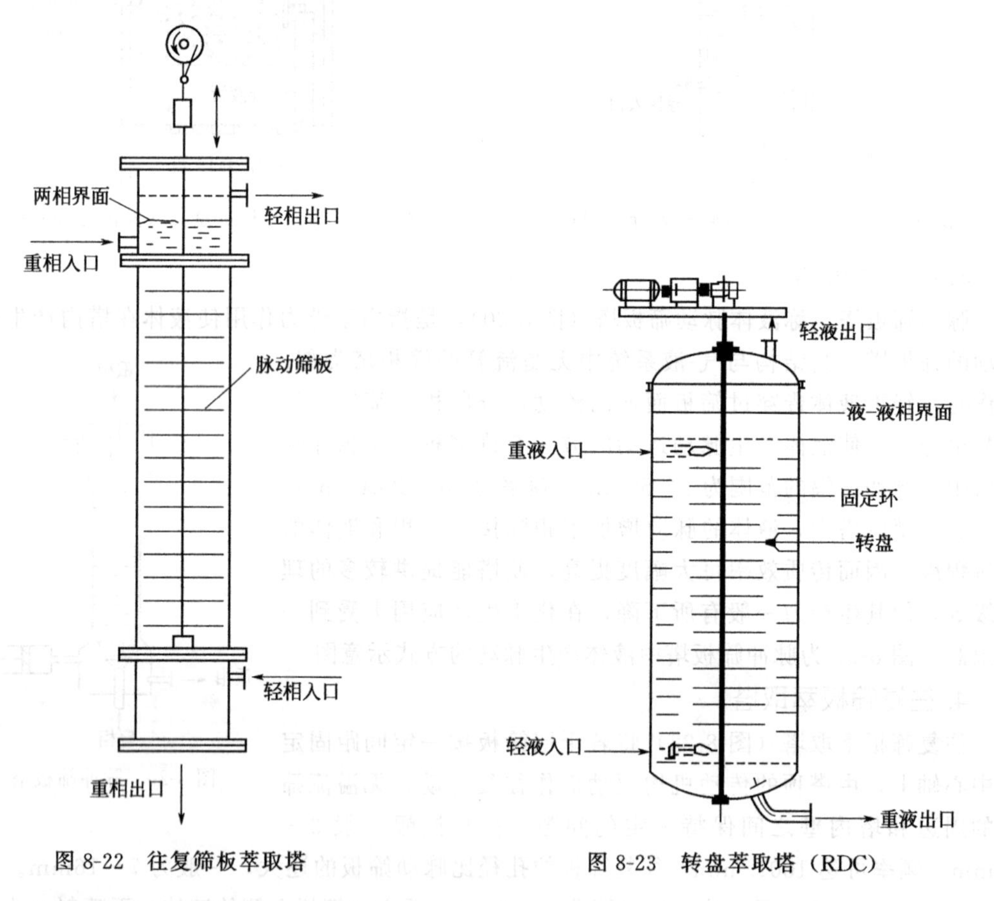

图 8-22 往复筛板萃取塔　　图 8-23 转盘萃取塔（RDC）

5. 转盘萃取塔及偏心转盘萃取塔

转盘萃取塔见图 8-23。

在塔体内壁上按一定距离装置若干个环形挡板，固定环使塔内形成许多分开的空间。在中心轴上按同样间距安装若干个转盘，每个转盘处于分割空间的中间。转盘的直径小于固定环的内径，以便于装卸。固定环和转盘均由薄平板制成。转盘随中心轴做高速旋转时，对液体产生强烈的搅拌作用，增加了相际接触面积和液体的湍动。固定环在一定程度上抑制了轴向返混，因而转盘塔的效率较高。

转盘塔结构简单，生产能力大，传质效率高，操作弹性大，因而在石油化工中应用广泛。

偏心转盘塔内部结构见图 8-24。不对称转盘塔，带有搅拌叶片 1 的转轴安装在塔体的偏心位置，塔内不对称地设置垂直挡板，将其分成混合区 3 和澄清区 4。混合区由横向水平挡板分割成许多小室，每个小室内的转盘起混合搅拌器的作用。澄清区又由环形水平挡板分割成许多小室。

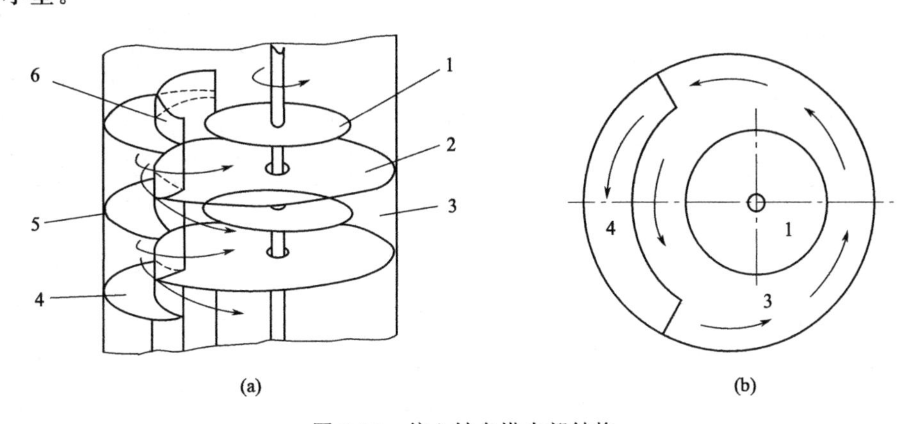

图 8-24　偏心转盘塔内部结构

1—转盘；2—横向水平挡板；3—混合区；4—澄清区；5—环形分割板；6—垂直挡板

偏心转盘萃取塔既保持原有转盘进行分散的作用，同时，分开的澄清区域又可以使分散相液滴反复进行凝聚-再分散，减小了轴向混合，从而提高了萃取效率。此外，这种类型萃取塔的尺寸范围很宽，对物系的性质适应性很强，并适用于含有悬浮固体或易乳化的物料。

三、离心萃取器

离心萃取器是利用离心力使两相快速充分混合并快速分离的萃取装置。按两相接触方式分为微分接触式和逐级接触式。

1. 波德式离心萃取器

又称为离心薄膜萃取器，简称 POD 离心萃取器，是卧式微分接触离心萃取器的一种，见图 8-25。在外壳内有一个由多孔长带卷绕而成的螺旋形转子，转速很高，一般为 2000～5000r/min，操作时轻液被引至螺旋的外圈，重相由螺旋中心引入。由于转子转动时所产生的离心力作用，重液相由螺旋的中部向外流，轻液相由外圈向中部流动，两相在逆向流动过程中，于螺旋形通道内密切接触。重液相从螺旋的最外层经出口通道而流到器外，轻液相则由中部经出口通道流到器外。它适宜于处理两相密度差很小或易产生乳化的物系。

2. 芦威式离心萃取器

简称 LUWE 离心萃取器，是立式逐级接触离心萃取器的一种，见图 8-26，主体是固定在壳体上并随之作高速旋转的环形盘。壳体中央有固定不动的垂直空心轴，轴上也装有圆形盘。盘上开有若干个液体喷出孔。

被处理的原料液和萃取剂均由空心轴的顶部加入。重液相沿空心轴的通道下流至器的底部而进入第三级的外壳内，轻液相由空心轴的通道流入第一级。两相均由萃取器顶部排出。

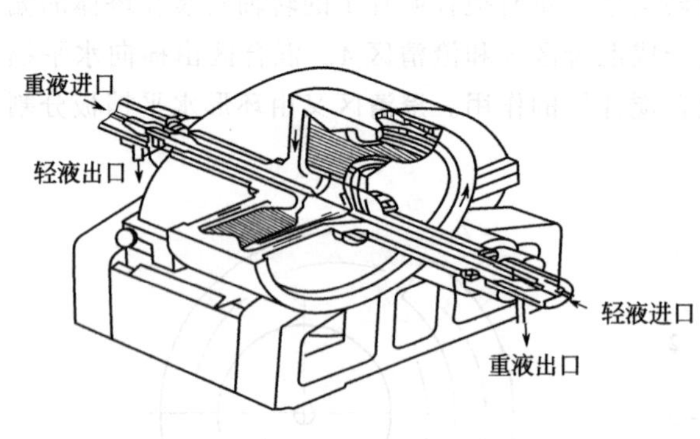

图 8-25　波德式离心萃取器

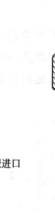

图 8-26　芦威式离心萃取器

这类萃取器主要用于制药工业中。在一定操作条件下，级效率可接近 100％。

离心式萃取器的优点是结构紧凑、生产强度高、物料停留时间段、分离效果好，特别适用于轻重两相密度差很小，难于分离，易产生乳化及要求物料停留时间短、处理量小的场合。但离心萃取器的结构复杂，制造困难，操作费高，使其应用受到一定限制。

四、萃取设备的选择

各种不同类型的萃取设备具有不同的特性，萃取过程中物系性质对操作的影响错综复杂. 对于具体的萃取过程选择适宜设备的原则是：首先满足工艺条件和要求，然后进行经济核算，使设备费和操作费总和趋于最低。萃取设备的选择，应考虑如下的因素：

1. 所需的理论级数

当所需的理论级数不大于 2～3 级时，各种萃取设备均可满足要求；当所需的理论级数较多（如大于 4～5 级）时，可选用筛板塔；当所需的理论级数更多（如 10～20 级）时，可选用有能量输入的设备，如脉冲塔、转盘塔、往复筛板塔、混合澄清槽等。

2. 生产能力

当处理量较小时，可选用填料塔、脉冲塔。对于较大的生产能力，可选用筛板塔、转盘塔及混合-澄清槽。离心萃取器的处理能力也相当大。

3. 物系的物理性质

对界面张力较小、密度差较大的物系，可选用无外加能量的设备。对密度差小、界面张力小、易乳化的难分层物系，应选用离心萃取器。对有较强腐蚀性的物系，宜选用结构简单的填料塔或脉冲填料塔。对于放射性元素的提取，脉冲塔和混合澄清槽用得较多。若物系中有固体悬浮物或在操作过程中产生沉淀物时，需周期停工清洗，一般可采用转盘萃取塔或混合澄清槽。另外，往复筛板塔和液体脉动筛板塔有一定的自清洗能力，在某些场合也可考虑选用。

4. 物系的稳定性和液体在设备内的停留时间

对生产要考虑物料的稳定性，要求在萃取设备内停留时间短的物系，如抗生素的生产，用离心萃取器合适；反之，若萃取物系中伴有缓慢的化学反应，要求有足够的反应时间，选用混合澄清槽为适宜。

5. 其他

在选用设备时，还需考虑其他一些因素，如：能源供应状况，在缺电的地区应尽可能选用依重力流动的设备；当厂房地面受到限制时，宜选用塔式设备，而当厂房高度受到限制时，应选用混合澄清槽。

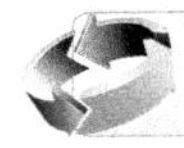

技能训练 萃取塔操作实训

●实训目标

（1）了解萃取塔的结构及流程。

（2）熟悉萃取塔的操作方法。

●实训准备

（1）理解和掌握萃取操作的基本原理，熟悉萃取装置。

（2）掌握萃取装置流程。

●实训步骤

1. 开车前准备

（1）由相关操作人员组成装置检查小组，对本装置所有设备、管道、阀门、仪表、电气、照明、分析、保温等按工艺流程图要求和专业技术要求进行检查。

（2）系统气密性试验

① 各贮槽单独进行试漏，从各贮槽排污管加入清水，直至水从放空管满出，检查各焊缝、连接处是否泄漏，如无泄漏，则为合格。

② 从萃取塔底部加入清水，直至整个萃取塔，分相器及和萃取塔、分相器相连管路充满清水，检查各设备、管件连接处、各焊缝无泄漏为合格。

（3）进行各单体设备试车

① 轻相泵试车。在轻相贮槽内充满清水，检查轻相泵电路系统，开轻相泵进、出口阀，启动轻相泵，往萃取塔内送入清水，检查轻相泵运行是否正常。

② 重相泵试车。在重相贮槽内充满清水，检查重相泵电路系统，开重相泵进、出口阀，启动轻相泵，往萃取塔内送入清水，检查重相泵运行是否正常。

③ 气泵试车。检查泵电机电路，开启气泵出口阀（空气缓冲罐进口阀），关空气缓冲罐气体出口阀、空气缓冲罐放空阀，启动气泵，若气泵运行平稳，输出气体能在 6min 内将空气缓冲罐充压至 0.08MPa，则视气泵合格。

2. 开车

（1）取苯甲酸钠一瓶，煤油 50kg，在敞口容器内配制成苯甲酸钠-煤油饱和溶液，将溶液中未溶解的苯甲酸钠滤去，将苯甲酸钠-煤油饱和溶液加入轻相储槽。

（2）在重相贮槽内加入自来水，控制水位在 1/2～2/3。

（3）开启控制台、仪表盘电源。

（4）开萃取塔放空阀，关萃取塔排污阀、萃取相贮槽排污阀、萃取塔液相出口阀（及其旁路阀)。

(5) 开启重相泵进口阀，启动重相泵，开启重相泵出口阀，以最大流量 (60L/h) 从萃取塔顶往系统加入清水，当水位达到萃取塔塔顶 (玻璃视镜段) 1/3 位置时，开启萃取塔液相出口阀，调节萃取塔出水流量和进水流量相当，控制萃取塔顶液位稳定。

(6) 在萃取塔液位稳定基础上，将重相泵出口流量降至 24L/h，塔底液水相出口流量也控制在 24L/h。

(7) 启动高压气泵，开启气泵出口阀 (空气缓冲罐进口阀)，关空气缓冲罐气体出口阀、空气缓冲罐放空阀，当空气缓冲罐充压至 0.06～0.08MPa 时，开启空气流量计进口阀，控制空气流量在 $0.025m^3/h$，观察萃取塔内气液运行情况，调节萃取塔出口流量，维持萃取塔塔顶液位在玻璃视镜段 1/3 处位置。

(8) 开启轻相泵进口阀、轻相泵出口阀 (V519)，关轻相泵出口阀 (V518)，启动轻相泵，将泵出口流量调节至 12L/h，往系统加入煤油，观察塔内油-水接触状况，控制进、出塔水相流量相等，控制油-水界面稳定在玻璃视镜段 1/3 处位置。

(9) 油层逐渐上升，由塔顶出液管溢出至分相器，在分相器内油-水再次分层，油层经分相器油相出口管道流出至萃余相储槽，水相经分水阀后进入萃取相贮槽，分相器内油-水界面控制以水相高度不得超过分相器底封头 5cm。

(10) 当萃取系统稳定运行 20min 后，在分相器出口油相取样口采样分析。

(11) 改变鼓泡空气量和进出物料流量时的操作：关闭萃取塔底部液相出口阀，停轻相泵，关轻相泵出口阀门 (V518，V519)，将重相泵流量调节至最大流量，往萃取塔系统加入清水，将萃取塔内油相逐渐压入分相器内，经分相器流出至萃余相贮槽。当系统油相基本撤除后，注意分相器内油-水层界面，及时停重相泵或开阀 (V512)，防止水相进入萃余相贮槽。

(12) 当分相器内油相排净后，停重相泵，开分相器排水阀 (V512)，将分相器内的水相排入萃取相贮槽，将萃取塔内水位调整至塔顶液位在玻璃视镜段 1/3 处位置，调节好需要的鼓泡空气量，油相、水相流量，继续进行实验。

3. 停车

(1) 停轻相泵，关轻相泵进、出口阀门。

(2) 关分相器排水阀 (V512)，将重相泵流量调整至最大，将萃取塔内、分相器内油相排入萃余相贮槽。

(3) 当萃取塔内、分相器内油相均排入萃余相贮槽后，停重相泵，关重相泵出口阀，将分相器内水相，萃取塔内水相排空。

(4) 进行现场清理，保持各设备、管路洁净。

(5) 做好操作记录。

(6) 停控制台、仪表盘电源。

●思考与分析

(1) 萃取操作温度选高些好还是低些好？说明温度对萃取操作的影响。

(2) 萃取的目的是什么？原理是什么？

(3) 什么情况下选择萃取分离而不选择精馏分离？

本章小结

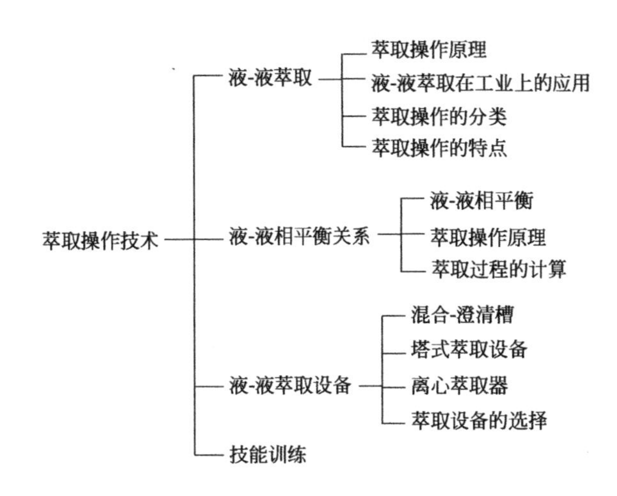

复习与思考

1. 何谓萃取操作？液-液萃取操作的分离依据是什么？
2. 萃取剂、溶质、稀释剂的名词解释。
3. 萃取与蒸馏均可用于混合液体的分离，在什么情况下采用萃取操作更为合适？
4. 三角形相图的三个顶点、三条边以及图中间任意一点分别表示几种物质的组成？
5. 何谓和点与差点？
6. 何谓分配系数？分配系数与哪些因素有关？分配系数的大小对萃取效果有何影响？
7. 何谓萃取剂的选择性，写出选择性的计算公式。当选择性系数 $\beta=1$ 说明什么？
8. 选择萃取剂时需考虑那些因素？其中首要考虑的因素是什么？

计算题

1. 20℃乙酸-水-异丙醚的溶解度数据如下表。在直角坐标上做出相平衡曲线，即 X-Y 曲线。其中，X 是萃余相的比质量分数，Y 是萃取相的比质量分数。

萃余相(水层)			萃取相(异丙醚层)		
乙酸%(A)	水%(B)	异丙醇%(S)	乙酸%(A)	水%(B)	异丙醇%(S)
0.7	98.1	1.2	0.2	0.5	99.3
1.4	97.1	1.5	0.4	0.7	98.9
2.7	95.7	1.6	0.8	0.8	98.4
6.4	91.7	1.9	1.9	1.0	97.1
13.3	84.4	2.3	4.8	1.9	93.3
25.5	71.1	3.4	11.4	3.9	84.7
37.0	58.6	4.4	21.6	6.9	71.5

2. 以异丙醚为萃取剂，用逆流萃取塔萃取乙酸水溶液中的乙酸。原料液的处理量为2000kg/h，原料液中乙酸含量为0.3（质量分数）。纯萃取剂用量为5000kg/h。要求最后萃余相中乙酸含量不大于0.02（质量分数）。

（1）试利用直角坐标图解法求所需的理论级数。

（2）若平衡线用$Y=aX$表达，用解析法求解理论级数。

附 录

附录一 法定计量单位及单位换算

1. 法定计量单位

量的名称	单位名称	单位符号	量的名称	单位名称	单位符号
长度	米	m	热力学温度	开尔文	K
质量	千克(公斤)	kg	物质的量	摩尔	mol
时间	秒	s	光强度	坎德拉	cd
电流	安培	A			

2. 常用物理量及单位

量的名称	量的符号	单位符号	量的名称	量的符号	单位符号
质量	m	kg	黏度	μ	Pa·s
力(重量)	F	N	功、能、热	W、E、Q	J
压强(压力)	p	Pa	功率	P	W
密度	ρ	kg/m^3			

3. 基本常数与单位

名称	符号	数值
重力加速度(标)	g	$9.80665 m/s^2$
波尔兹曼常数	k	$1.38044\times10^{-25} J/K$
气体常数	R	8.314J/(mol·K)
气体标准摩尔比容	V_0	$22.4136 m^3/kmol$
阿佛加德罗常数	N_A	$6.02296\times10^{23} mol^{-1}$
斯蒂芬-波尔兹曼常数	σ	$5.669\times10^{-8} W/(m^2\cdot K^4)$
光速(真空中)	c	$2.997930\times10^8 m/s$

4. 单位换算

(1) 质量

千克 (kg)	吨 (t)	磅 (lb)
1000	1	2204.62
0.4536	4.536×10^{-4}	1

(2) 长度

米 (m)	英寸 (in)	英尺 (ft)	码 (yd)
0.30480	12	1	0.33333
0.9144	36	3	1

(3) 面积

米^2 (m^2)	厘米^2 (cm^2)	英寸^2 (in^2)	英尺^2 (ft^2)
6.4516×0^{-4}	6.4516	1	0.006944
0.9290	929.030	144	1

注：1平方公里=100公顷=10，000公亩=10^6平方米

(4) 容积

米^3 (m^3)	升 (L)	英尺^3 (ft^3)	英加仑 (UKgal)	美加仑 (USgal)
0.02832	28.3161	1	6.2288	7.48048
0.004546	4.5459	0.16054	1	1.20095
0.003785	3.7853	0.13368	0.8327	1

(5) 流量

米^3/秒 (m^3/s)	升/秒 (l/s)	米^3/时 (m^3/h)	美加仑/分 (USgal/min)	英尺^3/小时 (ft^3/h)	英尺^3/秒 (ft^3/s)
6.309×10^{-5}	0.06309	0.2271	1	8.021	0.002228
7.866×10^{-6}	7.866×10^{-3}	0.02832	0.12468	1	2.788×10^{-4}
0.02832	28.32	101.94	448.8	3600	1

(6) 力（重量）

牛顿(N)	公斤(kgf)	磅(lb)	达因(dyn)	磅达(pdl)
4.448	0.4536	1	444.8	32.17
10^{-3}	1.02×10^{-6}	2.248×10^{-6}	13825	0.7233×10^{-4}
0.1383	0.01410	0.03310		1

(7) 密度

千克/米^3 (kg/m^3)	克/厘米^3 (g/cm^3)	磅/英尺^3 (lb/ft^3)	磅/加仑 (lb/USgal)
16.02	0.01602	1	0.1337
119.8	0.1198	7.481	1

(8) 压强

帕 (Pa)	巴 (bar)	公斤(力)/厘米^2 (kgf/cm^2)	磅/英寸^2 (lb/in^2)	标准大气压 (atm)	水银柱		水柱	
					毫米 (mm)	英寸 (in)	米 (m)	英寸 (in)
10^5	1	1.0197	14.50	0.9869	750.0	29.53	10.197	401.8
9.807×10^4	0.9807	1	14.22	0.9678	735.5	28.96	10.01	394.0
6895	0.06895	0.07031	1	0.06804	51.71	2.036	0.7037	27.70
1.0133×10^5	1.0133	1.0332	14.7	1	760	29.92	10.34	407.2
1.333×10^5	1.333	1.360	19.34	1.316	1000	39.37	13.61	535.67
3.386×10^5	0.03386	0.03453	0.4912	0.03342	25.40	1	0.3456	13.61
9798	0.09798	0.09991	1.421	0.09670	73.49	2.893	1	39.37
248.9	0.002489	0.002538	0.03609	0.002456	1.867	0.07349	0.0254	1

注：有时“巴”亦指1［达因/厘米^2］，即相当于表中之1/10^6（亦称“巴利”）；1［公斤（力）/厘米^2］=98100［牛顿/米^2］。毫米水银柱亦称“托”（Torr）。

(9) 动力黏度（通称黏度）

帕·秒 (Pa·s)	泊 (P)	厘泊 (cP)	千克/(米·秒) [kg/(m·s)]	千克/(米·时) [kg/(m·h)]	磅/(英尺·秒) [lb/(ft·s)]	公斤(力)·秒/米^2 (kgf·s/m^2)
0.1	1	100	0.1	360	0.06720	0.0102
10^{-3}	0.01	1	0.001	3.6	6.720×10^{-4}	0.102×10^{-3}
1	10	1000	1	3600	0.6720	0.102
2.778×10^{-4}	2.778×10^{-3}	0.2778	2.778×10^{-4}	1	1.8667×10^{-4}	0.283×10^{-4}
1.4881	14.881	1488.1	1.4881	5357	1	0.1519
9.81	98.1	9810	9.81	0.353×10^5	6.59	1

(10) 运动黏度

米^2/秒 (m^2/s)	[沲](斯托克) 厘米^2/秒(cm^2/s)	米^2/时 (m^2/h)	英尺^2/秒 (ft^2/s)	英尺^2/时 (ft^2/h)
10^{-4}	1	0.360	1.076×10^{-3}	3.875
2.778×10^{-4}	2.778	1	2.990×10^{-3}	10.76
9.29×10^{-2}	929.0	334.5	1	3600
0.2581×10^{-4}	0.2581	0.0929	2.778×10^{-4}	1

注：1厘沲=0.01沲

(11) 能量（功）

焦 (J)	公斤(力)·米 (kgf·m)	千瓦·时 (kW·h)	马力·时	千卡 (kcal)	英热单位 (Btu)	英尺·磅 (ft·lb)
9.8067	1	2.724×10^{-6}	3.653×10^{-6}	2.342×10^{-3}	9.296×10^{-3}	7.233
3.6×10^6	3.671×10^5	1	1.3410	860.0	3413	2.655×10^6
2.685×10^6	273.8×10^3	0.7457	1	641.33	2544	1.981×10^6
4.1868×10^3	426.9	1.1622×10^{-3}	1.5576×10^{-3}	1	3.968	3087
1.055×10^3	107.58	2.930×10^{-4}	3.926×10^{-4}	0.2520	1	778.1
1.3558	0.1383	0.3766×10^{-6}	0.5051×10^{-6}	3.239×10^{-4}	1.285×10^{-3}	1

注：1尔格=1［达因·厘米］=10^{-7}［焦］

(12) 功率

瓦 (W)	千瓦 (kW)	公斤(力)·米/秒 (kgf·m/s)	英尺·磅/秒 (ft·lb/s)	马力	千卡/秒 (kcal/s)	英热单位/秒 (Btu/s)
10^3	1	101.97	735.56	1.3410	0.2389	0.9486
9.8067	0.0098067	1	7.23314	0.01315	0.002342	0.009293
1.3558	0.0013558	0.13825	1	0.0018182	0.0003289	0.0012851
745.69	0.74569	76.0375	550	1	0.17803	0.70675
4186	4.1860	426.85	3087.44	5.6135	1	3.9683
1055	1.0550	107.58	778.168	1.4148	0.251996	1

(13) 比热容

焦/(克·℃) [J/(g·℃)]	千卡/(公斤·℃) [kcal/(kg·℃)]	英热单位/(磅·F) [Btu/(lb·F)]
1	0.2389	0.2389
4.186	1	1

(14) 热导率

瓦/(米·开) [W/(m·K)]	焦/(厘米·秒·℃) [J/(cm·s·℃)]	卡/(厘米·秒·℃) [cal/cm·s·℃]	千卡/(米·时·℃) [kcal/(m·h·℃)]	英热单位/(英尺·时·F) [Btu/(ft·h·F)]
10^2	1	0.2389	86.00	57.79
418.6	4.186	1	360	241.9
1.163	0.1163	0.002778	1	0.6720
1.73	0.01730	0.004134	1.488	1

(15) 传热系数

瓦/米²·开 [W/(m²·K)]	千卡/(米²·时·℃) [kcal/(m²·h·℃)]	卡/(厘米²·秒·℃) [cal/(cm²·s·℃)]	英热单位/英尺²·时·F [Btu/(ft²·h·F)]
1.163	1	2.778×10^{-5}	0.2048
4.186×10^4	3.6×10^4	1	7374
5.678	4.882	1.3562×10^{-4}	1

(16) 分子扩散系数

米²/秒 (m²/s)	厘米²/秒 (cm²/s)	米²/秒 (m²/s)	英尺²/小时 (ft²/h)	英寸²/秒 (in²/s)
10^{-4}	1	0.360	3.875	0.1550
2.778×10^{-4}	2.778	1	10.764	0.4306
0.2581×10^{-4}	0.2581	0.09290	1	0.040
6.452×10^{-4}	6.452	2.323	25.000	1

(17) 表面张力

牛/米 (N/m)	达因/厘米 (dyn/cm)	克/厘米 (g/cm)	公斤(力)/米 (kgf/m)	磅/英尺 (lb/ft)
10^{-3}	1	0.001020	1.020×10^{-4}	6.854×10^{-5}
0.9807	980.7	1	0.1	0.06720
9.807	9807	10	1	0.6720
14.592	14592	14.88	1.488	1

附录二 常用数据表

1. 水的物理性质

温度 t /℃	压力 $p\times10^5$ /Pa	密度 ρ /(kg/m³)	焓 I /(J/kg)	比热 $c_p\times10^{-3}$ /[J/(kg·K)]	导热系数 $\lambda\times10^2$ /[W/(m·K)]	导温系数 $a\times10^7$ /(m²/s)	黏度 $\mu\times10^5$ /Pa·s	运动黏度 $\nu\times10^6$ /(m²/s)	体积膨胀系数 $\beta\times10^4$ /(1/K)	表面张力 $\sigma\times10^3$ /(N/m²)	普兰特数 Pr
0	1.01	999.9	0	4.212	55.08	1.31	178.78	1.789	−0.63	75.61	13.67
10	1.01	999.7	42.04	4.191	57.41	1.37	130.53	1.306	+0.70	74.14	9.52
20	1.01	998.2	83.90	4.183	59.85	1.43	100.42	1.006	1.82	72.67	7.02
30	1.01	995.7	125.69	4.174	61.71	1.49	80.12	0.805	3.21	71.20	5.42

续表

温度 t /℃	压力 $p\times10^5$ /Pa	密度 ρ /(kg/m³)	焓 I /(J/kg)	比热 $c_p\times10^{-3}$ /[J/(kg·K)]	导热系数 $\lambda\times10^2$ /[W/(m·K)]	导温系数 $a\times10^7$ /(m²/s)	黏度 $\mu\times10^5$ /Pa·s	运动黏度 $\nu\times10^6$ /(m²/s)	体积膨胀系数 $\beta\times10^4$ /(1/K)	表面张力 $\sigma\times10^3$ /(N/m²)	普兰特数 Pr
40	1.01	992.2	165.71	4.174	63.33	1.53	65.32	0.659	3.87	69.63	4.31
50	1.01	988.1	209.30	4.174	64.73	1.57	54.92	0.556	4.49	67.67	3.54
60	1.01	983.2	211.12	4.178	65.89	1.61	46.98	0.478	5.11	66.20	2.98
70	1.01	977.8	292.99	7.167	66.70	1.63	40.06	0.415	5.70	64.33	2.55
80	1.01	971.8	334.94	4.195	67.40	1.66	35.50	0.365	6.32	62.57	2.21
90	1.01	965.3	376.98	4.208	67.98	1.68	31.48	0.326	6.95	60.71	1.95
100	1.01	958.4	419.19	4.220	68.21	1.69	28.24	0.295	7.52	58.84	1.75
110	1.43	951.0	461.34	4.233	68.44	1.70	25.89	0.272	8.08	56.88	1.60
120	1.99	943.1	503.67	4.250	68.56	1.71	23.73	0.252	8.64	54.82	1.47
130	2.70	934.8	546.38	4.266	68.56	1.72	21.77	0.233	9.17	52.86	1.36
140	3.62	926.1	589.08	4.287	68.44	1.73	20.10	0.217	9.72	50.70	1.26
150	4.76	917.0	632.20	4.312	68.33	1.73	18.63	0.203	10.3	48.64	1.17
160	6.18	907.4	675.33	4.346	68.21	1.73	17.36	0.191	10.7	46.58	1.10
170	7.92	897.3	719.29	4.379	67.86	1.73	16.28	0.181	11.3	44.33	1.05
180	10.03	886.9	763.25	4.417	67.40	1.72	15.30	0.173	11.9	42.27	1.00

2. 水在不同温度下的黏度

温度 /℃	黏度 /(mPa·s)	温度 /℃	黏度 /(mPa·s)	温度 /℃	黏度 /(mPa·s)
0	1.7921	28	0.8360	57	0.4907
1	1.7313	29	0.8180	58	0.4832
2	1.6728	30	0.8007	59	0.4759
3	1.6191	31	0.7840	60	0.4688
4	1.5674	32	0.7679	61	0.4618
5	1.5188	33	0.7523	62	0.4550
6	1.4728	34	0.7371	63	0.4463
7	1.4284	35	0.7225	64	0.4418
8	1.3860	36	0.7085	65	0.4355
9	1.3462	37	0.6947	66	0.4293
10	1.3077	38	0.6814	67	0.4223
11	1.2713	39	0.6685	68	0.4174
12	1.2363	40	0.6560	69	0.4117
13	1.2028	41	0.6439	70	0.4061
14	1.1709	42	0.6321	71	0.4006
15	1.1403	43	0.6207	72	0.3952
16	1.1110	44	0.6097	73	0.3900
17	1.0828	45	0.5988	74	0.3849
18	1.0559	46	0.5883	75	0.3799
19	1.0299	47	0.5782	76	0.3750
20	1.0050	48	0.5693	77	0.3702
20.2	1.0000	49	0.5588	78	0.3655
21	0.9810	50	0.5494	79	0.3610
22	0.9579	51	0.5404	80	0.3565
23	0.9359	52	0.5315	81	0.3521
24	0.9142	53	0.5229	82	0.3478
25	0.8973	54	0.5146	83	0.3436
26	0.8737	55	0.5064	84	0.3395
27	0.8545	56	0.4985	85	0.3355

续表

温度/℃	黏度/(mPa·s)	温度/℃	黏度/(mPa·s)	温度/℃	黏度/(mPa·s)
86	0.3315	91	0.3130	96	0.2962
87	0.3276	92	0.3095	97	0.2930
88	0.3239	93	0.3060	98	0.2899
89	0.3202	94	0.3027	99	0.2868
90	0.3165	95	0.2994	100	0.2838

3. 干空气的物理性质（p= 0.101MPa）

温度 t /℃	密度 ρ /(kg/m³)	比热容 $c_p\times10^{-3}$ /[J/(kg·K)]	导热系数 $\lambda\times10^3$ /[W/(m·K)]	导温系数 $a\times10^5$ /(m²/s)	黏度 $\mu\times10^5$ /Pa·s	运动黏度 $\nu\times10^5$ /(m²/s)	普兰特数 Pr
−50	1.584	1.013	2.304	1.27	1.46	9.23	0.728
−40	1.515	1.013	2.115	1.38	1.52	10.04	0.728
−30	1.453	1.013	2.196	1.49	1.57	10.80	0.723
−20	1.395	1.009	2.278	1.62	1.62	11.60	0.716
−10	1.342	1.009	2.359	1.74	1.67	12.43	0.712
0	1.293	1.005	2.440	1.88	1.72	13.28	0.707
10	1.247	1.005	2.510	2.01	1.77	14.16	0.705
20	1.205	1.005	2.591	2.14	1.81	15.06	0.703
30	1.165	1.005	2.673	2.29	1.85	16.00	0.701
40	1.128	1.005	2.754	2.43	1.91	16.96	0.699
50	1.093	1.005	2.824	2.57	1.96	17.95	0.698
60	1.060	1.005	2.893	2.72	2.01	18.97	0.696
70	1.029	1.009	2.963	2.86	2.06	20.02	0.694
80	1.000	1.009	3.044	3.02	2.11	21.09	0.692
90	0.972	1.009	3.126	3.19	2.15	22.10	0.690
100	0.946	1.009	3.207	3.36	2.19	23.13	0.688
120	0.898	1.009	3.335	3.68	2.29	25.45	0.686
140	0.854	1.013	3.186	4.03	2.37	27.80	0.684
160	0.815	1.017	3.637	4.39	2.45	30.09	0.682
180	0.779	1.022	3.777	4.75	2.53	32.49	0.681
200	0.746	1.026	3.928	5.14	2.60	34.85	0.680
250	0.674	1.038	4.625	6.10	2.74	40.61	0.677
300	0.615	1.047	4.602	7.16	2.97	48.33	0.674
350	0.556	1.059	4.904	8.19	3.14	55.46	0.676
400	0.524	1.068	5.206	9.31	3.31	63.09	0.678
500	0.456	1.093	5.740	11.53	3.62	79.38	0.687
600	0.404	1.114	6.217	13.83	3.91	96.89	0.699
700	0.362	1.135	6.700	16.34	4.18	115.4	0.706
800	0.329	1.156	7.170	18.88	4.43	134.8	0.713
900	0.301	1.172	7.623	21.62	4.67	155.1	0.717
1000	0.277	1.185	8.064	24.59	4.90	177.1	0.719
1100	0.257	1.197	8.494	27.63	5.12	199.3	0.722
1200	0.239	1.210	9.145	31.65	5.35	233.7	0.724

4. 饱和水蒸气表（以温度为准）

温度 t /℃	压强 p /(kgf/cm²)	蒸气的比容 c_p /(m³/kg)	蒸气的密度 ρ /(kg/m³)	焓 I/(kJ/kg)		汽化热 r /(kJ/kg)
				液体	蒸气	
0	0.0062	206.5	0.00484	0	2491.3	2491.3
5	0.0089	147.1	0.00680	20.94	2500.9	2480.0
10	0.0125	106.4	0.00940	41.87	2510.5	2468.6
15	0.0174	77.9	0.01283	62.81	2520.6	2457.8
20	0.0238	57.8	0.01719	83.74	2530.1	2446.3
25	0.0323	43.40	0.02304	104.68	2538.6	2433.9
30	0.0433	32.93	0.03036	125.60	2549.5	2423.7
35	0.0573	25.25	0.03960	146.55	2559.1	2412.6
40	0.0752	19.55	0.05114	167.47	2568.7	2401.1
45	0.0997	15.28	0.06543	188.42	2577.9	2389.5
50	0.1258	12.054	0.0830	209.34	2587.6	2378.1
55	0.1605	9.589	0.1043	230.29	2596.8	2366.5
60	0.2031	7.687	0.1301	251.21	2606.3	2355.1
65	0.2550	6.209	0.1611	272.16	2615.6	2343.4
70	0.3177	5.052	0.1979	293.08	2624.4	2331.2
75	0.393	4.139	0.2416	314.03	2629.7	2315.7
80	0.483	3.414	0.2929	334.94	2642.4	2307.3
85	0.590	2.832	0.3531	355.90	2651.2	2295.3
90	0.715	2.365	0.4229	376.81	2660.0	2283.1
95	0.862	1.985	0.5039	397.77	2668.8	2271.0
100	1.033	1.675	0.5970	418.68	2677.2	2258.4
105	1.232	1.421	0.7036	439.64	2685.1	2245.5
110	1.461	1.212	0.8254	460.97	2693.5	2232.4
115	1.724	1.038	0.9635	481.51	2702.5	2221.0
120	2.025	0.893	1.1199	503.67	2708.9	2205.2
125	2.367	0.7715	1.296	523.38	2716.5	2193.1
130	2.755	0.6693	1.494	546.38	2723.9	2177.6
135	3.192	0.5831	1.715	565.25	2731.2	2166.0
140	3.685	0.5096	1.962	589.08	2737.8	2148.7
145	4.238	0.4469	2.238	607.12	2744.6	2137.5
150	4.855	0.3933	2.543	632.21	2750.7	2118.5
160	6.303	0.3075	3.252	675.75	2762.9	2087.1
170	8.080	0.2431	4.113	719.29	2773.3	2054.0
180	10.23	0.1944	5.145	763.25	2782.6	2019.3

5. 饱和水蒸气表（以压强为准）

压强 p /Pa	温度 t /℃	蒸气的比容 c_p /(m³/kg)	蒸气的密度 ρ /(kg/m³)	焓 I/(kJ/kg)		汽化热 r /(kJ/kg)
				液体	蒸气	
1000	6.3	129.37	0.00773	26.48	2503.1	2476.8
1500	12.5	88.26	0.01133	52.26	2515.3	2463.0
2000	17.0	67.29	0.01486	71.21	2524.2	2452.9
2500	20.9	54.47	0.01836	87.45	2531.8	2444.3
3000	23.5	45.52	0.02179	98.38	2536.8	2438.4
3500	26.1	39.45	0.02523	109.30	2541.8	2432.5
4000	28.7	34.88	0.02867	120.23	2546.8	2426.6
4500	30.8	33.06	0.03205	129.00	2550.9	2421.9
5000	32.4	28.27	0.03537	135.69	2554.0	2418.3
6000	35.6	23.81	0.04200	149.06	2560.1	2411.0

续表

压强 p /Pa	温度 t /℃	蒸气的比容 c_p /(m³/kg)	蒸气的密度 ρ /(kg/m³)	焓 I/(kJ/kg)		汽化热 r /(kJ/kg)
				液体	蒸气	
7000	38.8	20.56	0.04864	162.44	2566.3	2403.8
8000	41.3	18.13	0.05514	172.73	2571.0	2398.2
9000	43.3	16.24	0.06156	181.16	2574.8	2393.6
1×10^4	45.3	14.71	0.06798	189.59	2578.5	2388.9
1.5×10^4	53.3	10.04	0.09956	224.03	2594.0	2370.0
2×10^4	60.1	7.65	0.13068	251.51	2606.4	2354.9
3×10^4	66.5	5.24	0.19093	288.77	2622.4	2333.7
4×10^4	75.0	4.00	0.24975	315.93	2634.4	2312.2
5×10^4	81.2	3.25	0.30799	339.80	2644.3	2304.5
6×10^4	85.6	2.74	0.36514	358.21	2652.1	2293.9
7×10^4	89.9	2.37	0.42229	376.61	2659.8	2283.2
8×10^4	93.2	2.09	0.47807	390.08	2665.3	2275.3
9×10^4	96.4	1.87	0.53384	403.49	2670.8	2267.4
1×10^5	99.6	1.70	0.58961	416.90	2676.3	2259.5
1.2×10^5	104.5	1.43	0.69868	437.51	2684.3	2246.8
1.4×10^5	109.2	1.24	0.80758	560.38	2692.1	2234.4
1.6×10^5	113.0	1.21	0.82981	583.76	2698.1	2224.2
1.8×10^5	116.6	0.988	1.0209	603.61	2703.7	2214.3
2×10^5	120.2	0.887	1.1273	622.42	2709.2	2204.6
2.5×10^5	127.2	0.719	1.3904	639.59	2719.7	2185.4
3×10^5	133.3	0.606	1.6501	560.38	2728.5	2168.1
$3.5\times X10^5$	138.8	0.524	1.9074	583.76	2736.1	2152.3
4×10^5	143.4	0.463	2.1618	603.61	2742.1	2138.5
4.5×10^5	147.7	0.414	2.4152	622.42	2747.8	2125.4
5×10^5	151.7	0.375	2.6673	639.59	2752.8	2113.2
6×10^5	158.7	0.316	3.1686	670.22	2761.4	2091.1
7×10^5	164.7	0.273	3.6657	696.27	2767.8	2071.5
8×10^{59}	170.4	0.240	4.1614	720.96	2737.7	2052.7
9×10^5	175.1	0.215	4.6525	741.82	2778.1	2036.2
10×10^5	179.9	0.194	5.1432	762.68	2782.5	2019.7

附录三　常见气体、液体和固体的重要物理性质

1. 常见气体的重要物理性质（p=0.101MPa）

名称	分子式	密度(标态) /(kg/m³)	定压比热容(标态) /[kJ/(kg·K)]	黏度(标态) /10^{-5}Pa·s	沸点 /℃	汽化潜热 /(kJ/kg)	导热系数(标态) /[W/(m·K)]
空气	—	1.293	1.009	1.73	—195	197	0.0244
氧气	O_2	1.429	0.653	2.03	—132.98	213	0.0240
氮气	N_2	1.251	0.745	1.70	—195.78	199.2	0.0228
氢气	H_2	0.0899	10.13	0.842	—252.75	454.2	0.163
氦气	He	0.1785	3.18	1.88	—268.95	19.5	0.144
氩气	Ar	1.7820	0.322	2.09	—185.87	163	0.0173

续表

名称	分子式	密度(标态)/(kg/m³)	定压比热容(标态)/[kJ/(kg·K)]	黏度(标态)/10^{-5}Pa·s	沸点/℃	汽化潜热/(kJ/kg)	导热系数(标态)/[W/(m·K)]
氯气	Cl_2	3.217	0.355	1.29	—33.8	305	0.0072
氨气	NH_3	0.711	0.67	0.918	—33.4	1373	0.0215
一氧化碳	CO	1.250	0.754	1.66	—191.48	211	0.0226
二氧化碳	CO_2	1.976	0.653	1.37	—78.2	574	0.0137
二氧化硫	SO_2	2.927	0.502	1.17	—10.8	394	0.0077
二氧化氮	NO_2	—	0.615		21.2	712	0.0400
硫化氢	H_2S	1.539	0.804	1.166	—60.2	548	0.0131
甲烷	CH_4	0.717	1.70	1.03	—161.58	511	0.0300
乙烷	C_2H_6	1.357	1.44	0.850	—88.50	486	0.0180
丙烷	C_3H_8	2.020	1.65	0.795	—42.1	427	0.0148
正丁烷	C_4H_{10}	2.673	1.73	0.810	—0.5	386	0.0135
正戊烷	C_5H_{12}	—	1.57	0.874	—36.08	151	0.0128
乙烯	C_2H_4	1.261	1.222	0.935	—103.9	481	0.0164
丙烯	C_3H_6	1.914	1.436	0.835	—47.7	440	—
乙炔	C_2H_2	1.171	1.352	0.935	—83.66	829	0.0184
一氯甲烷	CH_3Cl	2.308	0.582	0.989	—24.1	406	0.0085
苯	C_6H_6	—	1.139	0.72	80.2	394	0.0088

2. 某些液体的重要物理性质（p=0.101MPa）

名称	分子式	密度/(kg/m³)	沸点/℃	汽化潜热/(kJ/kg)	定压比热容/[kJ/(kg·K)]	黏度/10^{-3}Pa·s	热导率/[W/(m·K)]	体积膨胀系数/10^{-4}/℃	表面张力/(mN/m)
水	H_2O	998.3	100	2258	4.184	1.005	0.599	1.82	72.8
25%的氯化钠溶液	—	1186 (25℃)	107	—	3.39	2.3	0.57 (30℃)	(4.4)	—
25%的氯化钙溶液	—	1228	107	—	2.89	2.5	0.57	(3.4)	—
硫酸	H_2SO_4	1834	340 (分解)	—	1.47	23	0.38	5.7	—
硝酸	HNO_3	1512	86	481.1	—	1.17 (10℃)	—	12.4	—
盐酸	HCl	1149	—	—	2.55	2 (31.5%)	0.42	—	—
乙醇	C_2H_5OH	789.2	78.37	1912	2.47	1.17	0.1844	11.0	22.27
甲醇	CH_3OH	791.3	64.65	1109	2.50	0.5945	0.2108	11.9	22.70
氯仿	$CHCl_3$	1490	61.2	253.7	0.992	0.58	0.138 (30℃)	12.8	28.5 (10℃)
四氯化碳	CCl_4	1594	76.8	195	0.850	1.0	0.12	12.2	26.8
1,2-二氯乙烷	$C_2H_4Cl_2$	1253	83.6	324	1.260	0.83	0.14 (50℃)	—	30.8
苯	C_7H_8	879	80.20	393.9	1.704	0.737	0.148	12.4	28.6
甲苯	C_6H_6	866	110.63	363	1.70	0.675	0.138	10.8	27.9

3. 常用固体材料的物理性质（常态）

名称	密度/(kg/m³)	热导率/[W/(m·K)]	比热容/[kJ/(kg·K)]	名称	密度/(kg/m³)	热导率/[W/(m·K)]	比热容/[kJ/(kg·K)]
(1)金属				(3)建筑、绝热、耐酸材料等			
钢	7850	45.3	0.46	干砂	1500～1700	0.45～0.58	0.8
不锈钢	7900	17.0	0.50	黏土	1600～1800	0.47～0.54	
铸铁	7220	62.8	0.50	锅炉炉渣	700～1100	0.19～0.30	
铜	8800	383.8	0.41	黏土砖	1600～1900	0.47～0.68	0.92
青铜	8000	64.6	0.38	耐火砖	1840	1.05	0.96～1.0
黄铜	8600	85.5	0.38	多孔绝热砖	600～1400	0.16～0.37	
铝	2670	203.5	0.92				
镍	9000	58.2	0.46	混凝土	2000～2400	1.3～1.55	0.84
铅	11400	34.9	0.13	松木	500～600	0.07～0.11	2.72
钛	4540	15.24	0.527(25℃)	软木	100～300	0.041～0.064	0.96
(2)塑料				石棉板	700	0.11	0.816
酚醛	1250～1300	0.13～0.26	1.3～1.7	石棉水泥板	1600～1900	0.35	
脲醛	1400～1500	0.30	1.3～1.7	玻璃	2500	0.74	0.67
聚氯乙烯	1380～1400	0.16	1.8	耐酸陶瓷制品	2200～2300	0.93～2.0	0.75～0.80
聚苯乙烯	1050～1070	0.08	1.3				
低压聚乙烯	940	0.29	2.6	耐酸搪瓷	2300～2700	0.99～1.04	0.84～1.26
				橡胶	1200	0.16	1.38
高压聚乙烯	920	0.26	2.2	冰	900	2.3	2.11
有机玻璃	1180～1190	0.14～0.20					

附录四 一些气体溶于水的亨利系数

气体	温度/℃															
	0	5	10	15	20	25	30	35	40	45	50	60	70	80	90	100
	$E\times10^{-6}$/kPa															
H_2	5.87	6.16	6.44	6.70	6.92	7.16	7.39	7.52	7.61	7.70	7.75	7.75	7.71	7.65	7.61	7.55
N_2	5.35	6.05	6.77	7.48	8.15	8.76	9.36	9.98	10.5	11.0	11.4	12.2	12.7	12.8	12.8	12.8
空气	4.38	4.94	5.56	6.15	6.73	7.30	7.81	8.34	8.82	9.23	9.59	10.2	10.6	10.8	10.9	10.8
CO	3.57	4.01	4.48	4.95	5.43	5.88	6.28	6.68	7.05	7.39	7.71	8.82	8.57	8.57	8.57	8.57
O_2	2.58	2.95	3.31	3.69	4.06	4.44	4.81	5.14	5.42	5.70	5.96	6.37	6.72	6.96	7.08	7.10
CH_4	2.27	2.62	3.01	3.41	3.81	4.18	4.55	4.92	5.27	5.58	5.85	6.34	6.75	6.91	7.01	7.10
NO	1.71	1.96	2.21	2.45	2.67	2.91	3.14	3.35	3.57	3.77	3.95	4.24	4.44	4.54	4.58	4.60
C_2H_6	1.28	1.57	1.92	2.90	2.66	3.06	3.47	3.88	4.29	5.07	5.07	5.72	6.31	6.70	6.96	7.01

续表

气体	温度/℃															
	0	5	10	15	20	25	30	35	40	45	50	60	70	80	90	100
	$E\times10^{-5}$/kPa															
C_2H_4	5.59	6.62	7.78	9.07	10.3	11.6	12.9	—	—	—	—	—	—	—	—	—
N_2O	—	1.19	1.43	1.68	2.01	2.28	2.62	3.06	—	—	—	—	—	—	—	—
CO_2	0.738	0.888	1.05	1.24	1.44	1.66	1.88	2.12	2.36	2.60	2.87	3.46	—	—	—	—
C_2H_2	0.73	0.85	0.97	1.09	1.23	1.35	1.48	—	—	—	—	—	—	—	—	—
Cl_2	0.272	0.334	0.399	0.461	0.537	0.604	0.669	0.74	0.80	0.86	0.90	0.97	0.99	0.97	0.96	—
H_2S	0.272	0.319	0.372	0.418	0.489	0.552	0.617	0.686	0.755	0.825	0.689	1.04	1.21	1.37	1.46	1.50
	$E\times10^{-4}$/kPa															
SO_2	0.167	0.203	0.245	0.294	0.355	0.413	0.485	0.567	0.661	0.763	0.871	1.11	1.39	1.70	2.01	—

附录五 某些二元物系的气液平衡组成

1. 乙醇-水（p=0.101MPa）

乙醇在液相组成/%		乙醇在气相组成/%		沸点/℃	乙醇在液相组成/%		乙醇在气相组成/%		沸点/℃
质量分数	摩尔分数	质量分数	摩尔分数		质量分数	摩尔分数	质量分数	摩尔分数	
0	0.00	0	0.00	100.0	50	28.12	77.0	56.71	81.9
2	0.79	19.7	8.76	97.65	52	29.80	77.5	57.41	81.7
4	1.61	33.3	16.34	95.8	54	31.47	78.0	58.11	81.5
6	2.34	41.0	21.45	94.15	56	33.24	78.5	58.78	81.3
8	3.29	47.6	26.21	92.60	58	35.09	79.0	59.55	81.2
10	4.16	52.2	29.92	91.30	60	36.98	79.5	60.29	81.0
12	5.07	55.8	33.06	90.50	62	38.95	80.0	61.02	80.85
14	5.98	58.8	35.83	89.20	64	41.02	80.5	61.61	80.65
16	6.86	61.1	38.06	88.30	66	43.17	81.0	62.52	80.50
18	7.95	63.2	40.18	87.70	68	45.41	81.6	63.43	80.40
20	8.92	65.0	42.09	87.00	70	47.74	82.1	64.21	80.20
22	9.93	66.6	43.82	86.40	72	50.16	82.8	65.34	80.00
24	11.00	68.0	45.41	85.95	74	52.68	83.4	66.28	79.85
26	12.08	69.3	46.90	85.40	76	55.34	84.1	67.42	79.72
28	13.19	70.3	48.08	85.00	78	58.11	84.9	68.76	79.65
30	14.35	71.3	49.30	84.70	80	61.02	85.8	70.29	79.50
32	15.55	72.1	50.27	84.30	82	64.05	86.7	71.86	79.30
34	16.77	72.9	51.27	83.85	84	67.27	87.7	73.61	79.10
36	18.03	73.5	52.04	83.70	86	70.63	88.9	75.82	78.85
38	19.34	74.0	52.68	83.40	88	74.15	90.1	78.00	78.65
40	20.68	74.6	53.46	83.10	90	77.88	91.3	80.42	78.50
42	22.07	75.1	54.12	82.65	92	81.83	92.7	83.26	78.30
44	23.51	75.6	54.80	82.50	94	85.97	94.2	86.40	78.20
46	25.00	76.1	55.48	82.35	95.57	89.41	95.57	89.41	78.15
48	26.53	76.5	56.03	82.15					

2. 苯-甲苯（p=0. 101MPa）

苯(摩尔分数)/%		温度/℃	苯(摩尔分数)/%		温度/℃
液相中	气相中		液相中	气相中	
0.0	0.0	110.6	59.2	78.9	89.4
8.8	21.2	106.1	70.0	85.3	86.8
20.0	37.0	102.2	80.3	91.4	84.4
30.0	50.0	98.6	90.3	95.7	82.3
39.7	61.8	95.2	95.0	97.9	81.2
48.9	71.0	92.1	100.0	100.0	80.2

3. 氯仿-苯（p=0. 101MPa）

氯仿(质量分数)		温度/℃	氯仿(质量分数)		温度/℃
液相中	气相中		液相中	气相中	
10	13.6	79.9	60	75.0	74.6
20	27.2	79.0	70	83.0	72.8
30	40.6	78.1	80	90.0	70.5
40	53.0	77.2	90	96.1	67.0
50	65.0	76.0			

4. 水-乙酸（p=0. 101MPa）

水(摩尔分数)/%		温度/℃	水(摩尔分数)/%		温度/℃
液相中	气相中		液相中	气相中	
0.0	0.0	118.2	83.3	88.6	101.3
27.0	39.4	108.2	88.6	91.9	100.9
45.5	56.5	105.3	93.0	95.0	100.5
58.8	70.7	103.8	96.8	97.7	100.2
69.0	79.0	102.8	100.0	100.0	100.0
76.9	84.5	101.9			

5. 甲醇-水（p=0. 101MPa）

甲醇(摩尔分数)/%		温度/℃	甲醇(摩尔分数)/%		温度/℃
液相中	气相中		液相中	气相中	
5.31	28.34	92.9	29.09	68.01	77.8
7.67	40.01	90.3	33.33	69.18	76.7
9.26	43.53	88.9	35.13	73.47	76.2
12.57	48.31	86.6	46.20	77.56	73.8
13.15	54.55	85.0	52.92	79.71	72.7
16.74	55.85	83.2	59.37	81.83	71.3
18.18	57.75	82.3	68.49	84.92	70.0
20.83	62.73	81.6	77.01	89.62	68.0
23.19	64.85	80.2	87.41	91.94	66.9
28.18	67.75	78.0			

附录六 乙醇水溶液的一些性质

1. 乙醇溶液的物理常数（摘要）（p=0.101MPa）

温度(15℃)		相对密度	沸点	定压比热容 c_p		焓/(kJ/kg)		
容积/%	质量/%	(15℃)	/℃	/[kJ/(kg·K)]		饱和液体焓	干饱和蒸气焓	汽化潜热
				α	β			
10	8.05	0.9876	92.63	4.430	833	446.1	2571.9	2135.9
12	9.69	0.9845	91.59	4.451	842	447.1	2556.5	2113.4
14	11.33	0.9822	90.67	4.460	846	439.1	2529.9	2091.5
16	12.97	0.9802	89.83	4.468	850	435.6	2503.9	2064.9
18	14.62	0.9782	89.07	4.472	854	432.1	2477.7	2045.6
20	16.28	0.9763	88.39	4.463	858	427.8	2450.9	2023.2
22	17.95	0.9742	87.75	4.455	863	424.0	2424.2	1991.1
24	19.62	0.9721	87.16	4.447	871	420.6	2396.6	1977.2
26	21.30	0.9700	86.67	4.438	884	417.5	2371.9	1954.4
28	24.99	0.9679	86.10	4.430	900	414.7	2345.7	1930.9
30	24.69	0.9657	85.66	4.417	917	412.0	2319.7	1907.7
32	26.40	0.9633	85.27	4.401	942	409.4	2292.6	1884.1
34	28.13	0.9608	84.92	4.384	963	406.9	2267.2	1860.9
38	31.62	0.9558	84.32	4.346	1013	402.4	2215.1	1812.7
40	33.39	0.9523	84.08	4.283	1040	400.0	2188.4	1788.4

注：定压比热容 $c_p=\alpha+\beta\cdot(t_1+t_2)/2$kJ/(kg·K)，$\alpha$、$\beta$ 系数从上表查出，t_1、t_2 为乙醇溶液的升温范围，乙醇在78.3 ℃的汽化潜热为855.24 kJ/(kg·K)。

2. 乙醇蒸气的密度及比容（摘要）（p=0.101MPa）

蒸气中乙醇的质量/%	沸点/℃	密度/(kg/ m³)	比热容/(m³/kg)
70	80.1	1.085	0.9216
75	79.7	1.145	0.8717
80	79.3	1.224	0.8156
85	78.9	1.309	0.7633
90	78.5	1.396	0.7168
95	78.2	1.498	0.6667
100	78.33	1.592	0.622

附录七 常用管子的规格

1. 水煤气钢管（摘自 YB234）

公称口径		外径	普通管壁厚	加厚管壁厚	公称口径		外径	普通管壁厚	加厚管壁厚
mm	in	/mm	/mm	/mm	mm	in	/mm	/mm	/mm
6	$\frac{1}{8}$	10	2	2.5	15	$*\frac{1}{2}$	21.25	2.75	3.25
8	$\frac{1}{4}$	13.5	2.25	2.75	20	$*\frac{3}{4}$	26.75	2.75	3.5
10	$*\frac{3}{8}$	17	2.25	2.75	25	*1	33.5	3.25	4

续表

公称口径		外径	普通管壁厚	加厚管壁厚	公称口径		外径	普通管壁厚	加厚管壁厚
mm	in	/mm	/mm	/mm	mm	in	/mm	/mm	/mm
32	* $1\frac{1}{4}$	42.25	3.25	4	80	*3	88.5	4	4.75
40	* $1\frac{1}{2}$	48	3.5	4.24	100	4	114	4	5
50	*2	60	3.5	4.5	125	5	140	4.5	5.5
70	* $2\frac{1}{2}$	75.5	3.75	4.5	150	6	165	4.5	5.5

注：*表示常用规格

2. 冷拔无缝钢管（摘自 YB231）

外径/mm	壁厚/mm		外径/mm	壁厚/mm	
	从	到		从	到
6	1.0	2.0	24	1.0	7.0
8	1.0	2.5	25	1.0	7.0
10	1.0	3.5	27	1.0	7.0
12	1.0	4.0	28	1.0	7.0
14	1.0	4.0	32	1.0	8.0
15	1.0	5.0	34	1.0	8.0
16	1.0	5.0	35	1.0	8.0
17	1.0	5.0	36	1.0	8.0
18	1.0	5.0	38	1.0	8.0
19	1.0	6.0	48	1.0	8.0
22	1.0	6.0	51	1.0	8.0

注：壁厚有 1.0，1.2，1.5，2.0，3.0，3.5，4.0，4.5，5.0，5.5，6.0，7.0，8.0（mm）。

3. 热轧无缝钢管（摘自 YB231）

外径/mm	壁厚/mm		外径/mm	壁厚/mm	
	从	到		从	到
32	2.5	8	127	4.0	32
38	2.5	8	133	4.0	32
45	2.5	10	140	4.5	35
57	3.0	13	152	4.5	35
60	3.0	14	159	4.5	35
68	3.0	16	168	5.0	35
70	3.0	16	180	5.0	35
73	3.0	19	194	5.0	35
76	3.0	19	219	6.0	35
83	3.5	24	245	7.0	35
89	3.5	24	273	7.0	35
102	3.5	28	325	8.0	35
108	4.0	28	377	9.0	35
114	4.0	28	426	9.0	35
121	4.0	32			

参 考 文 献

[1] 何灏彦，禹练英，谭平. 化工单元操作. 2版. 北京：化学工业出版社，2014.

[2] 柴诚敬，张国亮. 化工流体流动与传热. 2版. 北京：化学工业出版社，2007.

[3] 伍钦. 传质与分离工程. 广州：华南理工大学出版社，2005.

[4] 匡国柱，史启才. 化工单元过程及设备课程设计. 2版. 北京：化学工业出版社，2008.

[5] 贾绍义，柴诚敬. 化工单元操作课程设计. 天津：天津大学出版社，2011.

[6] 薛雪，吕利霞. 化工单元操作与设备. 北京：化学工业出版社，2009.

[7] 陆美娟. 化工原理（上册）. 3版. 北京：化学工业出版社，2012.

[8] 张浩勤. 化工原理（下册）. 3版. 北京：化学工业出版社，2012.

[9] 陈群. 化工仿真操作实训. 3版. 北京：化学工业出版社，2014.

[10] 周长丽，田海玲. 化工单元操作. 2版. 北京：化学工业出版社，2015.

[11] 姜淑荣. 化工单元操作. 3版. 北京：化学工业出版社，2015.